多时空尺度数据重构研究

——以遥感叶绿素 a 浓度数据为例

Research on Data Reconstruction in Multiple Spatial and Temporal Scales—Take Chlorophyll-a Concentration as an Example

王 正 著

测 绘 出 版 社

·北京·

内容简介

海洋叶绿素 a 浓度数据重构是进行生物地球化学循环研究的前提。本书以南海及其邻近海域为研究区，开展了基于多时空尺度的叶绿素 a 浓度缺失数据重构研究。针对遥感叶绿素 a 浓度数据缺失的问题，提出了 8 天尺度大范围长时间序列叶绿素 a 浓度数据重构的方法，研究了影响短时间尺度叶绿素 a 浓度变化的关键环境因子及其驱动关系，建立了日尺度小空间范围数据重构的方法。

本书可供地理、海洋、气候、资源和环境科学等领域的科研人员和相关高等院校师生参考，可供爱好海洋、地理的一般读者阅读，也可为统计部门、海洋部门的决策提供一定的借鉴。

图书在版编目（CIP）数据

多时空尺度数据重构研究：以遥感叶绿素 a 浓度数据为例 / 王正著 . -- 北京 : 测绘出版社 , 2023.10
ISBN 978-7-5030-4461-8

Ⅰ . ①多…　Ⅱ . ①王…　Ⅲ . ①遥感技术—应用—叶绿素—浓度—数据—研究　Ⅳ . ① Q945.11

中国国家版本馆 CIP 数据核字（2023）第 019521 号

多时空尺度数据重构研究——以遥感叶绿素 a 浓度数据为例
Duo Shikong Chidu Shuju Chonggou Yanjiu — Yi Yaogan Yelüsu a Nongdu Shuju Wei Li

责任编辑 刘　策　**封面设计** 李　伟　**责任印制** 陈姝颖

出版发行	测绘出版社	**电　话**	010－68580735（发行部）
地　址	北京市西城区三里河路 50 号		010－68531363（编辑部）
邮政编码	100045	**网　址**	https://chs. sinomaps. com
电子信箱	smp@sinomaps. com	**经　销**	新华书店
成品规格	169mm × 239mm	**印　刷**	北京捷迅佳彩印刷有限公司
印　张	12.375	**字　数**	220 千字
版　次	2023 年 10 月第 1 版	**印　次**	2023 年 10 月第 1 次印刷
印　数	001 —600	**定　价**	78. 00 元

书　号 ISBN 978-7-5030-4461-8
审 图 号 GS 京（2023）1846 号
本书如有印装质量问题，请与我社发行部联系调换。

前 言

南海及其邻近海域多云多雨，同时受遥感反演叶绿素 a 浓度算法影响，现有多源遥感融合算法提供的不同时间尺度（日尺度、8 天尺度、月尺度）浮游植物叶绿素 a 浓度产品都存在不同程度的数据缺失问题，严重制约了该区域的海洋生物地球化学循环及气候变化研究。数据重构是解决数据缺失问题的主要手段之一。然而，现有的叶绿素 a 浓度数据重构研究主要针对温带海区数据缺失较少的月尺度合成数据而开展。月尺度合成数据可以反映长周期气候变化趋势，但无法反映短时间尺度气候变化信息。要想从时序的遥感叶绿素 a 浓度数据中捕捉到中短期气候变化信息，需要至少 8 天合成空间上全覆盖的长时序遥感浮游植物叶绿素 a 浓度数据做依托。因此，基于现有的研究数据，如何获取空间分布完整的 8 天尺度和日尺度空间上全覆盖的遥感叶绿素 a 浓度产品，是叶绿素 a 浓度数据重构研究的关键。

获取 8 天尺度和日尺度的遥感叶绿素 a 浓度产品面临一系列的难点与挑战。首先，现有的多套基于不同算法反演的遥感叶绿素 a 浓度产品，哪种数据时间和空间覆盖度更高，缺失更少？哪种数据与实测叶绿素 a 浓度相比，误差较小精度较高？即选用哪一种或几种数据作为重构研究的基础数据呢？其次，常用于月尺度数据重构的方法能否应用到 8 天尺度遥感浮游植物叶绿素 a 浓度产品的重构中？是否存在问题？如果存在问题该如何解决？再次，8 天尺度的数据相较于常用的月尺度数据，有哪些优势？最后，对于数据缺失更多的日尺度数据，常用的单因子时空分析法已无法使用，那么该如何发展出适用于日尺度中小空间范围的数据重构方法呢？

针对这些问题，本研究基于 1998—2018 年共计 21 年的 4 km、9 km 和 25 km 分辨率的多套遥感叶绿素 a 浓度数据以及与叶绿素 a 浓度同时段的环境因子数据，如海表温度、海表高度、风、海表盐度、混合层深度、有效光合辐射等，通过对时序数据进行数据空间覆盖和绝对精度分析，选定了数据重构的数据源，发展了 8 天尺度数据的重构方法和日尺度数据的多因子重构方法。基于这些方法重构了南海及其邻近海域在时间和空间上全覆盖的 8 天尺度遥感叶绿素 a 浓度数据；基于重构的 8 天尺度叶绿素 a 浓度数据，分析了影响短时间尺度叶绿素a浓度变化的环境因子；并根据影响短时间叶绿素a浓度变化的环境因子，发展出了适用于日尺度中小空间范围叶绿素a浓度数据重构的方法。

综上，本研究基于多时空尺度、长时间序列遥感叶绿素a浓度数据和海洋环境因子数据，解决了8天尺度叶绿素a浓度数据重构中存在的数据缺失面积大、高频信息流失等问题；对于日尺度、小空间范围的数据重构，由于数据缺失面积更大，难以从时空尺度获取参考信息的问题，从与浮游植物叶绿素a浓度关系密切的环境因子入手，重构了小空间范围的日尺度叶绿素a浓度数据；建立了南海及其邻近海域的空间上全覆盖、绝对精度较高、时间上连续的21年时间序列数据集。

本书介绍的内容，可为渔业资源开发、气候变化研究等提供技术支持和决策支撑，也为在其他区域的数据重构工作提供一定的借鉴。

目　录

第1章 绪 论

§1.1 研究背景及意义

联合国政府间气候变化专门委员会（Intergovernmental Panel on Climate Change，IPCC）第四次评估报告认为，自1840年以来，全球气温处于持续上升状态，且有加速趋势。在此背景下，海洋亦处于持续增温状态（钱维宏，2009），海洋生态系统对区域环境变化的响应已成为当前科学研究备受关注的热点问题（王跃启，2014）。为了研究和理解这种响应机制，国际地圈生物圈计划（International Geosphere-Biosphere Programme，IGBP）近40年来推出了一系列全球变化背景下海洋生态系统对气候变化响应机制的研究计划。在这些关乎全人类命运的重大科学计划中，有相当大一部分是着眼于海洋浮游植物对气候变化的响应研究，如发起于20世纪90年代前后的全球海洋生态系统动力学（Global Ocean Ecosystems Dynamics，GLOBEC）研究计划、海岸带陆海相互作用（Land Ocean Interactions in the Coastal Zone，LOICZ）研究计划和全球联合海洋通量研究（Joint Global Ocean Flux Study，JGOFS）计划等。这些计划重点关注海洋生物与海洋理化过程的结合研究，关键点着眼于浮游植物研究。这是因为，海洋增温将会引起海洋冰川融化、海水盐度降低、海水含氧量减少、海洋环流加强或减弱等一系列变化，这些变化会对海洋环境造成重大的影响。海洋环境一方面为海洋生物的生存提供了适宜的空间，同时又制约着生物的生活、生长、繁殖和时空分布。海洋生物整个生命活动过程也不断影响其周围的环境，海洋生物与海洋环境是一种既适应又制约和反馈的相辅相成统一体（冯士筰 等，1999）。海洋生物的时空分布与海洋环境的变动具有高度相关性，海洋生物的时空格局和活动往往是海洋物理、生物过程时空匹配的结果（张彩云，2006）。已有研究表明，气候变化会影响海洋物理环境因素，而物理环境因素的改变又会影响浮游植物的生长，由此引发浮游植物对多个环境因子变量产生非线性响应，进而放大环境变量原本微弱的扰动作用（Hays et al，2005）。因此，相较于海洋环境因子本身，浮游植物对气候变化和海洋环境变化更敏感，响应也更迅速（Hays et al，2005）。

叶绿素a是海洋浮游植物进行光合作用的主要色素，是表征浮游植物浓度的重要参量。通过对叶绿素a的定量评价能够全面了解海洋浮游植物的变化规律、影响因子以及浮游植物对海洋环境因子变化的响应机制。浮游植物生物量获取的主要手段有现场实测、卫星遥感和数值模拟三种。现场实测是最精确、最有效的研究手段之一，主要通过获取海水样品在实验室测定或者通过现场仪器测定来实现，虽然精度较高，但是它们都需要投放浮标和实地测量，不仅费时费力成本高，而且只能反映出短时间内某个小区域某个点、线、面的信息，不能完全代表整个广阔海洋长时间、大范围、实时快速动态的信息（宋洪军 等，2011）。南海由于其特殊的地理位置和广阔的面积，海洋环境因子复杂多变且时空动态度高，浮游植物对海洋环境响应迅速，因此仅依靠传统方法无法实时获得整个海域的浮游植物概况。随着计算机技术的飞速发展，海洋生态系统动力学数值模拟作为定量认识和分析海洋生态的有力工具，被越来越多的学者应用到海洋浮游植物研究中。数值模拟可以获取三维的水色参数信息，适用于各类天气状况，可连续获取三维的水色参数分布，并且能对水色参数的分布和时空变化机制给出动力学解释。然而，由于准确的初始场资料匮乏、边界条件难以精确界定、数值模拟模型对关键物理过程的理想化假设和简单参数化等一系列因素的影响，数值模拟对关键生物地球化学过程的描述尚不够准确。数值模拟模型精度有待提高。卫星遥感技术的快速发展为海洋浮游植物观测研究提供了一个崭新且不可替代的手段，海洋水色卫星遥感具有其他传统观测手段无法比拟的优势。尤其是20世纪70年代以来，海洋观测宽视场传感器（sea-viewing wide field-of-view sensor，SeaWiFS）、中分辨率成像光谱仪（moderate resolution imaging spectroradiometer，MODIS）、中等分辨率成像频谱仪（medium resolution imaging spectrometer，MERIS）、可见光红外成像辐射仪（visible infrared imaging radiometer suite，VIIRS）、海陆色度计（ocean and land color instrument，OLCI）等一系列具有较高信噪比和灵敏度的海洋水色卫星传感器的数据发布，为海洋叶绿素a浓度等海洋环境参数的监测和研究提供了丰富的遥感数据源。经过几十年的发展，海洋水色卫星为浮游植物长时间序列和高时空动态的变化趋势研究提供了充足的数据保证和支撑。但是，目前多源遥感数据的衔接利用存在一些重要问题，即现有遥感叶绿素a浓度产品，无论是月尺度合成数据、8天尺度合成数据还是日尺度的水色传感器数据，都存在较大面积的缺失。一方面，遥感叶绿素a浓度数据在空间上存在大面积缺失；另一方面，在时间序列上的有数据区域和无数据区域的分布不均匀，影响时间序列数据的获取和应用。然而，浮游植物叶绿素a浓度研究需要较高时间分辨率的数据。要进行海洋生态系统研究，就必须研究和发展高效的缺失数据重构方法，实现对海洋生态系统全面系统的多源水色遥感数据的综合利用，以最大限度获取长时间序列的完整数据。

§1.2 遥感叶绿素 a 浓度产品重构研究现状及趋势

1.2.1 国内外海洋遥感叶绿素 a 浓度研究概况

自 1978 年人类第一颗水色卫星海岸带水色扫描仪（coastal zone color scanner，CZCS）升空后，一系列的海洋水色卫星陆续升空，这些水色卫星为全球海洋叶绿素浓度等环境参数的监测和研究提供了海量遥感资料，为研究叶绿素 a 浓度的时空变化与周围海洋要素的响应关系提供了丰富的数据支撑。唐丹玲等基于海洋水色与温度扫描辐射仪（ocean color and temperature scanner，OCTS）、SeaWiFS 反演的叶绿素浓度数据和基于甚高分辨率辐射计（advanced very high resolution radiometer，AVHRR）反演的海表温度数据研究了 1996 年发生在阿拉伯海域东北部中尺度冷涡旋导致的浮游植物叶绿素浓度升高事件。结果表明，出现的中尺度冷涡旋通过埃克曼（Ekman）抽吸作用将营养盐携带至海面表层，为浮游植物繁殖提供了丰富的营养物质（Tang et al，2002）。何贤强等人通过 14 年的 SeaWiFS 和 MODIS 遥感叶绿素浓度数据集，结合大量实测数据，发现每年春秋两季在渤海、黄海、东海出现的浮游植物峰值，主要是由季风和长江淡水携带大量营养盐引发的（He et al，2013）。Yamada 等（2004）基于实测数据、风场数据和 CZCS、OCTS、SeaWiFS 等传感器叶绿素浓度数据的研究表明，风速也是影响春季叶绿素浓度峰值的一个重要因素，对于中高纬度海域来说，冬季风速越大，混合层越深，春季叶绿素浓度峰值现象出现越晚。然而，Jo 等（2007）的研究表明，在经历了亚洲东部大范围的扬沙和沙尘天气的陆源物质沉降之后，日本海出现了春季叶绿素浓度急剧升高的现象，比往年春季叶绿素浓度峰值出现时间要早 1 个月，进一步分析表明，沙尘在日本海的沉降为该海域带来了丰富的铁元素等营养物质，使日本海春季叶绿素浓度峰值早于历年。加拿大波弗特海属于寡营养盐区域，但是由于太平洋的中层水流携带营养物质输入，该区域的初级生产力增加。Mundy 等（2009）通过分析收集到的冰下水文数据发现，在北冰洋的冰缘浅水海湾中，来自太平洋的中层海水被上升流上涌至表层，促使寡营养盐的海水变得营养丰富，从而使该区域出现了长达 3 个星期的浮游植物叶绿素浓度快速升高现象。Kibler 等（2012）的研究表明，浮游植物生长需要适宜的光照强度，光照强度过强会抑制浮游植物的生长，光照强度过弱也会限制浮游植物的生长。浮游植物主要生长在海洋上层的水体中，浮游植物生存深度的最大值一般为 75 m，在热带海区可达 150 m。朱德弟等（2009）基于卫星遥感和实测数据的研究发现，近年来东海近岸区域几乎每年春季都会发生大规模的叶绿素浓度升高现象，时间多在 4 月底或 5 月初，但 2005 年由于温度偏低叶绿素浓度升高发生时间推迟至 5 月底。

以上研究主要集中研究浮游植物叶绿素浓度升高与恩索（El Niño and southern oscillation，ENSO）、北大西洋涛动（north Atlantic oscillation，NAO）、营养盐、风、上升流、涡旋、光照、海温等环境因子间的关系。但浮游植物叶绿素浓度升高往往是各种因素共同作用形成的，不同海区影响浮游植物的首要因素也不尽相同。南海地理位置特殊，地理环境复杂，海区内叶绿素浓度升高具有典型性和特殊性，国内外很多学者已经对南海热带海区叶绿素浓度升高进行过大量的研究。对南海浮游植物叶绿素浓度的研究主要集中于以下几个方面：

（1）南海浮游植物叶绿素浓度升高与上升流之间的关系。上升流是导致浮游植物叶绿素浓度升高的重要因素。Tang 等（1999）基于 1979—1986 年的 CZCS 卫星遥感数据，对寡营养盐的吕宋海峡西南部南海海域在 1979 年 12 月、1983 年 1 月、1985 年 1 月和 1986 年 1 月的浮游植物叶绿素浓度升高现象进行观测和研究，发现该区域出现的叶绿素浓度升高现象是上升流将底层营养物质带至海水表层导致的。

（2）南海浮游植物叶绿素浓度升高与台风之间的关系。台风及其风速也是导致浮游植物叶绿素浓度升高的重要因素（Zheng et al，2006；Tsuchiya et al，2013）。南海浮游植物叶绿素浓度对台风的响应究竟如何呢？有学者基于海表温度（sea surface temperature，SST）数据、风场数据和海面高度数据，比较两个台风事件（一个速度快、一个速度慢）发现，速度快的台风引发的浮游植物叶绿素浓度上升幅度较小，而速度较慢的台风对水体的影响更大、更容易通过埃克曼抽吸作用将海洋中下层的营养物质抽吸至表层，从而为浮游植物生长提供充足的养分（Zhao et al，2008；Lin et al，2009）。Shang 等（2008）发现，台风“玲玲”过境一天后，海表温度最多降低了 11 ℃，叶绿素浓度由过境前的 0.08 mg/m^3 增长至 0.37 mg/m^3；叶海军等（2014）基于遥感手段研究了台风“鲇鱼”对南海浮游植物和渔业资源的潜在影响。这些研究都充分表明，浮游植物叶绿素浓度与台风及其风速都有密切的关系。

（3）南海浮游植物叶绿素浓度变化与中尺度涡旋之间的关系。中尺度涡旋是影响寡营养盐区域浮游植物生长的重要海洋环境因子（Chen et al，2007；杜云艳 等，2014）。Lin 等（2010）发现 2003 年 5 月寡营养盐的南海中部区域出现了大范围的浮游植物叶绿素浓度升高现象，基于 6 种遥感数据和 1 个数值模拟模型研究发现，该现象发生的原因是巨大的反气旋海洋涡旋将近岸的营养物质抽吸至该区域；Ning 等（2009）研究了广东近岸和海南岛东南部的反气旋涡旋导致的下降流造成的营养物质沉降对浮游植物起到抑制作用；Lin 等（2014）研究了中尺度冷涡旋对浮游植物大小级别的影响；Shang 等（2015）研究了浮游植物叶绿素浓度变化对不同速度台风引起冷涡旋的差异化响应。

（4）南海浮游植物叶绿素浓度升高与营养盐之间的关系（Xu et al，2010）。南海大部分表层水体是寡营养盐的，营养盐是该区域浮游植物叶绿素浓度升高重要的制约性因子（Liu et al，2010）。Shan 等（2008）研究认为，营养盐输入是导致南海浮游植物叶绿素浓度升高的重要因素；Grosse 等（2010）研究了湄公河丰水期和枯水期对南海近岸浮游植物分布和固氮的影响；Wang 等（2012）认为东北季风携带的沙尘为寡营养盐的南海提供了营养元素，增大了浮游植物叶绿素浓度升高事件发生的频率；Lin 等（2009）基于长时序的叶绿素数据和气溶胶光学厚度数据认为，越是远离近岸的区域，季风携带的陆源营养物质的沉降对浮游植物生长越重要，尤其是在南海的中央海盆区域（在该区域浮游植物沉降和叶绿素浓度之间的相关系数可达 0.7），而相对来说，近岸区域因为有河流的输入，气溶胶携带的营养物质对浮游植物生长的促进作用有限；此外，台风带来的降雨为近岸带来丰富营养物质，在离岸区域结合水体混合作用、上升流等都为浮游植物叶绿素浓度升高提供了充足的营养（Li et al，2009；Shen et al，2010；Kim et al，2014）。这些研究均表明营养盐在南海浮游植物叶绿素浓度升高中起关键性作用。

（5）南海浮游植物叶绿素浓度升高与气候态之间的关系。南海地处西太平洋暖池边缘，是气候变化的敏感区域，对于气候态的强迫反应迅速。Isoguchi 等（2005）在 1998 年春季基于卫星遥感叶绿素观测数据的研究发现南海的南沙群岛海域存在叶绿素浓度升高现象，且该海域的异常叶绿素浓度升高现象伴随着异常的风场和较低的海温，进一步研究发现该叶绿素浓度升高事件是由厄尔尼诺（El Nino）事件引起的；Tang 等（2011）利用经验正交函数分析了气候变化驱动下的南海叶绿素浓度升高年际变异，发现多变量 ENSO 指数（multivariate ENSO index，MEI）和印度洋偶极子（Indian Ocean dipole，IOD）是影响浮游植物叶绿素浓度升高年际变异的重要因素。

（6）南海浮游植物叶绿素浓度升高与亚洲季风之间的关系（Yang et al, 2012）。南海地处亚洲季风区，夏季受西南季风影响，冬季受强烈的东北季风影响，浮游植物叶绿素浓度升高必然是对季风的季节变化和年际变异做出的响应。Chen 等（2006）发现，南海的西南季风和东北季风对南海的表层水体有重要的影响。实测的水文数据显示：冬季南海北部及西北陆架区域混合层深度相较于其他季节要浅，营养盐跃层也浅，由东北季风驱动的逆时针环流源源不断地将底层的营养物质输送至表层——真光层，为浮游植物的生长提供了源源不断的养分供应；夏季南海盛行西南季风，整个南海水体为顺时针环流，盛行下降流，表层的海水被带至深层，营养物质匮乏，导致南海大部分海域出现较低的浮游植物生物量，反映在遥感数据上即为较低的浮游植物浓度。

（7）南海浮游植物叶绿素浓度变化与季风速度变化之间的关系（Yang et al, 2012）。不仅季风与浮游植物叶绿素浓度升高有很大的关系，季风的速度与浮游植物叶绿素浓度升高也有关系。Gai 等（2012）研究了浮游植物叶绿素浓度升高与风速的关系。海洋初级生产力与风的强度有较好的正相关关系。在强季风或台风作用下，强风经过区域的浮游植物生物量和叶绿素浓度显著增加，这是由于强风打破了水体分层，通过埃克曼抽吸作用将下层营养物质抽吸至水体表层；反之，在厄尔尼诺（El Nino）的影响下，1998 年夏季西南季风的速度和强度减弱，造成南海西部上升流区出现大面积长时间的浮游植物生物量较往年异常偏低的情况，这是因为季风减弱不能打破水体分层，上升流减弱，底层营养物质无法输送至海洋表层，造成真光层内营养物质匮乏。

（8）南海浮游植物叶绿素浓度变化与海表温度间的关系。对于海表温度与浮游植物叶绿素浓度变化的遥感研究，国内外学者也做了大量的研究。Wang 等（2010）基于卫星遥感数据和实测数据研究叶绿素浓度变化事件与海表温度日变化之间的关系，在东海和南海两个研究区域对海表气温日变化、叶绿素浓度、悬浮泥沙、可溶性有机物、风速、太阳辐射之间的关系进行了研究。通过研究结果发现，海表温度日变化与浮游植物叶绿素浓度变化之间有较好的正相关关系，叶绿素浓度升高越强烈，海表温度日变化越大；Chen 等（2009）研究了海表温度调控下南海西南部浮游植物生长与浮游动物摄食之间的耦合关系。

（9）南海浮游植物叶绿素浓度变化与光照强度间的关系（Yuan et al, 2011）。浮游植物的光合作用依赖于阳光，有学者研究了热带南海海域光照对浮游植物生长的作用，认为光照对浮游植物意义重大，光照强度过强会对浮游植物造成抑制，近岸水体由于悬浮物浓度过高、光线无法穿透一定的水体深度而造成光照强度过弱，也会限制浮游植物的生长（Xu et al，2010）；还有研究认为，气候变化、大气中的温室气体增加和海洋酸化结合紫外光的作用共同抑制了浮游植物的生长（Wu et al，2010）。

以上研究从影响南海浮游植物时空变异的海洋环境因子入手，分析了基于遥感的南海浮游植物时空变异特性，为认识和研究南海浮游植物特性奠定了基础。然而，南海常年有60%～80%的区域范围被云覆盖且一般水色数据分辨率较低，受云覆盖和分辨率限制，遥感手段的应用潜力受到了影响。但是，大量的海洋遥感产品具有较好的一致性和互补性，通过特定的分析方法和融合方法，将这些多源卫星数据取长补短，不仅能在空间上生成覆盖度较广的数据，还可使数据在绝对精度上、时间分辨率上都能得到一定程度的提高。目前，这一系列卫星的叶绿素信息反演已经在全球Ⅰ类水体和Ⅱ类水体区域广泛开展并取得较好的结果（Tang et al，1999；陈楚群 等，2001；赵辉 等，2005）。Ⅱ类水体的光学特性复杂，对算法的改进及对区域高精度反演模型的探索以准确获取水中的叶绿素浓度是研究的重点和难点。Ⅰ类水体的光学特性稳定，受陆源物质影响较小，叶绿素浓度反演算法精度较高，尤其是在如南海这类开阔的寡营养盐的Ⅰ类水体区域，基于卫星遥感数据的叶绿素浓度反演精度更高。因此，在南海海域，当前的重点是如何有效利用基于实测的、卫星反演的和数值模拟的多源叶绿素a浓度数据，研究典型的南海海域叶绿素a浓度的时空格局，进一步探索这种时空格局的形成机制和内在驱动因素。然而，就目前对南海水色遥感的研究来看，南海叶绿素浓度的遥感研究多集中在叶绿素a浓度时空分布规律的短期研究，或是基于不同的环境因子，利用不完整的数据，对短期和超短期的典型现象进行研究、解释和分析。然而，基于多源长时间序列的遥感叶绿素浓度数据，探索南海表层叶绿素a浓度时空格局对海洋环境变化的多尺度响应规律和内在机制的研究比较薄弱。对于南海海洋环境变动带来的南海生态系统的响应机理认识尚显不足，对于极端事件和全球气候变化对南海生态系统影响的研究更少。二十多年的海洋水色遥感资料的积累，为系统研究南海叶绿素a浓度时间序列多尺度变化的研究提供了数据支撑和保证。考虑到遥感叶绿素a浓度产品严重的时空缺失问题，重构高效、高精度、高空间覆盖度的海洋水色遥感数据显得尤其必要。

1.2.2 水色遥感数据重构研究进展及存在的问题

自1978年第一颗水色卫星成功发射以来，经过40多年的不断发展，卫星海洋遥感技术在海洋生态系统的研究中所扮演的角色越来越重要。数据的大面积无规律缺失严重制约了海洋水色遥感的发展，国内外很多学者对海洋水色数据缺失的重构做了大量探索，并取得了丰硕成果。根据地理学第一定律，任何事物都与其他事物互为相关，距离越近的事物相关性越高；地理事物在时空分布上的互为相关表现在，这些事物间存在集聚、随机、规则分布（Tobler，1970）。基于此，可利用地理现象和地理数据时间上的相关性和空间上的相关性来重构海洋水色数据。

从海洋水色数据重构的方法来看，目前常用的数据重构方法的基本思想是引入背景场作为参考，利用地理数据的时空相关性，结合有效的时空再分析技术进行多源数据融合。背景场的确定与选取是关键。背景场作为先验信息又称作初猜场，它可以是前一刻的分析值或者是后一刻的预报值，也可以是这些信息的复合。为了提高计算精度和效率，融合算法一般用观测值与背景值之差作为观测增量，用分析值与背景值的差来估计分析增量，最后再将背景值与分析增量相加，结果即为所求的融合数据（又叫分析场）。基于此，许多学者做了大量卓有成效的研究。Gilchrist 等在 1954 年首次提出了理想的逐步订正法，该方法中的分析增量是由目标格点周围影响区域内观测增量的线性组合加权得到，仅根据当前观测点到目标格点的距离，不考虑观测点的分布等其他因素，因而缺乏理论依据（Gilchrist et al，2010）。Gandin 等在 Gilchrist 等人的研究基础上，提出了最优插值（optimal interpolation，OI）法，OI 的出现为进一步的数据融合研究奠定了数学理论及统计学基础，具有重要的意义（涂乾光，2016）。1976 年，Bretherton 等首次将 OI 理论应用到海洋领域（Bretherton et al，1976）。该方法简单易用，不但具有完美的数学形态，并且在统计上也考虑了不同观测点在相对位置上的变化对误差协方差的影响。虽然 OI 法没有物理上的约束，但却成为当前海洋水色数据，特别是海表面温度数据重构最常用的方法。1994 年，Reynolds 等利用 OI 法将 AVHRR 反演的海表温度和船测、浮标等手段测得的海表温度融合在一起，成功地制作了全球应用最广泛的温度日平均和周平均分析产品（Reynolds et al，1994）。OI 法虽有较多的优势，但是在实际的插值处理中，为了减少计算量，仅选用分析点附近的资料来计算，往往存在一定的主观性。为了克服这一问题，学者卡尔曼针对随机信号过程的状态估计提出了标准的卡尔曼滤波（Kalman filter，KF）法，该方法是 OI 法向时间维的发展（Novelli et al，2016）。其基本思想是通过计算上一刻的最优估计，对状态的进一步预测进行修正，同时给出滤波误差的协方差矩阵，并输入下一刻的计算值，反复迭代直至结果符合预期。然而，模型的不确定性、噪声的影响以及计算机的舍入截断误差等导致其计算量大，且预测误差协方差矩阵趋于无限大。

针对 KF 方法在计算预报误差协方差时对计算资源需求量过大的问题，Evensen 提出了集合卡尔曼滤波（ensemble Kalman filter，EnKF）方法，EnKF 方法不仅给出最优估计的分析结果，还给出结果的置信估计区间。EnKF 方法虽然弥补了 KF 方法的缺陷，但却面临着集合数的值难以准确确定的问题。除了以上常用的插值方法外，目前海洋科学领域常用的插值方法有线性插值法、非线性插值法、样条插值法、高阶多项式插值法和克里金插值法等，这些插值方法仅考虑了空间上的权重，而且实际的地理数据并非都是平滑和连续分布的，而是可能存在一定的间断和粗糙结构，海洋要素的空间分布状况也是如此。这些传统的插值方法在对插值数据产生光滑效应的同时，也不可避免地丢失掉或者平滑掉一些高频的重要特征，而这些特征往往是海洋研究关注的关键所在。经验正交函数（empirical orthogonal function，EOF）不仅能揭示标量或向量在空间上的相关结构，还能在时间尺度上揭示数据集的时间变化规律，因而 EOF 方法在要素场时间序列分析中的应用相当广泛。Alvera-Azcárate 等（2005）将 EOF 法应用于亚得里亚海 SST 缺失数据重构，重构后的数据显示了真实海表温度的分布特点，该方法的计算速度快且效率高，与插值方法比较，计算时间缩短了 30 倍。Everson 等（1996）使用 EOF 法分析了北大西洋西部的 AVHRR 海表温度观测数据。Waite 等（2013）使用气候态的数据和 EOF 法重构了阿拉斯加湾 1998—2011 年的 SeaWiFS 和 MODIS-Aqua 叶绿素 a 浓度数据，并分析了叶绿素 a 浓度数据的时空变化规律。近年来，基于 EOF 法发展而来的海洋水色数据重构方法——经验正交分解插值法（data interpolating empirical orthogonal function，DINEOF）发展比较迅速，应用比较广泛（王建乐等，2012；平博，2015；Jayaram et al，2018；Ji et al，2018；Liu et al，2018；Yu et al，2019）。DINEOF 方法是由 Beckers 等（2003）首先提出的，是一种无参数内插方法，基于 EOF 法重构时间序列缺失数据，在处理高缺失量、长时间序列的大数据集上效率更高，结果更好。鉴于 DINEOF 方法本身的优异性能，该方法在时间序列海洋数据重构中发挥越来越重要的作用，应用也越来越广泛。Alvera-Azcárate 等（2009）利用 DINEOF 方法结合自身空间相关性对插值数据的异常值进行有效的剔除，利用不同变量之间的时空相关性对多变量进行了有效的重构。王跃启等（2014）在 DINEOF 方法的基础上对东海月尺度 SeaWiFS 和 MODIS 叶绿素 a 浓度产品的缺失数据进行了重构组合，结果表明该方法可以完全有效地重构和填补缺失时段的数据。窦文洁等（2015）提出了一种等纬度经验正交函数重构方法（same latitude-DINEOF，SL-DINEOF），并利用此方法重构了中国近海的 MODIS 海温产品，结果表明该方法重构精度呈季节性变化，且纬度越高精度越高。国内外很多学者针对不同的需求，对 DINEOF 方法不断改进以满足不同的数据重构要求。丁又专（2009）用经验模态分解法（empirical mode decomposition，EMD）与 EOF 相结合的自适应 EMD-EOF 遥感数据重构算法对长江口及其邻近海域的 SST 及悬浮泥沙浓度（suspended sediment concentration，SSC）的缺失数据进行填补重构，重构结果证明该方法计算速度快，重构精度高，抗噪能力强。王建乐等（2012）将自组织映射网络（self-organizing maps classification method，SOM）算法和 EOF 法结合，提出了 SOM-EOF 算法，重构 MODIS 的海表温度和叶绿素浓度产品的缺失数据，并将其重构结果与 EOF 和 SOM 算法重构的结果相比较，发现 SOM-EOF 算法的误差更小，结果更优。

从海洋数据重构的研究对象来看，海洋数据重构的研究最先是从海表温度及其他环境要素的重构开始的，最主要的重构主题也是海表温度。如前所述，国内外很多学者利用最优插值法、样条插值法、奇异谱分析法和 EOF 法等方法进行海温插值研究（Ji et al，2018；Li et al，2014；窦文洁 等，2015；平博，2015）。此外，国内外很多学者也对其他环境要素进行了重构研究（Dudok De Wit，2011；Brando et al，2015；Zhou et al，2015；Graf，2017）。Gunes 等（2008）比较了克里金插值方法本征模态分解（proper orthogonal decompositon，POD）方法重构非平稳流场的时空缺失点，发现在时间分辨率足够高的情况下，POD 方法的重构精度优于克里金插值方法，而在时间分辨率足够低的情况下，POD 方法的重构精度稍逊于克里金插值方法的重构结果。在海表盐度（sea surface salinity，SSS）数据重构方面，刘巍（2012）改进了时空插值算法，对地球海洋学实时观测阵（array for real-time geostrophic oceanography，Argo）的盐度数据进行了重构，结果显示，与常规的插值方法相比，该方法重构的盐度结果分布合理，误差小；张韧等（2012）利用时空权重插值法和多变量 DINEOF 方法重构了太平洋的三维盐度场，该方法结合了 Argo 温盐观测的剖面和海表的卫星观测的 SST，重构的结果较好。还有一些学者对卫星遥感反演的悬浮泥沙浓度的缺失数据进行了重构。Nechad 等（2011）使用 DINEOF 算法重构了欧洲北海南部的 MODIS 总悬浮物浓度数据，并用实测数据验证了反演数据；于小淋（2013）基于静止轨道海洋水色成像仪（geostationary ocean color imager，GOCI）数据反演对东海部分区域的悬浮泥沙缺失数据进行 EMD 分解，利用分解后不同频次的本征模态函数（intrinsic mode function，IMF）将缺失的悬浮泥沙浓度数据进行融合，以进行缺失数据的恢复，研究结果证明该方法可信，在泥沙浓度变化比较剧烈的近岸区域，该方法更具优势。叶绿素浓度数据是重要的生物地球化学参量，有很多学者对这一重要要素进行了缺失数据重构研究。Waite 等（2013）使用气候态数据和 EOF 法重构了北美阿拉斯加湾 1998—2011 年的 MODIS-Aqua 和 SeaWiFS 叶绿素浓度数据，并基于重构数据分析了该区域叶绿素 a 浓度数据的时空变化特征；Sirjacobs 等（2011）利用 DINEOF 方法完整重构了欧洲北海和英吉利海峡 4 年间的 MERIS 的海表叶绿素 a 浓度、MODIS 总悬浮物浓度和海表温度数据；Park 等（2013）基于 1998—2007 年日本海和东海的 SeaWiFS 叶绿素 a 浓度数据的异常值分布特点和统计特点，将归一化气候态叶绿素 a 浓度数据作为阈值来动态剔除异常值，完成叶绿素 a 浓度数据的重构；Li 等（2014）利用 DINEOF 方法重构了缅因湾 2003—2012 年的海表温度和叶绿素浓度数据，并研究了这些要素的时空变化特征；俞晓群等（2013）对南海北部的 MODIS 海表叶绿素 a 浓度的缺失数据进行插值重构，实验结果表明该方法能较好地保留原数据中的相关信息，但该方法需要提供先验知识，并且计算效率低；何海伦等（2013）基于 DINEOF 方法重构了 MODIS 在东海的缺失数据，并分析了叶绿素 a 浓度月平均产品与环境因子如长江的径流、SST 和季风的关系，认为叶绿素 a 的变化与这些环境因子的变动相关；郭俊如（2014）基于区域海洋数值模拟系统（regional ocean modeling system, ROMS）模型和 DINEOF-OI 相结合的方法对东海的水温和叶绿素数据进行重构研究，并探讨了海洋环境因子对叶绿素浓度数据的影响；郭海峡（2016）基于月平均的卫星遥感叶绿素产品，利用 DINEOF-EMD 方法重构了 1998—2014 年的中国近海的叶绿素 a 浓度产品，并分析了中国近海叶绿素的时空变化特征与主要环境因子的关系。

从海洋数据重构研究的主要区域来看，在欧洲近岸区域和北大西洋海域，Everson 等对北大西洋西部的卫星 SST 数据进行了重构；Alvera-Azcárate 等重构了地中海北部的亚得里亚海的 SST 数据；Sirjacobs 等重构了欧洲的北海和英吉利海峡海域 4 年间的 MERIS 的海表叶绿素 a 浓度数据、MODIS 总悬浮物浓度和海表温度数据；Beckers 等在利古里亚海和地中海科西嘉岛海域重构缺失的卫星 SST 数据；Nikolaidis 等重构了地中海西部云影响造成的 SST 缺失数据；Hoyer 重构了欧洲的北海和波罗的海的 SST 缺失数据。在美洲近海岸区域，Alvera-Azcárate 重构了佛罗里达西海岸的海表温度和叶绿素 a 浓度数据；Waite 等重构了阿拉斯加湾 1998—2011 年的卫星 SST 和叶绿素 a 浓度数据；Li 等重构了缅因湾 2003—2012 年的海表温度和叶绿素浓度数据。在太平洋海域，Beckers 与 Rixen 等重构了 AVHRR 图像和太平洋海域三维温度和盐度场；Kondrashov 等对海温和南方涛动指数等进行了插补实验；毛志华等（2013）对北太平洋渔场的海温进行了重构；张韧结合卫星遥感产品及Argo观测剖面，使用时空权重插值及DINEOF方法重构了太平洋的三维盐度场；莫军重构了太平洋海域的温度、密度等数据。在西北太平洋和中国近海区域，Park等重构了东海和日本海的叶绿素a浓度数据；郭海峡重构了东海和南海的叶绿素a浓度数据；王跃启等重构了渤海和黄海海域的叶绿素a浓度数据；于小淋对黄海海域的悬浮泥沙缺失数据进行了重构研究。

从水色遥感数据重构常用的方法来看，常用的方法主要是最优插值法及其发展出来的相关方法，以及EOF方法及其发展出来的相关方法。EOF方法虽然应用广泛，但是也存在一些缺点，在海洋水色遥感观测中，由于反演算法以及云或传感器的系统误差的影响，会出现一些严重偏离实际观测的值。DINEOF方法为了确定后续最佳保留模态数和重构次数，在计算过程中会从原始数据中随机取出一部分作为交叉校正集，但是由于交叉校正集的选定比较随机，因此当有异常值被选取后，会导致EOF方法分解的时间模态在该时刻点明显脱离曲线的一般变化趋势，异常值也会对空间特征模态产生影响，会将异常值点扩散至其他数据。此外，DINEOF方法还存在一个最为关键的问题，它无法重构有效数据覆盖率极低（小于5%）的时空区域的数据，若在有效数据覆盖率极低的区域重构，重构的结果是初始值的平均值，无法反映真实的时空分布情况，因此在实际应用中常常将原始数据中缺失率较高的数据剔除掉，这也使得该方法在受云影响不甚严重的区域比较适用。而南海海域，处于热带雨林和热带季风气候影响的区域，云和雨较多，气候类型特殊，有效数据覆盖率极低的情况时有发生，因而利用DINEOF方法对南海等数据匮乏区重构应该根据具体目标对该方法进行修正。

从水色遥感数据完整性重构研究的对象来看，过去的研究多针对海表温度缺失数据的重构，而对在全球气候变化和生物地球化学循环中占有重要位置的海表叶绿素a浓度的重构研究还处于起步和探索阶段。出现这种情况的原因是海表叶绿素a浓度产品的遥感监测技术的发展明显落后于海表温度及其他参数监测技术的发展。此外，海表叶绿素a浓度受多个环境因子的影响，其时空的变异性和数据分布的不规则性远远高于海温、盐度等参数。再者，业务化大范围的卫星遥感叶绿素浓度产品反演所用的波段主要为蓝绿波段，波长越短，受到云、气溶胶、水汽和耀斑等的影响越大，加上算法的不适用性以及近岸高浑浊水体影响，海表叶绿素a浓度的缺失程度远大于其他参数，因而对海表叶绿素a浓度产品的反演难度较大。

从水色遥感数据重构研究的区域来看，主要集中在欧洲的地中海及其邻近海域（包括北海、波罗的海）、北大西洋（如美国的缅因湾、佛罗里达西海岸部分区域）、太平洋（如阿拉斯加湾、白令海、东海和日本海）区域，在南海及其邻近海域的研究比较少（Arai et al，2006；Iida et al，2007；Zhao et al，2012；Park et al，2013；Waite et al，2013；Mcginty et al，2016；Shropshire et al，2016）。

从水色遥感数据重构的时间分辨率来看，目前现有的对南海叶绿素 a 浓度数据重构的研究都是对月尺度合成数据的缺失进行的重构（Chen et al，2011a；Yu et al，2019）。但是海表叶绿素 a 对浮游植物种群变化的反映比较直接，月尺度的数据显然远远不能满足研究的需要，因此，对南海海表叶绿素 a 浓度数据的重构研究具有较高的迫切性，急需更高时间分辨率的重构数据来进行生物地球化学循环相关的研究。

1.2.3 南海及其邻近海域水色遥感数据重构亟待解决的问题

南海及其邻近海域处于全球气候变化的敏感区域，也是全球水色数据，尤其是海表叶绿素 a 浓度数据的严重匮乏区，对该海域缺失的海表叶绿素 a 浓度数据进行重构具有重要的意义。基于上述研究内容，本书总结了南海及其邻近海域数据重构亟待解决的关键问题。

（1）常见的叶绿素 a 浓度数据重构的研究都是基于缺失数据较少的月尺度合成数据进行的。而 8 天尺度的叶绿素 a 浓度数据和日尺度的叶绿素 a 浓度数据，缺失面积巨大，这也是以往的重构研究主要针对缺失数据较少的海温等进行的原因。因此，为了生物地球化学循环以及气候变化研究的需要，基于现有的数据，重构 8 天尺度甚至日尺度的时空分布完整、物理意义明确、绝对精度较高的叶绿素 a 浓度数据，是亟待解决的关键问题。

（2）对于叶绿素 a 浓度数据的重构方法，过去主要根据叶绿素 a 浓度数据本身的时空分布规律来进行时空重构，都是基于一个变量的插值，较少利用多变量和多参数之间的关系，这种传统方法对于数据缺失较少的重构事例比较适用。但对于数据缺失较多、数据极端匮乏的区域，没有足够的样本量，利用此种方法往往会导致严重的错误。基于前文的文献综述，笔者认为影响叶绿素 a 浓度的环境要素包括海表面温度、海表面高度、海表流场、海表盐度、海表风场、埃克曼抽吸（Ekman pumping，EP）速率和有效光合辐射等。对于小空间尺度、高时间分辨率的叶绿素 a 浓度数据的重构，能否利用叶绿素 a 浓度与环境因子之间的紧密关系来重构大面积缺失的数据，有待进一步讨论。

（3）在数据重构中，相较于其他方法，DINEOF 方法物理意义明确、运行效率高且使用方便，有着极大的优势，但它存在在部分近岸数据极端匮乏区域重构失败以及重构后的数据只保留低频信息、缺失高频信息的问题。如何基于DINEOF方法，充分发挥其优势，避免其缺点，针对具体的应用实例对该方法进行改进，以充分发挥其在时间序列的应用潜力，这也是本书要重点讨论的。

§1.3 研究内容

1.3.1 研究目的

针对南海及其邻近海域叶绿素a浓度卫星遥感数据严重缺失的问题，考虑到南海及其邻近海域的地理及气候特点，以遥感数据、实测数据以及其他相关环境因子数据为依托，采用有效的数据重构方法来恢复大面积缺失的数据；改进该海域1998—2018年21年8天尺度叶绿素a浓度数据的精度和质量，并基于重构的时间分辨率较高的8天尺度数据，分析关键海区的时空分布规律及驱动因素；基于驱动因素中的关键环境因子与叶绿素a浓度的关系，重构日尺度的小空间尺度高时空分辨率的数据，为该区域的生物地球化学循环研究、气候变化研究、区域生态经济可持续发展研究提供科学信息的支撑和数据保证。

1.3.2 研究内容

1. 实验数据的选定

先前并不清楚对已有的几套叶绿素a浓度数据中究竟用哪种算法反演的结果更好，更适用于本研究区的数据重构研究。对已有的多套长时间序列多时空尺度遥感叶绿素a浓度数据的时空覆盖度进行多时空尺度的精确统计和对比，并利用实测数据对这几套数据的绝对精度进行定量评价，最终确定适用于本区域的遥感叶绿素a浓度数据，并应用于后续的多时空尺度数据重构研究。

2. 南海8天尺度叶绿素a浓度数据重构方法研究

将常用于海洋环境因子缺失数据重构的方法应用至南海的8天尺度叶绿素a浓度数据重构中。针对出现的在部分区域重构失败以及重构后的数据仅保留低频平滑信息的问题，通过时间序列数据前后时期数据的关联性，对逐像元的时间序列数据信息建立双向自回归模型，并利用该模型恢复DINEOF方法中缺失的高频信息。然后利用非线性自回归神经网络模型，综合两者的优点建立适用于本研究的数据重构方法，并在空间分布、绝对精度和实际应用方面对重构的数据进行验证与评价。

3. 基于8天尺度重构数据的南海典型区域叶绿素a浓度的时空特性及机制分析

基于8天尺度的长时间序列的重构数据和相关的海洋环境因子数据，以快速集合经验模态分解（fast ensemble empirical mode decomposition，FEEMD）为信号分解方法，对1998—2018年的时序数据进行分解，并基于分解数据进行显著性检验。对通过显著性检验的模态计算周期及方差贡献，并通过8天尺度数据分解结果与月尺度数据分解结果的比较研究，发现8天尺度重构数据能分解出更短时间周期的规律趋势。通过分析短周期的显著模态与环境因子的关系，发现影响短周期叶绿素a浓度数据的部分关键主控环境因子。

4. 高时间分辨率小空间尺度的海表叶绿素a浓度数据重构方法研究

小区域高时间分辨率的遥感叶绿素a浓度数据重构研究是数据重构研究的难点和关键。针对现有数据重构方法难以在数据严重缺失的情况下仅通过自身时空序列数据来恢复缺失数据的问题，研究综合利用多个变量来恢复日尺度缺失数据的方法。基于现有的基于神经网络模型反演的叶绿素a浓度（chlorophyll-a concentration products generated by the neural network algorithm，Chl2）和基于OC5算法反演的叶绿素a浓度（chlorophyll-a concentration products generated by the OC5 algorithm，ChlOC5）的遥感数据，以及两种数据在近岸和远海区域上的互补性，进行多变量数据重构。针对重构中存在的问题，提出利用与叶绿素a浓度数据密切相关的多个环境变量来恢复和重构日尺度缺失数据的方法，并利用该方法重构中尺度涡旋区域和台风过境事例的时间序列叶绿素a浓度缺失数据，并对重构数据进行空间分布和绝对精度验证。

1.3.3 技术路线

根据本研究的研究目的和研究内容，针对拟解决的关键科学问题，本研究采用图1.1所示的总体技术路线开展多时空尺度数据重构研究。

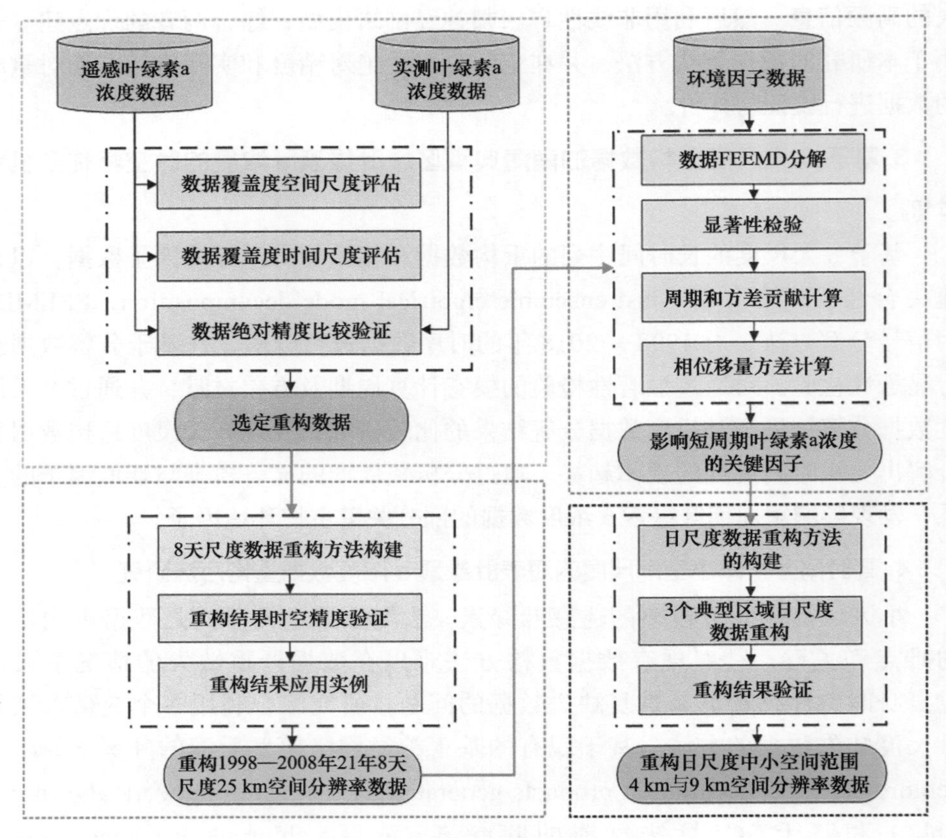

图 1.1　总体技术路线

1.3.4　章节结构与组织

围绕研究目标及主要研究内容，本书的组织结构如下。

第 1 章为绪论。主要说明卫星遥感海表叶绿素 a 浓度重构研究的背景和意义，总结和归纳国内外卫星遥感海表叶绿素 a 浓度及其重构的研究进展，在此基础上，提出了本研究面临的难题和要解决的科学问题。

第 2 章为研究区概况与数据。主要介绍研究区的地理位置、地形地貌、气象气候和水文条件概况。此外，还介绍研究所用到的数据，包括卫星遥感数据、数值模拟再分析数据、实测数据（包括实测的光谱数据、实测的海表叶绿素 a 浓度数据）、台风路径数据、气候变化指示因子数据等。并对现场实测数据的处理方法、海表叶绿素浓度反演常用的方法、L3 级多传感器融合遥感叶绿素 a 浓度数据的融合算法进行介绍。

第 3 章为叶绿素 a 浓度遥感产品多时空尺度数据覆盖度及绝对精度验证。首先对南海及其邻近海域多种海表的遥感叶绿素 a 浓度数据的时间序列和空间上的连续性进行评价，客观分析数据的缺失状况和进行数据重构的必要性。利用多源实测遥感叶绿素 a 浓度数据，对现存可公开获取的多种遥感叶绿素 a 浓度数据进行绝对精度评价。最终根据数据时间尺度上和空间尺度上的覆盖度，以及与实测数据对比的绝对精度，选定本研究使用的多时空尺度缺失数据的重构基准数据。

第 4 章为 1998—2018 年 8 天尺度的南海及相关海域遥感叶绿素 a 浓度产品的时空重构。根据南海区域的海表叶绿素 a 浓度数据产品的特征和应用目标，将第 3 章选定的方法引入海表叶绿素 a 浓度重构的研究中来，并对该方法进行有效的发展和改进。利用改进后的方法，对 1998—2018 年缺失的 8 天尺度合成的海表叶绿素 a 浓度数据进行空间重构和时间序列重构，为南海典型海区叶绿素 a 浓度时空特性及机制分析提供有效的数据支持。并对重构后的数据进行空间分布和绝对精度评价，以证明重构结果的可信性。

第 5 章为基于 8 天尺度重构数据的南海典型区域叶绿素 a 浓度与环境因子间的驱动机制及影响因子分析。利用重构的南海及其邻近海域 8 天尺度时空分布完整的海表叶绿素 a 浓度数据，结合温度、盐度、风场、光照、流场、海表面高度等因素，利用快速集合经验模态分解法（FEEMD）对南海典型海区的海表叶绿素 a 浓度时空特性驱动机制分析，并将重构的 8 天尺度的数据与月尺度合成的产品比较，以判断是否能发现更细尺度的信息以及这些信息的关键驱动和影响因素。

第 6 章为南海时空连续海表遥感叶绿素 a 浓度产品的短时动态过程分析。河口羽流、涡旋和台风是较短时间尺度和较小空间范围的事件，因而需要更高的时间分辨率和空间分辨率。利用日尺度的遥感叶绿素 a 浓度数据，并结合温度、盐度、海面高度和流场信息来构建日尺度中小空间范围的叶绿素 a 浓度数据重构方法，并在河口海岸带、涡旋上升流和气旋台风过境的小区域短时动态过程事例进一步改进和验证发展的日尺度中小空间范围的叶绿素 a 浓度数据重构方法。

第 7 章为总结与展望。对本研究的研究结果进行总结，阐述本研究的主要创新点，同时也说明本研究仍未解决的问题，以及对未来的研究进行展望。

第 2 章　研究区概况与数据

§ 2.1　研究区概况

南海及其邻近海域是海上航运交通要冲，是重要的渔业资源经济海域，同时，南海及其邻近海域处于亚欧大陆与太平洋、太平洋与印度洋的交互地带，处于气候变化的敏感区域。因而，该区域具有重要的科学价值、经济价值、文化价值和战略安全价值。

2.1.1　地理位置

南海位于太平洋西北岸和亚欧大陆东南端，是世界第三大边缘海，也是亚欧大陆东岸最大的半封闭深水边缘海。南海南部为大巽他群岛，西接中南半岛和马来半岛，东临菲律宾群岛，北依中国大陆、海南岛、台湾岛。南海周边的国家有中国、菲律宾、文莱、马来西亚、印度尼西亚、新加坡、泰国、柬埔寨、越南。南海通过台湾海峡、巴士海峡、马六甲海峡等与其他海洋相通。南海通过台湾海峡与东海相连、通过巴士海峡等与菲律宾海相连、通过民都洛海峡和巴拉巴克海峡等与苏禄海相连接，通过卡里马塔海峡等与爪哇海相连接。南海是西北太平洋与北印度洋之间的重要海上通道（图 2.1）。

2.1.2　海底及近岸地形地貌概况

南海的海底地形地貌复杂多样，由大陆架、大陆坡和中央海盆三个部分构成，并呈环带状分布。大陆架是指从海岸带沿一定坡度向深水处过渡的区域，水深一般不超过 200 m，是陆地向海洋的自然延伸。南海大陆架以北部和南部居多，在东西部较狭窄。中央海盆位于南海的东中部，呈东北西南向的菱形分布，其中西北部高，水深约 3 200 m，中东部低，水深为 4 200 ~ 4 400 m。中央海盆和大陆架中间的过渡区域即为大陆坡。大陆坡区域水深为 200 ~ 3 000 m，由大陆架到中央海盆，深度呈阶梯状增大的趋势。

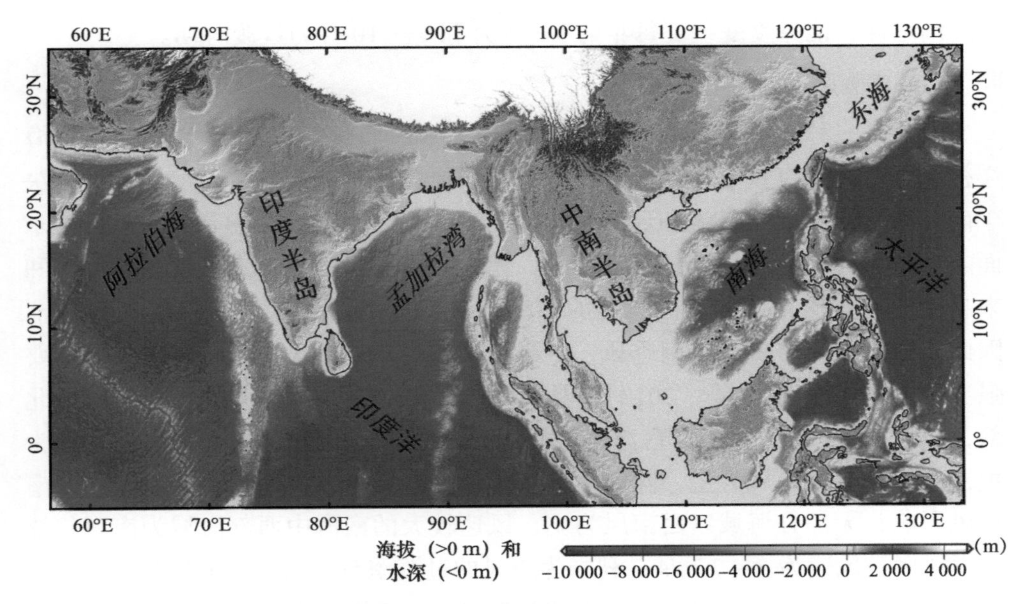

图 2.1　研究区位置

2.1.3　气象气候概况

1. 气温气候

南海及其近岸区域南北跨越较广。其气候类型有两种，分别是赤道附近的赤道多雨气候和赤道以北的热带海洋性季风气候。这两种气候类型的特点是终年气温较高，年均温度为 22 ~ 28 ℃，温度年较差只有 6 ℃左右，年均湿度在 80% 以上。南海及其近岸区域气温的日变化和年变化均较小，且南海南北部都处于热带性气候的控制下，所以南海气温的南北差异也比较小。南海整个海域 7 月的海温高达 28 ℃。在北半球最冷月 1 月，南海南部的气温也高达 26 ℃，北部高于 15 ℃。南海北纬 20° 以南的海域是四季皆夏的“常夏之海”；以北的海域则是常夏无冬、秋去春来的暖热气候（王加胜，2014）。

南海大部分海域是热带海洋性季风气候。夏半年，陆地升温较快，低压中心在陆地，高压中心在海洋，风从海洋吹向陆地。因此，每年的 5—9 月，南海盛行西南季风。夏半年，温度高，空气湿度大，北部近岸区域多雷暴和暴雨天气，且台风频繁。冬半年，陆地降温较快，海洋比热容较大，降温慢，高压中心在陆地，低压中心在海洋，此时风由陆地吹向海洋。因此，每年的 10 月—次年的 3 月，受亚洲高压控制，南海盛行东北季风，东北季风稳定且强度很大。此时冷空气频繁入侵，因此冬半年的前期晴天较多，后期阴雨天气增多，雾日也逐渐增多，能见度变差。每年的 3—5 月和 9—10 月为过渡时期。

2. 海表面风

风能是一种清洁无污染的可再生能源。海表面风对打破水体层化、增加海洋初级生产力具有重要的意义。南海海表面风的地理分布及季节变化特性取决于南海及周边区域的气流和环流系统的活动情况。西太平洋的副热带高压（东面）、孟加拉湾的赤道西风带（西面）、澳大利亚高压的越赤道气流（南面）和来自受亚洲高压控制的亚洲大陆的寒潮系统（北面）影响着南海的天气系统，因此南海夏半年多盛行西南季风，冬半年多盛行东北季风，且冬季风的强度要强于夏季风（张荷霞 等，2013）。具体来说，南海春季风速大值区位于南海北部，风速为 3.5 ~ 5.0 m/s，台湾海峡能达到 5.5 m/s，南海的北部湾以偏东风为主，泰国湾以偏南风为主，除此之外，大部分海域以东北风为主；夏季受西南季风影响，大部分海域以西南风为主，风速较大的南海中西部海域为南海传统的大风区，风速为 5 ~ 7 m/s；秋季为季风的过渡季节，风向稍显凌乱，南海中北部已由西南风转为东北风，而南部西南风尚未消退，泰国湾在该季节则以西北风为主，风速相对大的区域位于南海北部和台湾岛周边区域，为 6 ~ 9 m/s，而台湾海峡风速在 9 m/s 左右；冬季南海受冷空气影响显著，整个南海均在较强的东北风控制下，风速的大值区域呈东北 – 西南走向，南海大部分海域的风速在 8 m/s 以上，台湾海峡的风速能达到 11 m/s（王静 等，2014）。

3. 海表面温度

南海北部大陆架区域以及北部湾水深相较于南海中部较浅，海表温度容易受到陆源水及气象条件的影响，变化幅度比深海区域大。冬季南海近岸区域的海表面温度一般为 16 ~ 22 ℃，等温线分布与海岸平行，水温的分布从岸边向外海递增，至南海的中部区域，海表温度可达 26 ℃。南海冬半年主要受东北季风控制，表层水流主要为东北季风漂流。南海表层水温的分布并非与纬度平行，而是与海岸线有一定的夹角，呈东北 – 西南走向。南海中西部及南部由于距离赤道比较近，该区域的海表面温度即使在冬季也达到了 27 ℃。夏季南海的海表温度为 28 ~ 29 ℃，此时太阳直射北回归线附近，南海南北部海表面温度差别不大。需要注意的是由于西南季风的作用，在南海中西部海域出现埃克曼抽吸现象，深层较冷水体上涌至海表面，造成夏季的低温区，海表温度为 23 ~ 25 ℃。

4. 热带气旋

西北太平洋区域是世界上热带气旋发生频率最高、强度最大的区域，而南海又是西北太平洋三个热带气旋的主要发源地之一。南海年热带气旋数的年际变异比较大，从 1 个到 10 个不等。热带气旋的生成季节变异亦十分显著，主要发生在 5—9 月，尤其以 9 月发生最多。南海的热带气旋主要发生在南海中部洋面上，热带气旋越强，其高发地点越偏东，相对来说，热带气旋越弱，其高发地点越偏北。热带气旋的时空匹配可体现为，5—9 月时南海热带气旋平均发生地点的纬度在北纬 15° 以北，8 月平均位置最偏北，其余月份平均发生地点的纬度在北纬 15° 以南（杨亚新，2005）。

5. 云量

南海主要为热带季风气候，因此南海的云状以低云为主。北部海区全年大致可分别为三个时期：1—4 月主要为层积云和碎云，其次是淡积云和层云，云高为 200 ~ 400 m，其余云高在 600 m 以上，云层稳定；5—9 月以积状云为主，在沿岸区域的午后最盛，在海上多见于夜间，积雨云的云底高 1 000 ~ 1 500 m，而云顶较高，可达 12 000 ~ 15 000 m，云层极不稳定，时有雷电出现，且受台风频繁影响，常产生碎云和雨层云；10—12 月一般为卷云（海南省地方志办公室，2012）。张亚洲等（2011）研究了南海地区 1983—2008 年的总云量分布，发现南海地区的总云量分布比较均匀，总云量的范围为 60% ~ 80%，同时在北部湾地区、南海北部以及南海南部地区同时存在三个高值中心，云量达到了 70% ~ 80%；而在靠近菲律宾吕宋岛附近的海域总云量存在一个低值区，低值区的云量在 66% 左右，是整个南海地区总云量最低的区域。总的来看，南海云量呈现南北部高、中部略低的特征。

6. 降水量

南海及其近岸区域的降水可以分为终年多雨型和干湿季类型。终年多雨型主要位于赤道附近的区域，年降水均匀且充沛，季节变化比较小。赤道多雨区域以北区域受来自大陆冬季的东北季风和来自海洋的西南季风控制。受东北季风控制时，因为风来自干冷的大陆，较少形成降雨，但在吹过广阔的南海海面时凝聚一部分水汽，在迎风坡区域形成小范围降雨；受西南季风控制时，来自海洋的湿热空气易于成云致雨，此时南海海域降水较多且范围比较大。南海大部分海区是热带季风性降雨。总体来说，南海的降雨由南向北、由近岸向远海存在一定的递减趋势，南海大部区域处于东北季风和西南季风的交替控制下，有明显的干湿季节之分（南部接近赤道的部分区域终年多雨，无干湿季之分）。

7. 海雾

海雾是影响南海能见度的主要天气现象。南海海雾一般厚度为 400 ~ 600 m，薄的不足 100 m，加之南海海雾通常呈片状、块状和团状的特性，使能见度严重不足，影响了遥感卫星数据的获取，造成海洋光学数据的缺失。南海海雾季节变化比较明显，主要出现在每年的12月至次年的4月，尤以3月为最盛。海雾的分布具有较强的区域地理特性，主要分布在北部湾和南海北部近岸区域。

§2.2 数据资料

2.2.1 卫星数据

1. 叶绿素a浓度数据

本研究使用的叶绿素a浓度L3级融合的日尺度、8天尺度和月尺度合成产品从GlobColour网站免费获取。该网站提供了4 km、9 km和25 km分辨率的产品，包括MERIS、MODIS、SeaWiFS、VIIRS和OLCI，以及这些传感器合成的产品。数据空间覆盖范围为全球，时间范围从1997年9月1日至2018年12月31日。该网站还提供了基于不同叶绿素a浓度反演算法反演的数据，主要的反演产品有基于OC3、OC4和OC5算法反演的叶绿素a浓度数据产品Chl1、Chl2和ChlOC5。在这几种算法中，并没有一种算法明显优于其他算法，因为水体类型不同、区域不同、传感器的类型不同，因此使用不同的算法应考虑对不同水体和区域的适用性。

2. 海表温度数据

常用的海表温度数据主要以甚高分辨率辐射计（AVHRR）的应用最广，尤其是美国国家航空航天局发布的全球尺度的海表温度产品。另一种常用的海表温度数据由美国国家气候数据中心（National Climatic Data Center，NCDC）提供，该数据是经过最优插值法插值的AVHRR 4级的产品，时间分辨率为每天，空间分辨率为0.25°，数据的时间尺度跨度很长，自1981年9月以来（截至2022年12月）一直有数据。

3. 海面高度异常数据

法国海洋卫星数据归档验证和解释服务中心（Archivage，Validation et Interprétation des données des Satellites océano-graphiques，AVISO）提供了融合多源卫星测高数据的海面高度异常（sea level anomoly，SLA）数据UTD（up to date）产品。该数据是TOPEX/Poseidon、欧洲遥感卫星1号（European remote sensing satellite，ERS-1）和欧洲遥感卫2号（European remote sensing satellite，ERS-2）、ENVISAT Jason-1和Geosat Follow-On这4种测高卫星经交

叉定标的网格化海平面高度融合数据。该数据提供每天、7 天和月尺度平均数据，空间分辨率为 0.25°。

4. 海表风场数据

星载微波散射测量技术是获取全球海面风场的有效手段，目前应用最广泛的遥感风场资料主要有三种。一种为欧洲空间局（European Space Agency，ESA）于 1992 年和 1995 年发布的欧洲遥感卫星 ERS-1 和 ERS-2，时间跨度为 1991 年 8 月至 2000 年 12 月，空间分辨率为 1° × 1°。第二种是美国国家航空航空局于 1997 年 7 月发射的快速散射计（quick scaterometer，QuikSCAT），2009 年停运。2006 年 10 月 19 日，欧洲空间局发射了 Metop-A 卫星（2021 年 11 月 15 日任务结束），卫星上搭载了高级散射仪（advanced scatterometer，ASCAT）传感器。ASCAT 作为新一代的微波散射计，综合了美国和欧洲等散射计卫星的经验，性能上要优于以前同类卫星的产品。其服务网站提供每天、3 天和月尺度的全球风场数据，空间分辨率为 0.25° ×0.25°，参数包括海表面的风速和风应力。

5. 混合层深度数据

混合层是大范围海气相互作用的主要区域，海气之间的能量和物质交互主要在混合层中进行。它的上界面是大气的下界面，同时又是海洋的上边界层。混合层随时间的变化而快速变化，更能体现海洋对气候变化因子强迫的响应，因而海洋混合层在全球气候变化中占据重要的位置（施平 等，2001）。混合层深度（mixed layer depth，MLD）数据的计算一般基于温度数据和水体密度数据，采用积分法、回归法、阈值法来计算。相较于积分法和回归法，采用阈值法计算的混合层深度与实测数据相比更接近，因此本研究使用的混合层数据是基于阈值法计算的。本研究使用了周尺度和月尺度两种混合层再处理数据。这两种再处理数据的空间分辨率为 25 km，数据共有 33 层，0 ~ 30 m 每隔 10 m 一层，30 ~ 50 m 隔 20 m 一层，50 ~ 150 m 每隔 25 m 一层，150 ~ 300 m 每隔 50 m 一层，300 m 以下每隔 100 m 一层。本研究所用的数据是从 1998 年 1 月 1 日至 2018 年 12 月 31 日的周尺度和月尺度数据。

6. 海表盐度数据

海水盐度是海洋重要的物理环境要素，盐度对海水运动、海洋层化、热量输送及全球的水循环都有重要的影响，因而海洋盐度特别是海表盐度数据是气候变化的重要指标（陈海花 等，2015；傅圆圆 等，2017）。法国“哥白尼海洋环境监测服务”（Copernicus Marine Environment Monitoring Service，CMEMS）作为欧盟地球观测计划的一部分，目标是通过空间观测和定点观测为欧盟和全球提供自动化的海洋数据获取能力和免费的数据平台。CMEMS 在过去的 30 年中，基于卫星数据、实测数据和数值模拟为研究者提供长时间序列的再分析和预报的海洋环境要素数据。本研究使用的海表盐度数据为法国 CMEMS 提供，数据有实时预报和再处理两种。再处理数据同化了数值模拟、卫星观测和实时观测的结果，更加准确，因此本研究选用的是再处理数据。该数据共有周尺度和月尺度两种，垂直有 33 层（本研究仅使用表层数据），空间分辨率约为 25 km。本研究使用了 1998—2018 年的两种时间尺度的数据。

7. 海表密度数据

海水密度是重要的海洋理化环境要素之一，海水密度影响和控制着海洋中的环流和地转流等水团流动（苏校平 等，2019）。气候变化会造成海洋降水、蒸发、温度和季风的变化，海表密度会对气候的变化做出响应，处于海洋表层的浮游植物被动地适应着水团的流动和海表密度的变化，会放大气候变化的信号，因此海洋表层海水密度在海洋生态环境和气候变化研究中具有重要的作用（苏校平 等，2019）。本研究使用的海表密度（sea surface density，SSD）数据是通过微波遥感技术间接反演的，再结合实测的数据和数值模拟数据同化而来，该海表密度数据与海表盐度数据均来自法国 CMEMS。数据的空间分辨率约为 25 km，时间分辨率有周尺度和月尺度两种，使用的数据时段为 1998—2018 年，数据有 33 层，本书仅使用表层的数据。

8. 有效光合辐射数据

光照是影响陆生植物和浮游植物生长的关键因子之一，太阳辐射中能被植物光合作用利用的有效部分即为有效光合辐射（photosynthetically active radiation，PAR）（路海浪 等，2010）。对于浮游植物而言，PAR 除了为海洋中的浮游植物提供适宜的生长温度环境之外，更直接参与浮游植物的生物地球化学循环，PAR 充足则为浮游植物生长提供充足的光合作用来源，PAR 不足则会限制浮游植物的生长，因此 PAR 与浮游植物的生长关系密切，且对气候变化和海洋生态研究影响较大。本研究使用的 PAR 数据为欧洲空间局的 GlobColour 计划所提供的长时间序列的多传感器融合数据。该数据包含了全球范围从 1997 年 9 月 1 日至 2018 年 12 月 31 日的 SeaWiFS、MERIS、MODIS、VIIRS 和 OLCI 等传感器的融合数据，数据空间分辨率有 4 km、25 km 和 100 km 三种，数据时间分辨率有每天、8 天和月尺度。参数包括了生地化参数、海洋表层光学参数、大气参数和表观光学参数。本研究使用的是 1998—2018 年的 4 km 和 25 km 空间分辨率、8 天和月尺度时间分辨率的融合数据。

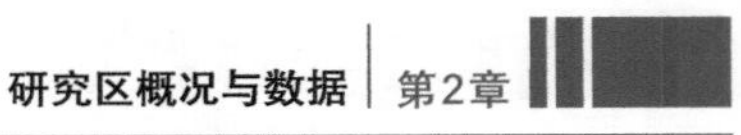

2.2.2 混合坐标海洋模型再分析数据

混合坐标海洋模式（hybrid coordinate ocean model，HYCOM）是美国海军研究实验室和迈阿密大学数值模型团队在美国迈阿密大学等密度面坐标海洋模型（Miami isopycnic coordinate ocean model，MICOM）的基础上发展而来的。它是一种原始方程全球海洋环流模型，不仅保留了原来MICOM的等密度面坐标的优点，还采用了垂向混合坐标（等密度面坐标、sigma坐标和Z坐标的混合）。在开阔的层化海洋中采用等密度面坐标，在近岸及陆架等较浅的水域采用随地形变化的sigma坐标，而在层化或混合不明显的海域采用传统的Z坐标，这些坐标的混合使用扩展了传统的等密度面坐标的应用范围，弥补了传统模型的不足（Chassignet et al，2007），使HYCOM在近表层和近岸浅水区域具有更高的垂向分辨率，能较好地表达上层海洋的物理特性。

不仅如此，该模型还同化了卫星高度计海面温度、抛弃式水文密度计（expendable bathy thermograph，XBT）、温盐深仪（conductivity temperature depth，CTD）和地转海洋学实时观测阵列Argo（阿尔戈）浮标等多种观测资料（Wallcraft et al，2009；陈俊尧 等，2015）。Roemmich等（2009）通过实测的Argo浮标温度盐度资料来验证HYCOM资料，发现同化了温度盐度卫星数据的HYCOM产品具有较高的精度，满足业务化应用。本研究使用的是同化了多源资料的HYCOM再分析数据，包括海表温度、海表盐度、海表高程数据（sea surface height，SSH）和海表流场的UV（U表示东西方向，V表示南北方向）分量。数据的分辨率为（1/12.5）°，时间分辨率为逐日平均的产品。数据的时间范围为1992—2012年。

2.2.3 现场实测数据

现场实测是获取叶绿素a浓度最精确、最有效的研究手段之一，主要通过对获取的海水样品进行实验室测定和通过现场仪器测定来实现。第一种方法是通过水体采样，现场采样过滤后获得站位点样本数据，在船上实验室用荧光法测量获得。由Niskin采水器采集水样，滤膜选用美国Whatman公司的GF/F玻璃纤维滤膜，直径为25 mm，孔径为0.7 μm，须预先在纯水中浸泡1～2小时后方能用于过滤，在约16 kPa负压下过滤得到叶绿素膜样。膜样在90%的丙酮溶液中进行24小时萃取得到萃取液，由Turner Designs公司的Trilogy多功能荧光仪测量，精度为0.02 μg/L，测量方法为非酸化荧光法，读数即为叶绿素a浓度。另一种方法是通过仪器直接来测量，主要通过分光光度计和荧光计来直接测得水体中的叶绿素 a 浓度。

1. Bio-Argo 数据

海洋的物理学、生态学以及生物地球化学参数在任何时间和空间尺度上，都处在一个巨大的耦合系统中，相互影响相互作用。然而由于观测能力不足，人们对这种耦合作用的机制理解不透，导致对海洋未来变化的建模及预测缺乏深入认识。物理海洋学家为了解决观测数据不足的问题，在 20 世纪 90 年代实施了一个庞大的全球海洋数据观测网计划，即 Argo 计划。该计划最初是为水文地理学和物理海洋学提供海洋的温盐剖面数据，后来随着技术的发展和生物地球化学研究的迫切需要，生物地球化学剖面漂流浮标（Biogeochemical-Argo，Bio-Argo）计划将 Argo 向生物地球化学方向和海洋光学方向拓展。Bio-Argo 计划除提供温度盐度数据外，还提供叶绿素 a 浓度等参数数据（邢小罡等，2012）。截至 2018 年 9 月 29 日，全球共投放 Argo 浮标 3 969 个。截至 2019 年 6 月，共有 Bio-Argo 浮标 366 个。本研究使用的部分 Bio-Argo 浮标实测叶绿素 a 浓度数据获取自“全球海洋 Argo 散点资料集”。该数据是由中国 Argo 实时资料中心（China Argo Real-time Data Center，CARDC）经过质量再控制获得的（图 2.2）。

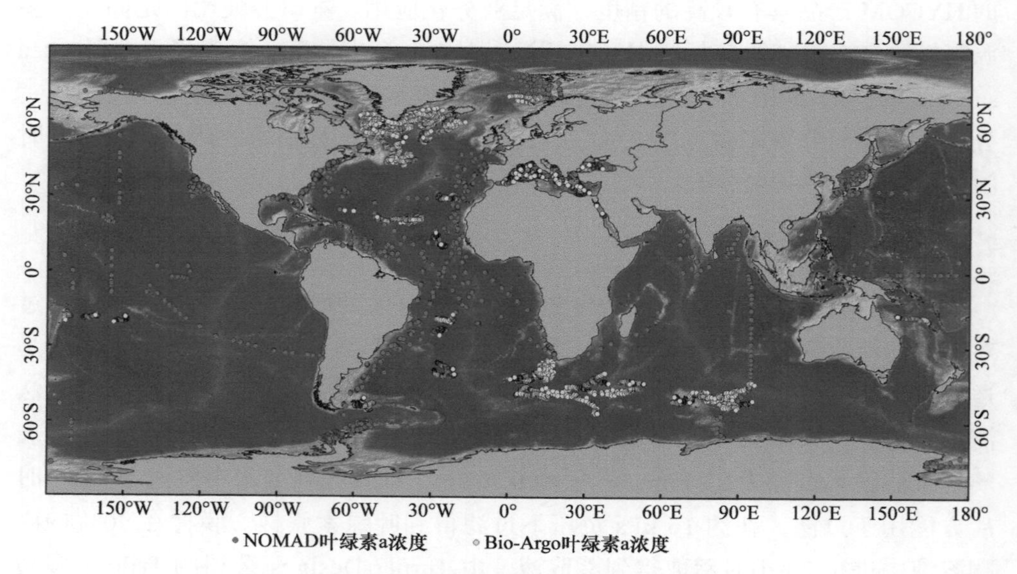

图 2.2　全球部分实测叶绿素 a 浓度站点的分布

2. 全球生物光学实测数据集

全球生物光学实测数据集（NASA bio-optical marine algorithm data set，NOMAD）是由美国国家航空航天局的海洋生物学处理组（Ocean Biology Processing Group，OBPG）提供的一种用于海洋水色遥感算法的验证与开发的数据集（Werdell et al，2005）。该高质量数据集的实测数据点覆盖全球范围，可公开免费获取，它包含 3 400 多个在全球不同海区实测水体的表观光学量（apparent optical properties，AOPs）和固有光学量（inherent optical properties，IOPs）的点（Werdell et al,2005）。本研究使用了其中的实测海表叶绿素 a 浓度数据（图 2.2）。

§ 2.3　数据处理方法

2.3.1　叶绿素 a 浓度数据的反演方法

海洋水体按照水体组分不同可分为Ⅰ类水体和Ⅱ类水体。一般来说，Ⅰ类水体主要是由浮游植物及其伴生物来确定其光学特性，大洋水体是典型的Ⅰ类水体；Ⅱ类水体受浮游植物、黄色物质悬浮颗粒物等的影响，其光学特性比Ⅰ类水体复杂，常见的Ⅱ类水体主要分布在内陆、河口和近海区域。目前可在大范围内业务化推广的常用叶绿素浓度反演算法主要有经验算法、半分析算法和神经网络算法等。由于常用的水色传感器波段设置不同，其算法也有差异。

1. 经验算法

经验算法是比较常用的叶绿素反演算法，该算法利用现场实测的叶绿素浓度数据和卫星反演的遥感反射率蓝绿波段（440 ~ 670 nm）的比值建立统计关系，从而反演叶绿素浓度值。

常用的覆盖全球范围的传感器主要有 SeaWiFS、MERIS、MODIS 和 Suomi-NPP 卫星的产品。OC4 算法（ocean chlorophyll 4 argorithm，OC4）是 SeaWiFS 常用的一种叶绿素浓度经验算法，利用 433 nm、490 nm、510 nm、555 nm 波段反演；OC4E 算法是 MERIS 用到的一种叶绿素浓度反演算法，主要利用 443 nm、490 nm、510 nm、560 nm 波段反演；OC3M 算法（ocean chlorophyll 3 algorithm，OC3）是 MODIS 用到的一种叶绿素浓度反演算法，利用 443 nm、488 nm、547 nm 波段反演；OC3V 算法是 VIIRS 用到的一种叶绿素浓度反演算法。各传感器算法反演波段如表 2.1 所示。

OC3、OC4 算法的反演公式和参数为

$$\lg c = a_0 + \sum_{i=1}^{4} a_i \left[\lg \left(\frac{R_{\text{blue}}}{R_{\text{green}}} \right) \right]^i \tag{2.1}$$

式中，c 为叶绿素 a 浓度，R_{blue} 是选用几个蓝光波段中与实测值相关系数值最优的波段的遥感反射率，R_{green} 是绿光波段遥感反射率，用以进行算法的反演，a_0 以及 a_i 对应的 a_1、a_2、a_3 和 a_4 分别为二次多项式系数，取值如表 2.1 所示。

表 2.1　适用于各传感器的叶绿素 a 浓度反演算法的参数

算法	传感器	蓝波段 /nm	绿波段 /nm	a_0	a_1	a_2	a_3	a_4
OC4	SeaWiFS	443>490>510	555	0.327 2	−2.994	2.721 8	−1.225 9	−0.568 3
OC4E	MERIS	443>490>510	560	0.325 5	−2.767 7	2.440 9	−1.128 8	−0.499
OC4O	OCTS	443>490>516	565	0.332 5	−2.827 8	3.093 9	−2.091 7	−0.025 7
OC3S	SeaWiFS	443>490	555	0.251 5	−2.379 8	1.582 3	−0.637 2	−0.569 2
OC3M	MODIS	443>488	547	0.242 4	−2.742 3	1.801 7	0.001 5	−1.228
OC3V	VIIRS	443>486	550	0.222 8	−2.468 3	1.586 7	−0.427 5	−0.776 8
OC3E	MERIS	443>490	560	0.252 1	−2.214 6	1.519 3	−0.770 2	−0.429 1
OC3O	OCTS	443>490	565	0.239 9	−2.082 5	1.612 6	−1.084 8	−0.208 3
OC3C	CZCS	443>520	550	0.333	−4.377	7.626 7	−7.145 7	1.667 3
OC2S	SeaWiFS	490	555	0.251 1	−2.085 3	1.503 5	−3.174 7	0.338 3
OC2E	MERIS	490	560	0.238 9	−1.936 9	1.762 7	−3.077 7	−0.105 4
OC2O	OCTS	490	565	0.223 6	−1.829 6	1.909 4	−2.948 1	−0.171 8
OC2M	MODIS	488	547	0.25	−2.475 2	1.406 1	−2.823 3	0.540 5
OC2M-HI	MODIS（500 m）	469	555	0.146 4	−1.795 3	0.971 8	−0.831 9	−0.807 3
OC2	OLI/Landsat 8	482	561	0.197 7	−1.811 7	1.974 3	−2.563 5	−0.721 8
OC3	OLI/Landsat 8	443>482	561	0.241 2	−2.054 6	1.177 6	−0.553 8	−0.457

当前常用的业务化产品中，采用的标准算法是综合 OC*x* 波段比值算法和颜色指数（color index，CI）算法（Hu et al，2012）的叶绿素 a 浓度反演算法。CI 算法的描述为

$$CI = R_{\text{green}} - \left[R_{\text{blue}} + \frac{(\lambda_{\text{green}} - \lambda_{\text{blue}})}{(\lambda_{\text{red}} - \lambda_{\text{blue}})} \bullet (R_{\text{red}} - R_{\text{blue}}) \right] \tag{2.2}$$

式中，λ_{blue}、λ_{green}、λ_{red} 分别是传感器中最接近 443 nm、555 nm 和 670 nm 的波

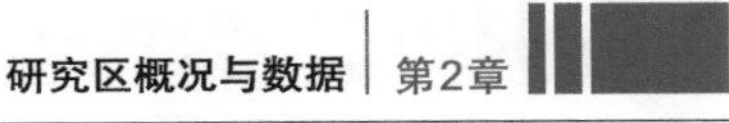

段，R_{blue}、R_{green} 和 R_{red} 分别为蓝、绿和红光波段遥感反射率。Hu 等（2012）的研究结果显示，CI 算法比较适用于相对清澈的水体，一般在叶绿素浓度小于 0.15 mg/m³ 时使用 CI 算法，在叶绿素浓度为 0.15 ~ 0.2 mg/m³ 的范围内 OC 算法与 CI 算法联合使用，在叶绿素浓度大于 0.2 mg/m³ 时使用 OC*x* 算法。

基于 OC4 算法反演的 SeaWiFS 叶绿素 a 浓度值在近岸区域存在反演结果比实际值高的问题，这种高估的问题在黄色物质和悬浮物占主导水体光学特性的夏末至春初这段时间更为严重。针对这个问题，Gohin 等（2010）基于英吉利海峡和比斯开湾等陆架区域的实测海洋光学数据集，通过建立查找表的方法将 OC4 算法、412 nm 和 555 nm 波段这三者与实测的叶绿素 a 浓度值关联起来，发展出了基于经验算法的不同叶绿素浓度下的 OC4 算法的比值结果与 412 nm 和 555 nm 波段之间的参数化关系，这种算法一般被叫作 OC5 算法。OC5 算法将 412 nm 和 555 nm 通道的波段结合起来，对存在问题的 OC4 算法进行矫正，其中 555 nm 通道主要用于揭示和修正悬浮物对 OC4 算法波段比值的影响，412 nm 波段主要用于修正和调整 OC4 算法中黄色物质和大气过矫正的影响。OC5 算法的基本表达式为

$$c_{\text{OC5}}=c-0.18\times(c-0.55)^2 \tag{2.3}$$

式中，c_{OC5} 即 OC5 算法反演的叶绿素 a 浓度，c 用式（2.1）计算，OC4 参数如表 2.1 所示。

2. 半分析算法

经验算法比较简明且运算速度快，具有较强的区域适用性。将经验算法推广至全球范围内，在 I 类水体取得较好的效果，而在 II 类水体，不同区域的气溶胶、水体组分的不同，导致经验算法经常出现问题。半分析算法在保留了经验算法优点的同时，结合辐射传输模型，将水体的表观光学量和固有光学量、固有光学量和水体组分之间的关系作为反演水色要素的依据，取得了较好的效果。比较有代表性的半分析算法有 GSM 算法和 QAA 算法（张红 等，2012）。

1）GSM 算法

该算法由 Gordon 提出，根据吸收系数 $a(\lambda)$、后向散射系数 $b_{\text{b}}(\lambda)$ 与遥感反射率 $R_{\text{rs}}(\lambda)$ 间的二次方程关系建立（Maritorena et al，2002；Siegel et al，2005）。其表达式为

$$R_{\text{rs}}(\lambda)=\frac{t^2}{n_{\text{w}}^2}\sum_{i=1}^{2}g_i\left[\frac{b_{\text{b}}(\lambda)}{b_{\text{b}}(\lambda)+a(\lambda)}\right]^i \tag{2.4}$$

式中，t 为海气界面传输系数；n_{w} 为水的折射率；g_i 中 g_1 取值为 0.094 9，g_2 取

值为 0.079 4。

纯水的吸收系数 $a_w(\lambda)$、浮游植物的吸收系数 $a_{ph}(\lambda)$ 和有色可溶性有机物吸收系数 $a_{cdm}(\lambda)$ 共同组成了总吸收系数 $a(\lambda)$，公式为

$$a(\lambda)=a_w(\lambda)+a_{ph}(\lambda)+a_{cdm}(\lambda) \tag{2.5}$$

式中，$a_w(\lambda)$ 一般为一个固定值，$a_{ph}(\lambda)$ 与浮游植物叶绿素 a 浓度 c 存在如下关系

$$a_{ph}(\lambda)=a_{ph}^*(\lambda)\cdot c \tag{2.6}$$

式中，$a_{ph}^*(\lambda)$ 为浮游植物比吸收系数。

$a_{cdm}(\lambda)$ 与 $a_{cdm}(\lambda_0)$ 存在着如下关系

$$a_{cdm}(\lambda)=a_{cdm}(\lambda_0)\exp(-S(\lambda-\lambda_0)) \tag{2.7}$$

式中，S 为有色可溶性有机物（colored dissolved organic matter，CDOM，cdm）的光谱斜率，表示吸收值随波长增加而下降的速率。

纯水的后向散射系数 $b_{bw}(\lambda)$ 与悬浮颗粒的后向散射系数 $b_{bp}(\lambda)$ 组成了总的后向散射系数 $b_b(\lambda)$，即

$$b_b(\lambda)=b_{bw}(\lambda)+b_{bp}(\lambda) \tag{2.8}$$

式中，中心波长为 λ 的波段的悬浮颗粒后向散射系数 $b_{bp}(\lambda)$ 与中心波长为 λ_0 的波段的悬浮颗粒后向散射系数 $b_{bp}(\lambda_0)$ 存在的关系为

$$b_{bp}(\lambda)=b_{bp}(\lambda_0)\left(\frac{\lambda}{\lambda_0}\right)^{-\eta} \tag{2.9}$$

式中，η 为悬浮颗粒后向散射衰减系数。

根据实测数据和模型的优化，可以确定 $a_{ph}^*(\lambda)$、S、η 的值，纯水的吸收和散射系数 $a_w(\lambda)$ 与 $b_{bw}(\lambda)$ 可从有关参考文献中获取，最终 GSM 模型中需要确定的参数有 c、$a_{cdm}(\lambda_0)$ 与 $b_{bp}(\lambda_0)$。λ_0 作为模型中的参考波段，经常取值为 443 nm。对于 GSM 模型而言，已知某一像素三个波段及以上的 $R_{rs}(\lambda)$，就可利用非线性拟合的方法求出模型中的三个未知数 c、$a_{cdm}(\lambda_0)$ 和 $b_{bp}(\lambda_0)$。

2）QAA 算法

QAA 算法适用于反演水体的固有光学特性，其反演过程主要分为两个部分：第一部分反演总吸收系数和总后向散射系数，暂不考虑浮游植物吸收系数和黄色物质吸收系数的光谱模型；第二部分将第一部分得到的总吸收系数分解为主要成分的吸收系数，具体步骤与 GSM 算法类似。半分析算法将水色组分

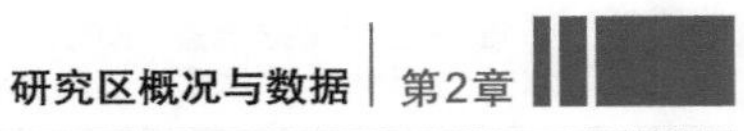

中的固有光学特性与理论模型耦合起来，物理意义明确，较适用于Ⅱ类水体的参数反演分析。模型是在辐射传输方程近似解的基础上，建立水体组分与光谱之间的关系，反演水体中不同组分的浓度。但是分析算法比较复杂，在实际应用中所用到的参数难以便捷获取，实际应用中较少使用。

3. 神经网络算法

人工神经网络是对人脑功能的模拟，具有高度并行性、高度非线性全局作用和良好的容错性与联想记忆能力，具有十分强的自适应和自学习能力。运用神经网络可以实现对复杂函数的逼近、数据的聚类、模型的分析和优化等计算功能。Ⅱ类水体光学特性复杂，神经网络作为一种有效的非线性逼近方法，能对复杂多变的Ⅱ类水体水色因子进行反演，能实现最复杂的辐射传递模型（Chen et al，2014a；Chen et al，2014b；Chen et al，2015）。

反演叶绿素使用的主要是多层反向传播的人工神经网络算法。该网络包含输入层、输出层和隐含层。输入遥感反射率或离水辐射亮度，神经网络将输入的参数信号加上权值向后传递，输出水体组分和光学参量。神经网络会根据输入数据和输出数据的关系，自动调整隐含层的权值；如果输入信号加上权重信号达到期望的值，训练停止，反之，则将误差后向传递，以调整权值；当训练达到期望值，此时网络模型训练完毕。用该方法去反演叶绿素浓度值，易于区域化，可随时使用。

2.3.2 常用的 L3 级数据的融合方法

GlobColour 网站提供了基于不同融合算法产生的叶绿素 a 浓度数据，该套 L3 级产品用到的融合算法主要有简单平均法（simple averaging，AV）、加权平均法（weighted averaging，AVW）和 GSM 模型融合法（Maritorena et al，2005）。本书主要使用了 Chl1、Chl2 和 ChlOC5 这三种叶绿素 a 浓度产品。Chl1 产品所用的融合算法有 AV/AVW 算法和 GSM 算法，融合的传感器数据主要来源于 MERIS、MODIS、SeaWiFS 和 VIIRS 这 4 种传感器（Oreilly et al，2000）。Chl2 产品所用的融合算法为 AV 算法，融合的传感器数据主要来源于 MERIS。研究发现采用 AV 算法在近岸高浑浊水体区域有较好的结果（Doerffer et al，2007）。ChlOC5 产品主要使用 AVW 算法进行融合，融合的传感器数据主要来源于 MERIS、MODIS、SeaWiFS 和 VIIRS 这 4 种传感器（Gordon，1993）。

融合的步骤如图 2.3 所示。

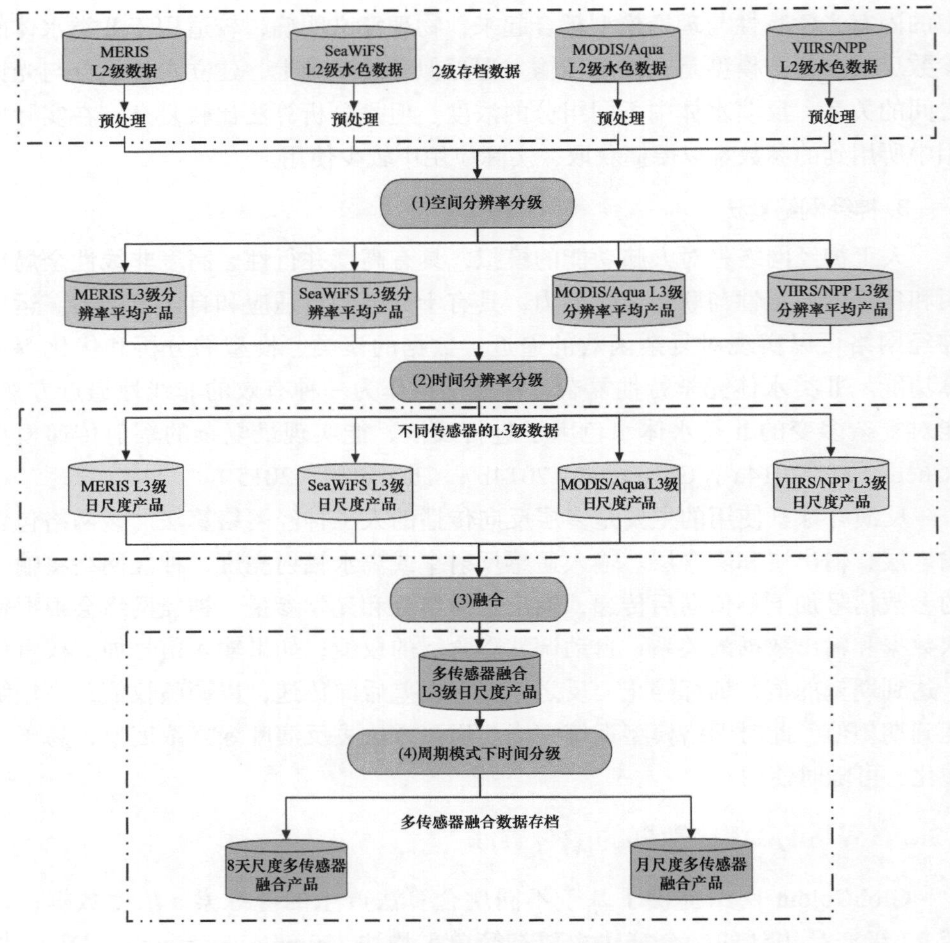

图 2.3　全球范围叶绿素浓度数据多传感器融合的总体流程

步骤 1：在轨卫星数据由不同分辨率的 L2 级处理至 4.63 km 分辨率的 L3 级产品。

步骤 2：各传感器 L3 级 4.63 km 分辨率的在轨卫星数据处理至日尺度 L3 级产品。

步骤 3：各传感器 L3 级 4.63 km 分辨率的日尺度产品经融合算法处理为多传感器融合的日尺度产品。

步骤 4：由多传感器融合的日尺度产品融合为 8 天尺度和月尺度的 L3 级产品。

步骤 5：对 L3 级日尺度、8 天尺度和月尺度融合产品做精确的几何校正和投影转换。

步骤 6：生成快视图，便于查询。

第 3 章　叶绿素 a 浓度遥感产品多时空尺度数据覆盖度及绝对精度验证

遥感叶绿素 a 浓度对于全球变化、碳循环、水质监测、上升流、赤潮灾害监测以及海洋渔业资源监测等都有重要的意义，因此近几十年来，国内外的研究者们针对遥感叶绿素 a 浓度的定量反演做了大量的研究工作，促使海洋水色遥感技术、水色遥感理论与应用取得了长足的进展。

SeaWiFS、MODIS、MERIS、VIIRS 等传感器的业务化运行，不仅为海洋生态系统、碳循环等长时间序列的研究提供了丰富的数据源，也为多传感器协同互补观测提供了保证。表 3.1 中，SeaWiFS 传感器数据时间覆盖范围为 1997 年 9 月至 2010 年 12 月；MODIS 传感器数据时间覆盖范围为 2002 年 7 月至 2022 年 12 月；MERIS 传感器数据时间覆盖范围为 2002 年 4 月至 2012 年 4 月；VIIRS 传感器数据时间覆盖范围为 2012 年 1 月至 2022 年 12 月。这些传感器的叶绿素 a 浓度数据具有较好的连续性和一致性（Brewin et al，2014），可以在时间上较好地衔接；并且 4 种传感器的叶绿素 a 浓度数据之间有一定时间和空间上的同步观测，为 4 种传感器之间通过对比融合、扩大有效数据覆盖面积提供了基础；此外，对寡营养盐海域的水体来说，4 种传感器业务化叶绿素 a 浓度反演算法反演的误差在 30% 以内（Kahru et al，2014；Oreilly et al，2000）。

表 3.1　不同卫星遥感叶绿素 a 浓度产品的参数详情

产品	反演算法	时间覆盖度	融合算法	传感器
Chl1	OC4V5，OC4Me，OC3V5	1997 年 9 月至 2022 年 12 月	AV/AVW	MERIS，MODIS，SeaWiFS，VIIRS
Chl1	OC4V5，OC4Me，OC3V5		GSM	MERIS，MODIS，SeaWiFS，VIIRS
ChlOC5	OC5		AVW	MERIS，MODIS，SeaWiFS，VIIRS
Chl2	C2R-Neural Network	2002 年 4 月至 2012 年 4 月	AV	MERIS

研究区面积广阔，既有广阔的寡营养盐Ⅰ类水体海域，也有大片的Ⅱ类水体，由于云的影响以及算法的不足，该区域叶绿素a浓度遥感产品存在大片的缺失。气候变化研究需要时间分辨率更高的数据，8天尺度的产品具有较高的时间分辨率，有助于捕捉到更细时间尺度的气候变化信息，然而8天尺度的数据受到云和算法的影响存在着大面积的数据缺失问题，严重制约了对气候变化的研究。对数据覆盖度进行精确统计以及对绝对精度进行定量评价是缺失数据重构的前提。

本研究使用了Chl1-AVW、Chl1-GSM、Chl2和ChlOC5这4种卫星遥感叶绿素a浓度反演产品，然而，由于区域、水体和传感器设置，以及反演算法和融合算法的差异，先前并不清楚究竟哪种算法在数据的空间覆盖度、时间序列的覆盖度，以及数据的绝对精度上在南海及其邻近海域表现更优秀。通过对这4种产品在全球范围内和南海及其邻近海域的数据覆盖度对比发现，日尺度叶绿素a浓度数据的缺失面积为80%~90%，8天尺度合成产品的数据缺失范围为30%~60%，月尺度数据的缺失范围为10%~30%，说明了数据缺失的严重影响，证明了数据重构的必要性。4种产品中，ChlOC5产品的数据覆盖度更高，尤其是从8天尺度合成的产品来看，ChlOC5产品的数据覆盖度相较于其他3种的覆盖度高了大概20%。此外，本章还通过利用多源实测数据对4种数据在绝对精度上进行对比，通过实测数据的对比评价，发现ChlOC5产品数据的精度最高，无论是在全球的近岸Ⅱ类水体还是开阔大洋水体，无论是在寡营养盐水体还是在富营养盐的高纬度水体，无论是在全球区域还是在南海海域，都有较高的精度和较好的稳定性。

总体来看，在4种L3级遥感叶绿素a浓度反演产品中，ChlOC5的数据覆盖度最高、精度最高，在不同情况下稳定性最高，在不同的区域适用性最强。因此，选用8天尺度合成的ChlOC5的卫星遥感反演产品作为后文数据重构的选用数据，以重构出时间序列较长、空间分布完整、绝对精度较高的气候态时间序列数据。

§3.1 空间尺度下叶绿素a浓度遥感产品平均数据覆盖度评估

3.1.1 全球范围内叶绿素a浓度遥感产品数据覆盖度评估

本研究选用1998—2018年的Chl1-AVW、Chl1-GSM、ChlOC5产品，以

及 2002—2012 年 Chl2 产品的日尺度、8 天尺度合成、月尺度合成数据的长时间序列全球各个像元的数据覆盖度，来分别验证不同叶绿素 a 浓度遥感产品在不同区域的数据覆盖度情况。

由图 3.1 可知，日尺度的 Chl1-GSM 和 Chl1-AVW 产品的平均空间覆盖度，在南北半球的副热带海区为 20% ~ 30%，在赤道附近以及除副热带海区以外的其他区域，在 1998—2018 年的平均数据覆盖度为 10% ~ 20%，南北纬 60° 附近，数据覆盖度比较低，日尺度的数据覆盖度为 20% ~ 30%；8 天尺度的 Chl1-GSM 和 Chl1-AVW 叶绿素 a 浓度产品的数据覆盖度（赤道附近海区相较于副热带海区略低）约为 40%，副热带海区为 70% ~ 80%；月尺度数据，在南北纬 60° 附近的数据覆盖度为 50% ~ 70%。赤道附近的热带雨林气候区域，由于云的覆盖度较高，因此 1998—2018 年的叶绿素 a 浓度数据覆盖度比周边区域略低，为 60% ~ 80%，而副热带海区的数据覆盖度为 80% ~ 90%。Chl1-GSM 和 Chl1-AVW 叶绿素 a 浓度产品在 1998—2018 年不同时间尺度下，空间上的数据覆盖度基本一致。

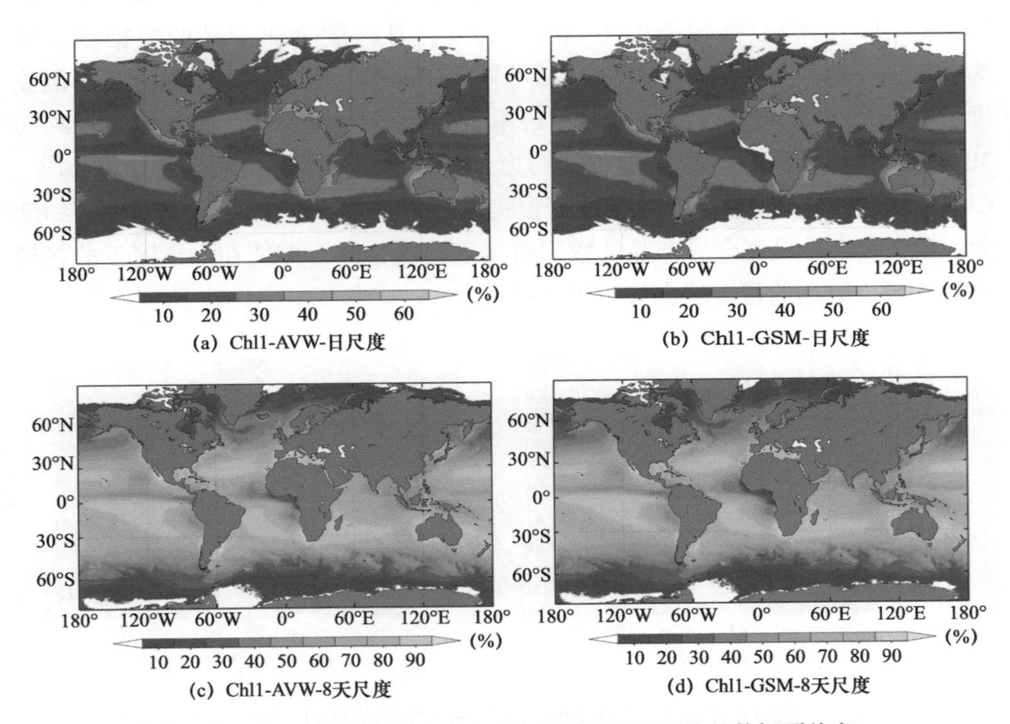

(a) Chl1-AVW-日尺度　(b) Chl1-GSM-日尺度　(c) Chl1-AVW-8天尺度　(d) Chl1-GSM-8天尺度

图 3.1　不同时间尺度 Chl1 产品在全球范围内平均的数据覆盖度

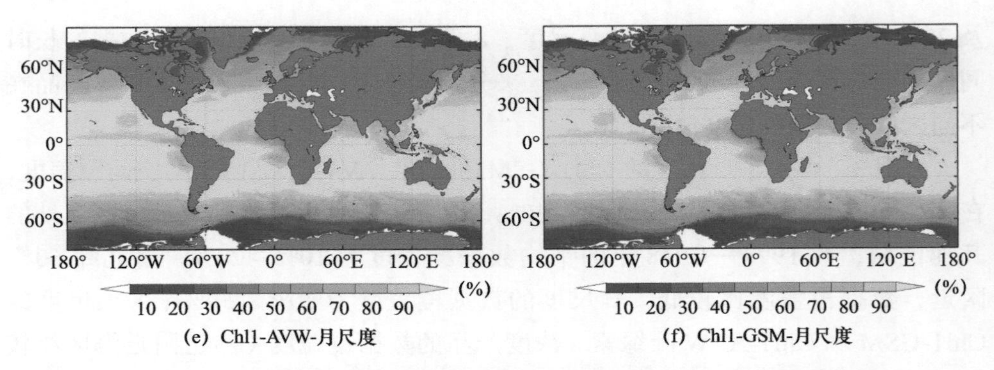

(e) Chl1-AVW-月尺度　　(f) Chl1-GSM-月尺度

图 3.1（续） 不同时间尺度 Chl1 产品在全球范围内平均的数据覆盖度

图 3.2 的 Chl2 叶绿素 a 浓度产品的时间覆盖范围为 2002 年 4 月—2012 年 4 月，即 MERIS 传感器在轨运行的时间段；ChlOC5 产品的时间覆盖范围为 1997 年 9 月至 2022 年 12 月，本书选用的数据为 1998—2018 年共 21 年不同时间尺度数据在空间尺度上的平均值。日尺度的 Chl2 叶绿素 a 浓度产品的数据覆盖度在全球大部分区域为 5%~15%，最大的数据覆盖度约为 25%；8 天尺度合成产品的数据覆盖度为 50%~60%；月尺度合成产品的数据覆盖度为 70%~80%。与 Chl1 和 Chl2 产品不同，ChlOC5 产品在日尺度的数据覆盖度上明显优于其他几种产品，在赤道附近的热带雨林区域，数据覆盖度约为 30%，在副热带海区的数据覆盖度约为 55%，南北纬 60° 附近为 20%~30%；ChlOC5 的 8 天尺度合成产品的数据覆盖度约为 70%，甚至 80% 以上（高纬度地区除外）；月尺度合成产品的数据覆盖度约为 90%，即使在赤道附近的热带雨林区域，数据的覆盖度也有 80% 左右。

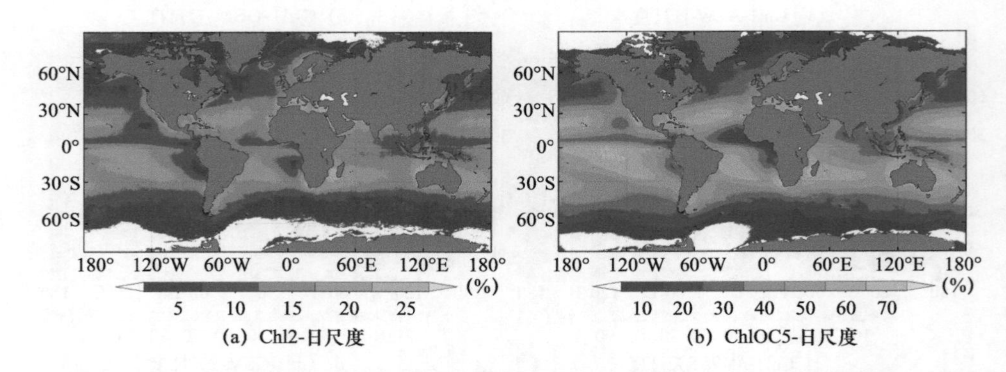

(a) Chl2-日尺度　　(b) ChlOC5-日尺度

图 3.2　不同时间尺度 Chl2 和 ChlOC5 产品在全球范围内平均的数据覆盖度

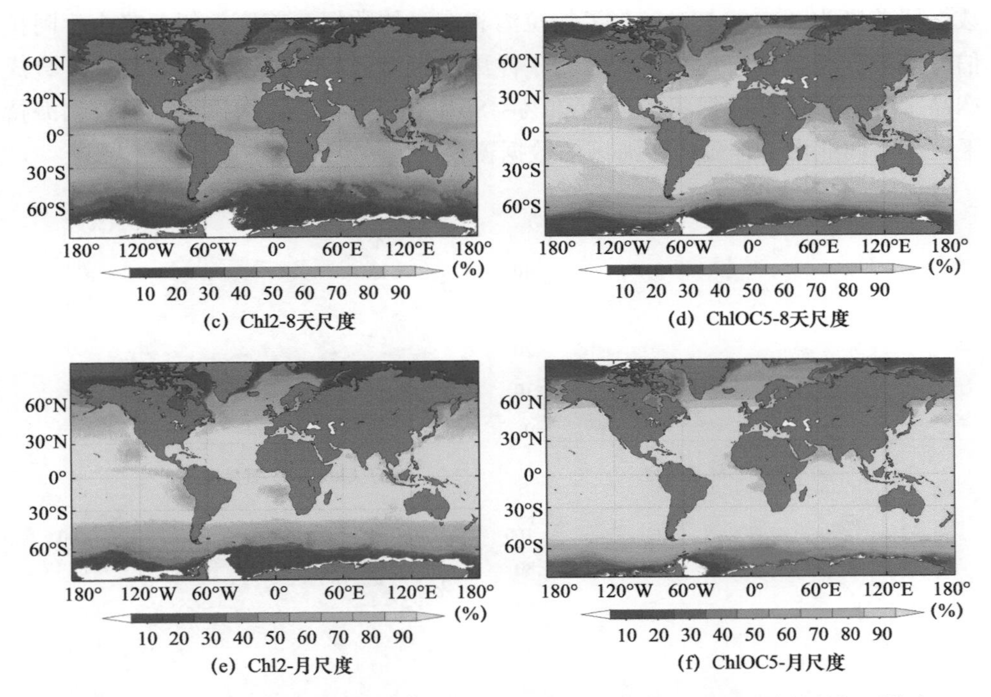

(c) Chl2-8天尺度

(d) ChlOC5-8天尺度

(e) Chl2-月尺度

(f) ChlOC5-月尺度

图 3.2（续） 不同时间尺度 Chl2 和 ChlOC5 产品在全球范围内平均的数据覆盖度

通过比较 1998—2018 年全球的日尺度产品、8 天尺度合成产品和月尺度合成产品，发现这些产品的数据覆盖度差异较大。无论在任何区域，单个传感器的 Chl2 产品数据覆盖度最低，多传感器融合的 Chl1-GSM 和 Chl1-AVW 产品的数据覆盖度比 Chl2 产品略高，ChlOC5 产品在全球大部分区域都拥有较高的数据覆盖度。

3.1.2 南海及其邻近海域叶绿素 a 浓度产品数据覆盖度评估

为进一步检验不同时间尺度下不同算法的融合产品在南海及其邻近海域的数据覆盖度，选用 1998—2018 年的 Chl1-AVW、Chl1-GSM、ChlOC5 产品，以及 2002—2012 年 Chl2 日尺度、8 天尺度合成、月尺度合成叶绿素 a 浓度产品数据进行统计及处理。

图 3.3 中，Chl1-AVW、Chl1-GSM 产品的数据覆盖度基本一致，Chl1-AVW 产品的数据覆盖度略高。南海海域日尺度的数据覆盖度约为 10%，数据覆盖度与东海的数据覆盖度一样，均低于周边的孟加拉湾、阿拉伯海和西北太平洋海域。南海海域 8 天尺度的合成产品除了吕宋岛西部略高外，大部分区域

数据覆盖度为 40% ~ 50%，与孟加拉湾和东海的数据覆盖度类似，略小于阿拉伯海的数据覆盖度，远小于西北太平洋副热带海区的数据覆盖度。月尺度合成产品，南海海域的数据覆盖度为 70% ~ 80%，与东海、孟加拉湾、阿拉伯海持平，小于西北太平洋副热带海区的数据覆盖度。

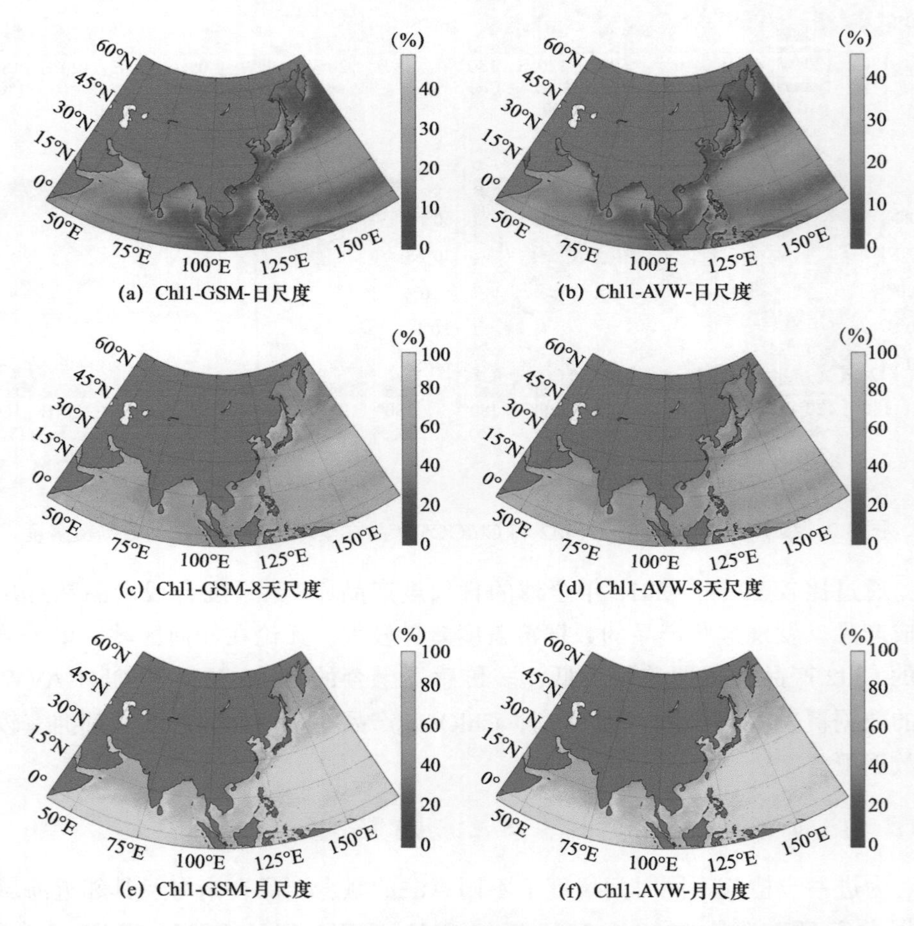

(a) Chl1-GSM-日尺度 (b) Chl1-AVW-日尺度
(c) Chl1-GSM-8天尺度 (d) Chl1-AVW-8天尺度
(e) Chl1-GSM-月尺度 (f) Chl1-AVW-月尺度

图 3.3 不同时间尺度 Chl1 产品在南海及其邻近海域平均的数据覆盖度

图 3.4 中，Chl2 产品由于是单传感器的产品，南海海域日尺度产品的数据覆盖度为 5% ~ 10%，小于孟加拉湾、阿拉伯海、东海和西北太平洋海域；8 天尺度合成产品的数据覆盖度约为 40%，明显小于周边海域的数据覆盖度；而与之相对的是，月尺度的合成数据，Chl2 产品在南海海域与其他周边相邻海域的数据覆盖度差别不大。ChlOC5 产品是多传感器融合产品，南海海域的日尺度叶绿素 a 浓度数据覆盖度为 20% ~ 30%，大于东海的数据覆盖度，与孟

加拉湾持平，略低于阿拉伯海的数据覆盖度；8 天尺度合成产品的数据覆盖度为 70% ~ 80%，大于东海、孟加拉湾和阿拉伯海的数据覆盖度；月尺度合成产品数据覆盖度约为 90%，与东海持平，大于孟加拉湾和阿拉伯海的数据覆盖度。

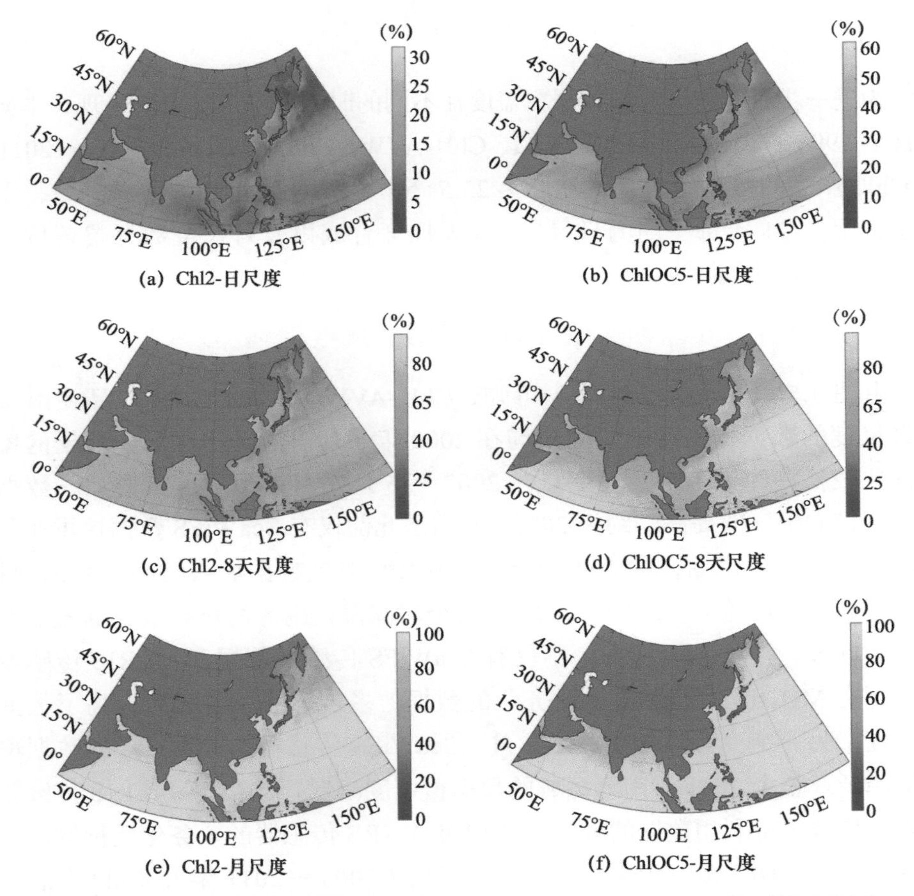

(a) Chl2-日尺度　(b) ChlOC5-日尺度

(c) Chl2-8天尺度　(d) ChlOC5-8天尺度

(e) Chl2-月尺度　(f) ChlOC5-月尺度

图 3.4　不同时间尺度 Chl2 和 ChlOC5 产品在南海及其邻近海域平均的数据覆盖度

综合图 3.3 和图 3.4 中不同算法在不同区域和不同时间尺度的数据覆盖度来看，Chl2 单个传感器产品的数据覆盖度在日尺度、8 天尺度和月尺度都比较低。Chl1-GSM、Chl1-AVW 和 ChlOC5 产品证明了多传感器融合能有效提高可用数据的覆盖度。ChlOC5 产品数据覆盖度相较于 Chl1-AVW 和 Chl1-GSM 有较大的提高，证明算法的改进能有效提高数据的覆盖度。总体来看，ChlOC5 产品的数据覆盖度最高，Chl1-GSM 产品和 Chl1-AVW 产品居中，Chl2 产品的数据覆盖度最低。尤其是对于 8 天尺度合成产品，ChlOC5 产品相较于其他算法的结果，优势最明显。

§ 3.2　时间尺度下南海海域叶绿素 a 浓度产品比较评估

为进一步研究南海海域数据覆盖度在不同的时间序列尺度上的表现，本研究统计了 1998—2018 年的 Chl1-GSM、Chl1-AVW、ChlOC5 产品和 2003—2011 年的 Chl2 产品的数据覆盖度。在 0° ~ 23.5° N、99°E ~ 122°E 的南海海域，不同算法产品这 21 年每一期的日尺度、8 天尺度合成以及月尺度数据覆盖度，如图 3.5 ~ 图 3.7 所示。

3.2.1　南海海域叶绿素 a 浓度数据长时间尺度评估

由图 3.5（a）和图 3.5（b）可知，Chl1-AVW 和 Chl1-GSM 产品在南海海域日尺度的数据覆盖度的时间格局在 2002 年 5 月以前基本相同，数据的覆盖度都比较低，约为 10%。突变点在 2002 年 5 月左右，2002 年 5 月后，数据覆盖度有较大幅度的提高，约为 20%。原因是此前仅有 SeaWiFS 数据提供业务化的叶绿素 a 浓度产品，在 2002 年 5 月 MERIS 卫星数据加入时间序列的数据，提高了数据的覆盖度。2003—2010 年这个时间段是南海海域有效数据覆盖度较高的时间段，因为该时段内，不仅有 SeaWiFS 传感器数据和 MERIS 传感器数据，还有 MODIS 传感器提供业务化的数据，多传感器融合大大提高了数据的覆盖度。另一突变点在 2010 年 12 月，SeaWiFS 传感器的退役，导致数据覆盖度的降低。整个 2011 年南海海域的数据覆盖度略低，2012 年 MERIS 传感器的故障也导致了可利用数据的减少，2012 年 VIIRS 传感器的业务化运行保证了数据的延续性。图 3.5（c）中，整个时间段内（2003—2011 年），Chl2 产品的数据覆盖度一般稳定在 10% 左右，因为 Chl2 是基于 MERIS 单个传感器的产品。值得注意的是，图 3.5（d）中，ChlOC5 产品在 2002 年 5 月以前，单个传感器的覆盖度约为 18%，2002 年 5 月—2010 年 12 月数据的覆盖度在 33% 左右，2011 年数据的覆盖度约为 22%，2012 年以后数据的覆盖度约为 34%。总体来看，图 3.5 中，南海海域单个传感器 Chl1-GSM、Chl1-AVW 和 Chl2 产品数据的覆盖度约为 10%，ChlOC5 产品为 18%。Chl1-GSM 和 Chl1-AVW 多传感器融合产品的数据覆盖度约为 20%，ChlOC5 多传感器日尺度产品的数据覆盖度约为 33%。由此可见，ChlOC5 算法对提高日尺度数据覆盖度的意义很大。

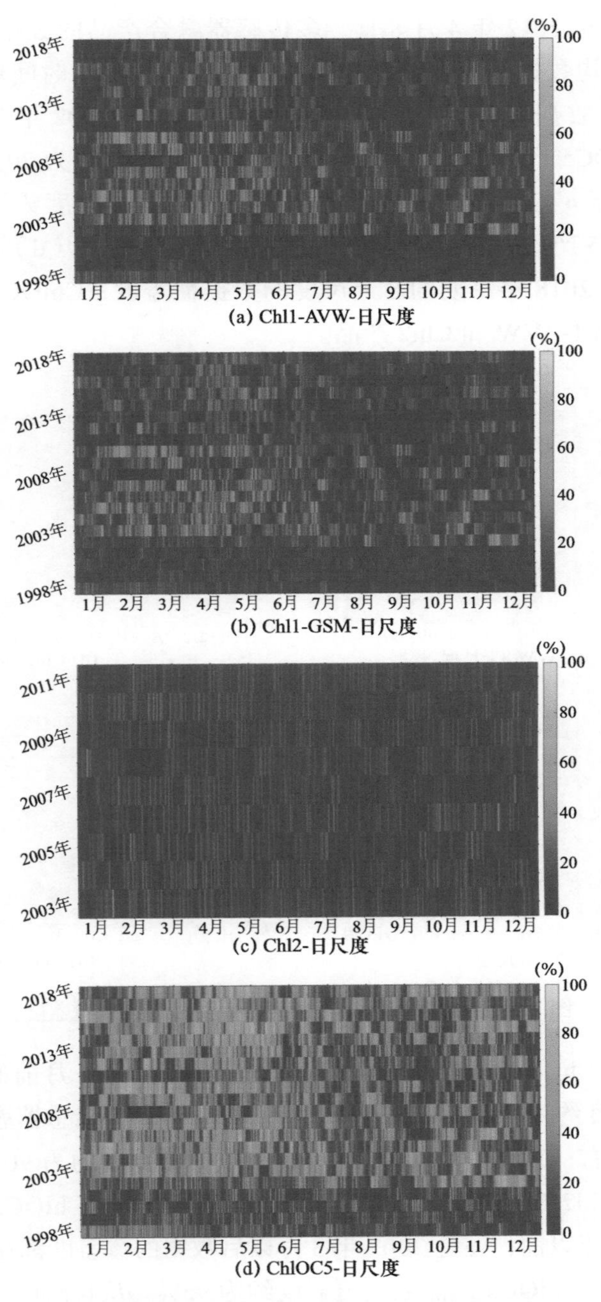

图 3.5　南海海域不同算法产品日尺度数据覆盖度

图 3.6（a）和图 3.6（b）中 Chl1-AVW 和 Chl1-GSM 产品的时空覆盖度格局类似，在 2002 年 5 月以前，单个传感器产品的数据覆盖度约为 40%，2002 年

4月20日以后至2012年4月8日，多传感器融合产品的数据覆盖度为67%，整个时间段平均数据覆盖度约为60%。Chl2产品的9年时间单传感器数据覆盖产品，平均数据覆盖度约为55%［图3.6（c）］，2002年5月以前，单个传感器的ChlOC5产品的8天尺度合成数据的覆盖度约为70%，2002年4月20日至2012年4月8日多传感器融合产品的数据覆盖度约为85%。1998—2018年ChlOC5产品平均的数据覆盖度约为80%［图3.6（d）］。综合来看，南海海域1998—2018年每期的8天尺度的数据覆盖度，ChlOC5产品明显优于Chl1-GSM、Chl1-AVW和Chl2产品。

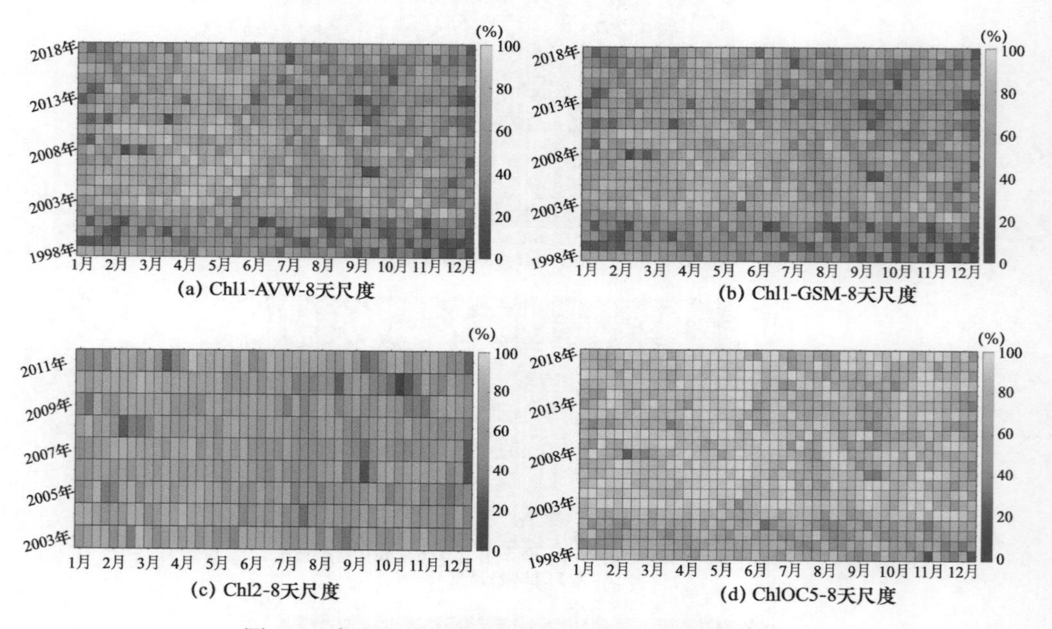

(a) Chl1-AVW-8天尺度

(b) Chl1-GSM-8天尺度

(c) Chl2-8天尺度

(d) ChlOC5-8天尺度

图3.6　南海海域不同算法产品8天尺度数据覆盖度

图3.7中，Chl1-GSM和Chl1-AVW产品在2002年5月前的单个传感器月尺度数据覆盖度约为75%，2002年5月—2010年，多传感器融合的数据覆盖度达到95%左右；1998—2018年月尺度的数据覆盖度约为90%［图3.7（a）、图3.7（b）］。Chl2产品的月尺度数据覆盖度约为90%，ChlOC5产品月尺度产品无论在2002年以前，还是2002年5月以后数据的覆盖度都在90%以上，整体来看月尺度的ChlOC5产品数据覆盖度约为95%。从长时间序列月尺度的南海海域数据覆盖度来看，ChlOC5相较于Chl1-GSM、Chl1-AVW和Chl2产品具有明显较高的数据覆盖度。

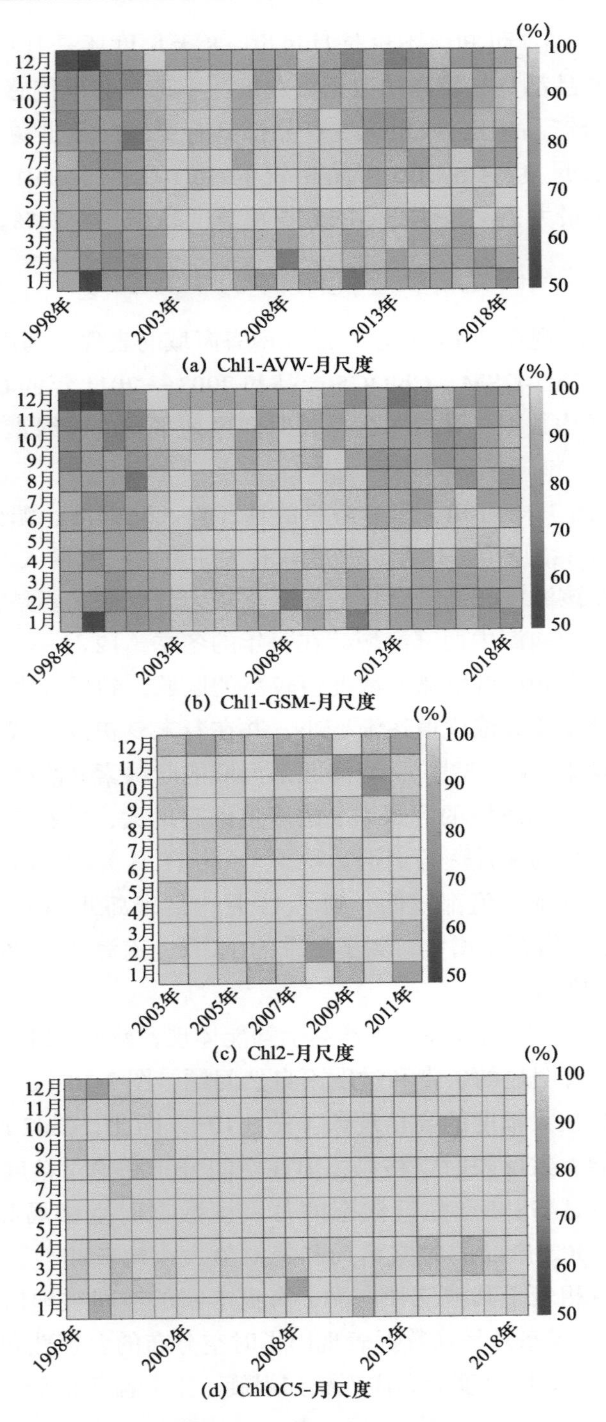

(a) Chl1-AVW-月尺度

(b) Chl1-GSM-月尺度

(c) Chl2-月尺度

(d) ChlOC5-月尺度

图 3.7 南海海域不同算法产品月尺度数据覆盖度

由图 3.5 ~ 图 3.7 可知，不论是日尺度、8 天尺度还是月尺度，ChlOC5 产品相较于其他产品都具有较高的数据覆盖度。不论是与单传感器产品相比还是与多传感器融合产品相比，ChlOC5 产品都具有更高的数据覆盖度。并且相比较来看，在 8 天尺度，ChlOC5 产品相较于 Chl1-GSM、Chl1-AVW 和 Chl2 产品的优势达到了最大，比其他产品的数据覆盖度高 20% ~ 25%。

3.2.2 南海海域不同算法月平均的叶绿素 a 浓度值

为进一步比较现存的 4 种算法产品在南海海域的表现，利用 1998—2018 年的 Chl1-AVW、Chl1-GSM、ChlOC5 产品和 2003—2011 年的 Chl2 产品长时间序列气候态月平均数据，计算了各月长时间序列平均的叶绿素 a 浓度值的空间分布概况。

由图 3.8 ~ 图 3.11 可知，南海海域的珠江口、北部湾、湄公河河口常年都有较高的叶绿素 a 浓度值。由于这些区域有大通量的河流输入大量的营养物质，叶绿素 a 浓度在该海域较高是合理的。变化较大的海域主要是在吕宋岛西北部的南海北部海域和南海中西部海域。在每年的冬季（12 月—次年 2 月），南海北部海域存在大面积的叶绿素 a 浓度值较高的区域，到了春季（3—5 月），南海北部海域的叶绿素 a 浓度值逐渐变小，并在春末夏初该区域的叶绿素 a 浓度值趋于消退。夏季（6—8 月），南海北部海域的叶绿素 a 浓度值较低，南海南部海域和南海中西部海域的叶绿素 a 浓度值渐趋增大，并在 7—8 月达到最大值，该现象在初秋的 9 月逐渐消退。秋季（9—11 月），尤其是 10 月，整个南海海域的叶绿素 a 浓度值都较低，到了 11 月，吕宋岛北部和西北部的南海海域，叶绿素 a 浓度值开始增大，到了冬季的 12 月，南海北部的叶绿素 a 浓度值开始出现较大幅度增大。

这种气候态的空间格局在 4 种产品上均能体现，然而 Chl2 产品的气候态的月尺度数据存在着明显的条带和过度不自然问题［图 3.10（c）、图 3.10（d）］，在很多区域也存在大幅度的高估现象（图 3.10），因此，Chl2 产品气候态的月尺度数据虽然能大致反映时空格局，但在空间分布和绝对精度上达不到要求。Chl1-AVW 和 Chl1-GSM 产品气候态的月尺度数据时空格局和绝对值大小几乎相同，与 ChlOC5 产品的时空格局和绝对值大小比较相似。ChlOC5 产品的气候态月平均值相较于其他三种产品，有更丰富的空间纹理信息。总体来看，ChlOC5 产品的气候态月平均数据表现出了时空分布的合理性和详细纹理信息，有助于进行下一步更细尺度的海洋现象如涡旋、上升流等的研究。

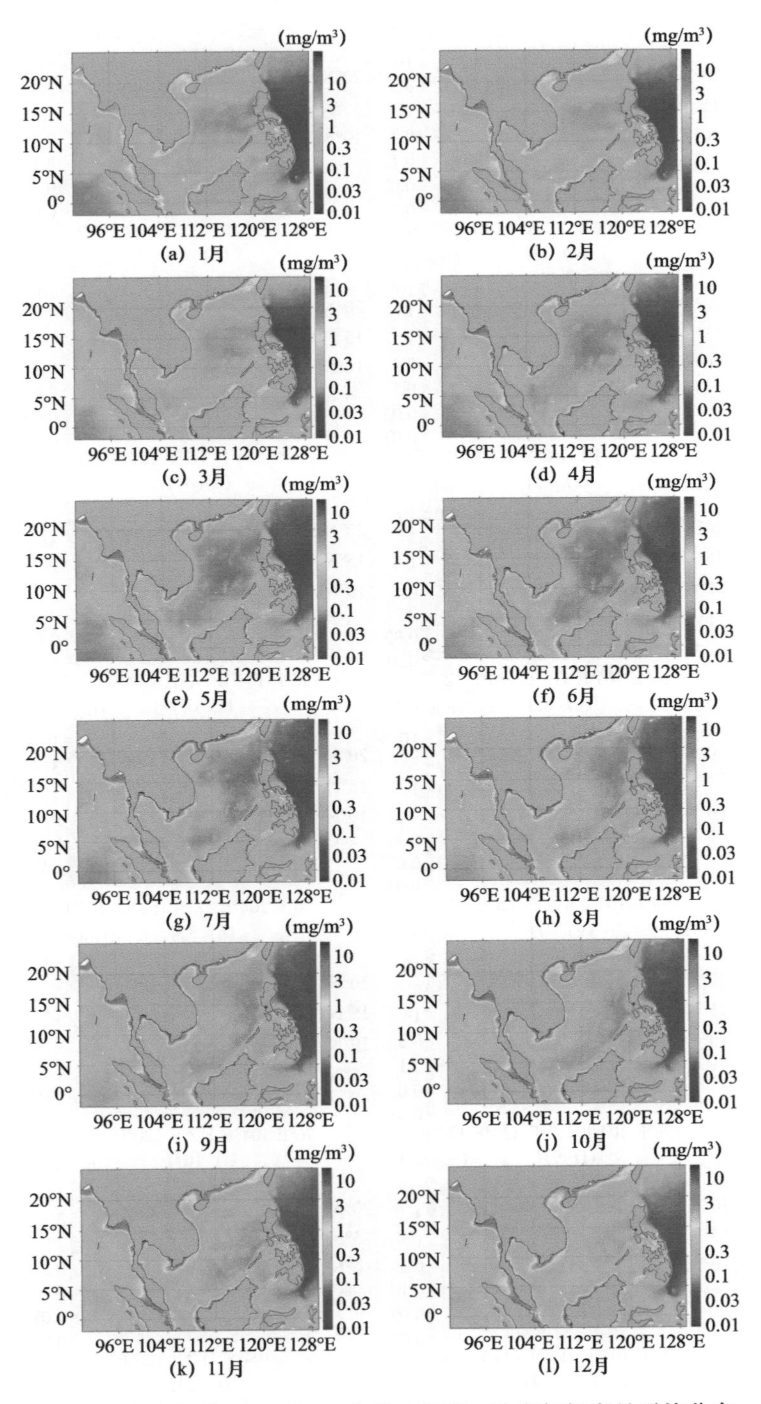

图 3.8 南海海域 Chl1-AVW 产品叶绿素 a 浓度气候态月平均分布

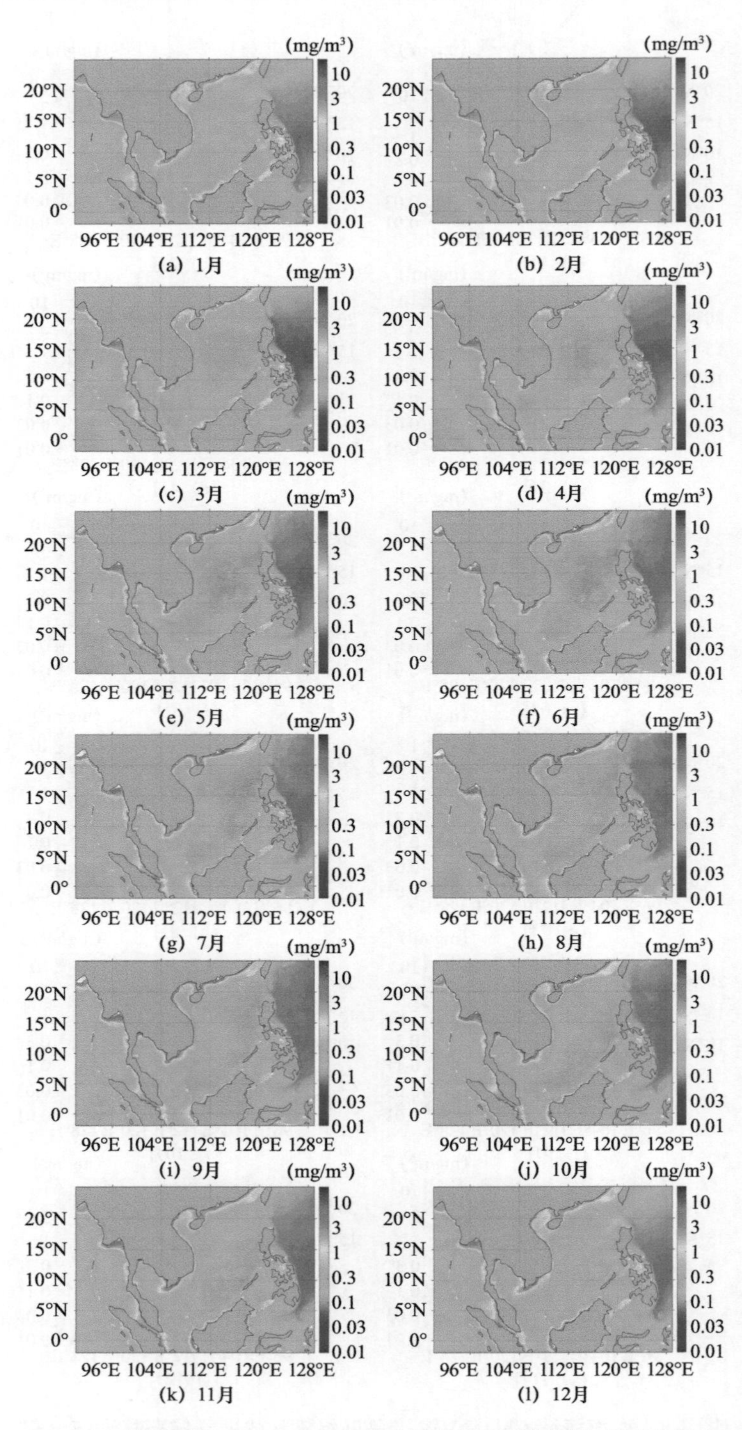

图 3.9　南海海域 Chl1-GSM 产品叶绿素 a 浓度气候态月平均分布

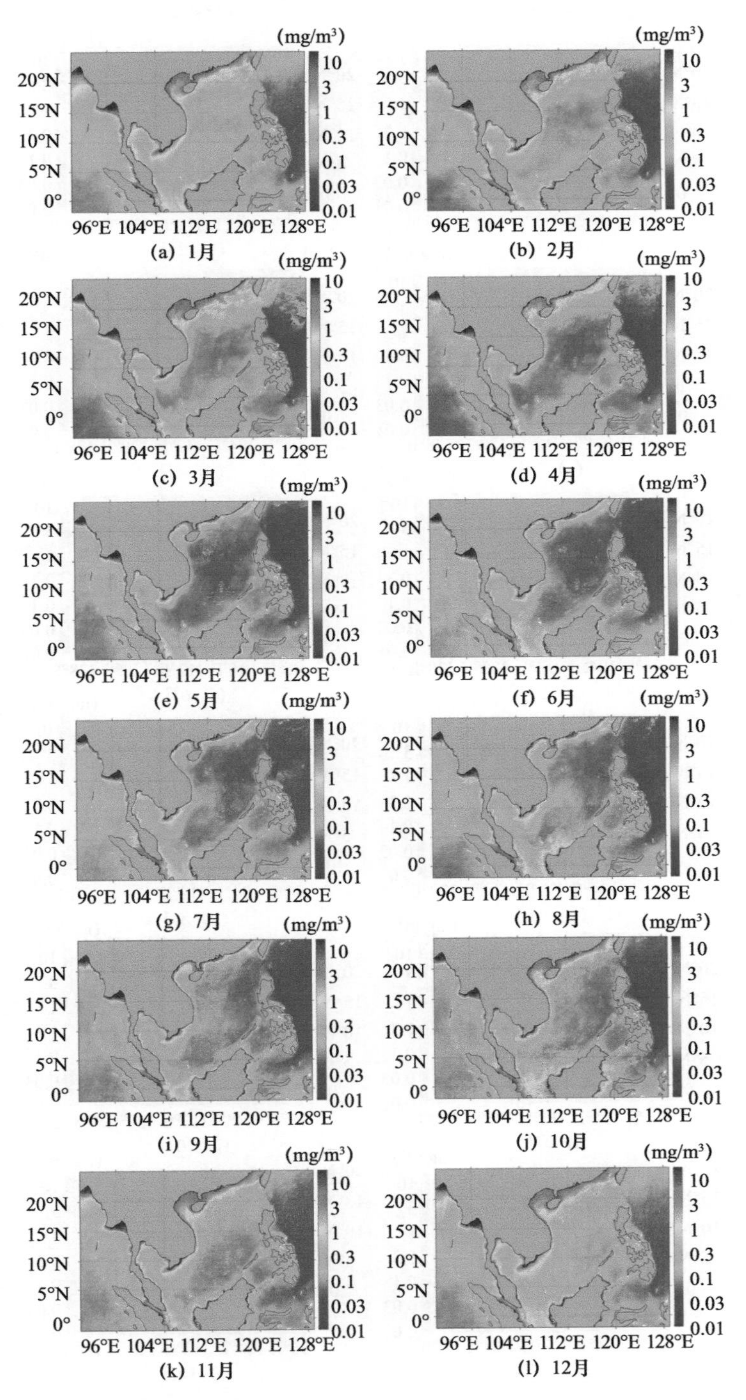

图 3.10 南海海域 Chl2 产品叶绿素 a 浓度气候态月平均分布

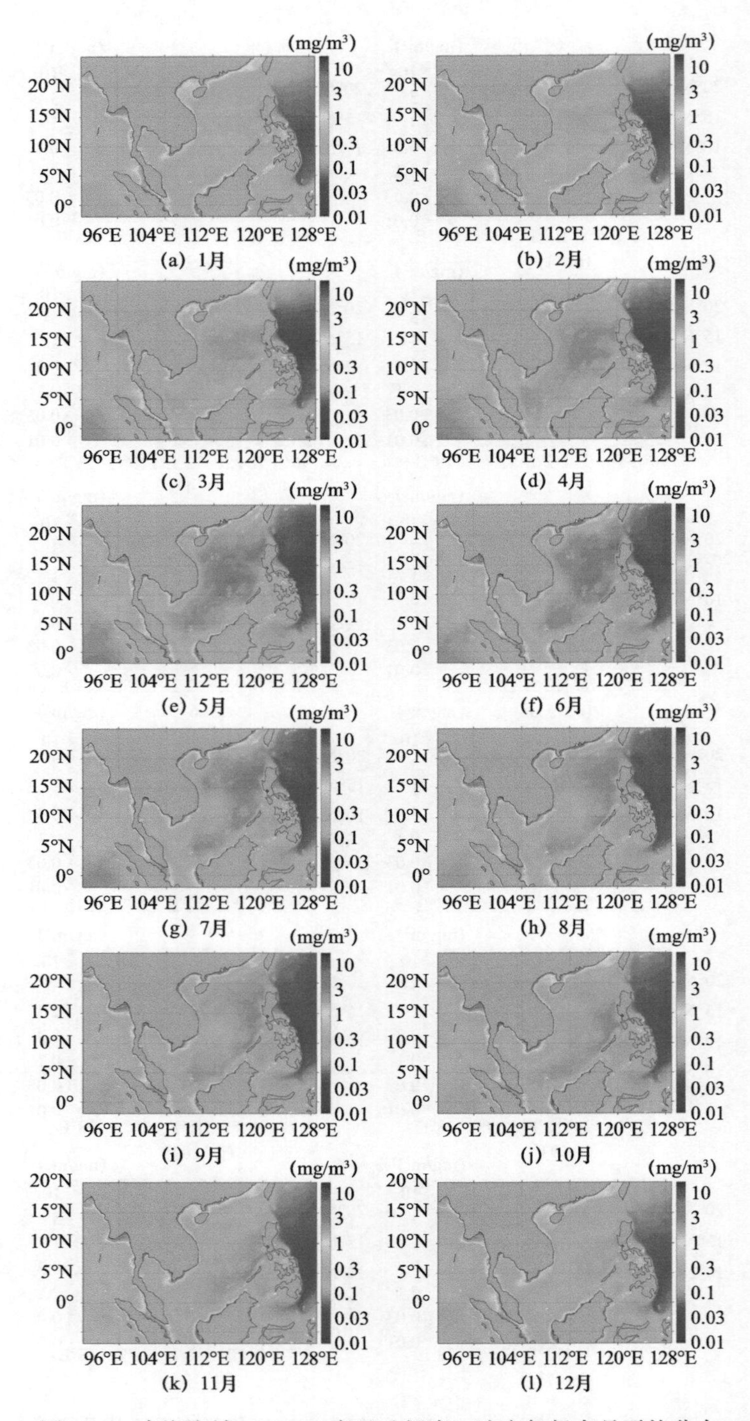

图 3.11　南海海域 ChlOC5 产品叶绿素 a 浓度气候态月平均分布

§3.3 不同叶绿素 a 浓度产品的精度评估

为了对不同的算法产品在绝对精度方面进行比较评价，本研究利用全球的 Bio-Argo 实测表层叶绿素 a 浓度数据、全球生物光学实测数据集（NOMAD）叶绿素 a 浓度数据，以及南海的春夏秋冬 4 个季节航次的表层叶绿素 a 浓度数据进行比较、评价和验证。

本书所述的研究阶段使用的叶绿素 a 浓度遥感产品所属的时间段内（1997 年 10 月 7 日至 2018 年 12 月 31 日），共有 2 808 个实测数据点，考虑到云和算法的影响，实际上能匹配到的数据更少。当时 NOMAD 共有两个版本：2005 年 9 月，美国国家航空航天局海洋生物学处理组（OBPG）发布了数据集的第一个版本 NOMAD-1a；2008 年 6 月公布了第二个版本 NOMAD-2a（图 2.2），即本研究所使用的数据集版本。本书所述的研究阶段中使用的 Bio-Argo 叶绿素 a 浓度数据是时间序列的多个浮标在海洋表层 5 m 以内实测的海表叶绿素 a 浓度值（图 2.2）。自 2012 年 10 月至 2016 年 1 月，共有 9 461 个站位点与遥感产品相匹配。

南海海域实测的叶绿素 a 浓度数据来自 Cai 等（2015）实测的叶绿素 a 浓度数据。这些数据采集自南海上层，水深分别为 5 m、25 m、50 m、75 m、100 m、125 m 和 150 m，本书选用 5 m 水深层的叶绿素 a 浓度值代表南海表层的叶绿素 a 浓度值。Cai 等（2015）的文章中显示，共采集了 4 个季节航次的数据，分别是春季航次（自 2011-04-30 至 2011-05-24）、夏季航次（自 2009-07-18 至 2009-08-16）、秋季航次（自 2010-10-26 至 2010-11-24）以及冬季航次（自 2010-01-06 至 2010-01-30）；4 个季节航次共采集了 123 个站位点的数据，其中春季航次采集了 33 个站位点，夏季航次采集了 41 个站位点，秋季航次采集了 19 个站位点，冬季航次采集了 30 个站位点。本研究仅选用其中的 5 m 深处的叶绿素 a 浓度值作为实测数据，与卫星反演的产品做比较，用以评价各个产品在南海海域的绝对精度概况。各个季节的站点分布详情如图 3.12 所示。

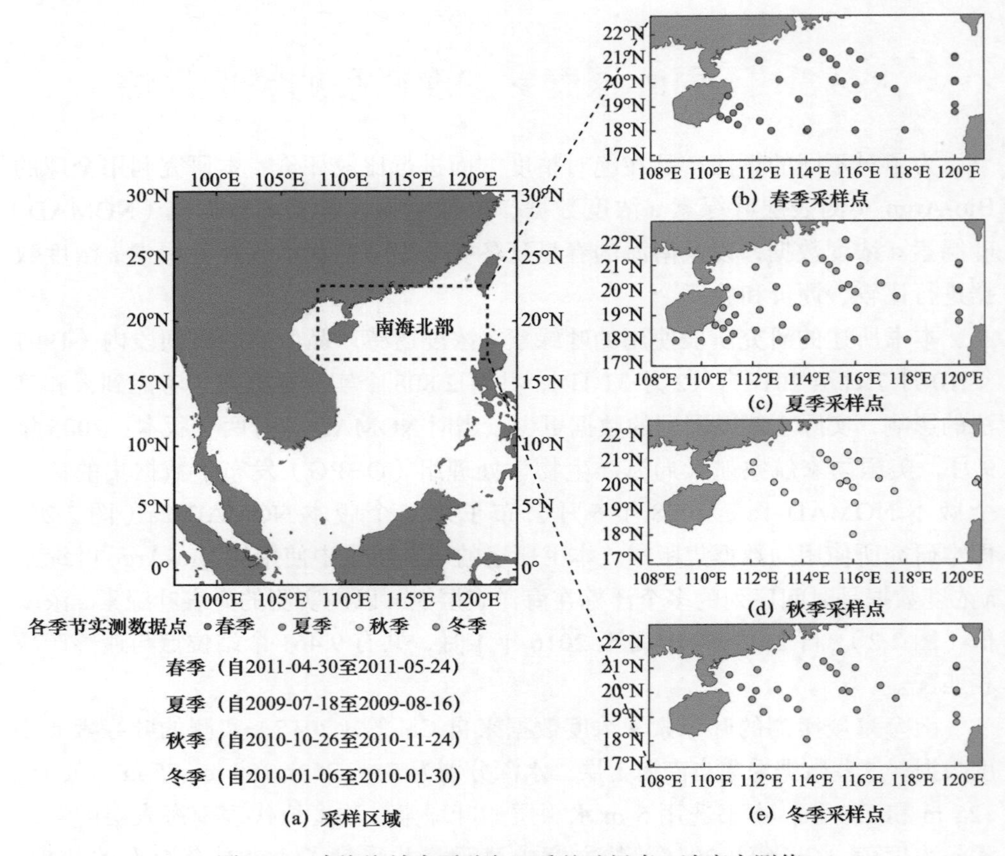

图 3.12 南海海域春夏秋冬四季的叶绿素 a 浓度实测值

3.3.1 全球尺度叶绿素 a 浓度值的对比验证

1. 所有能匹配的点的比较

Bio-Argo 数据自 2012 年的 10 月 26 日开始获取，而 Chl2 产品由于 MERIS 传感器在 2012 年 4 月出现故障而停止获取数据，因此，Chl2 叶绿素浓度产品与 Bio-Argo 实测数据并无匹配的点。图 3.13 中仅仅展示了 Chl1-AVW、Chl1-GSM 和 ChlOC5 产品与 Bio-Argo 实测数据所匹配到的站点的绝对精度。三种产品与 Bio-Argo 数据在时间上共有 9 461 个站位点相匹配。不同的产品，由于算法和云覆盖的影响，实际匹配到的数据点个数不一致，匹配到的点越多，侧面反映出算法的数据覆盖度越高，与实测的 Bio-Argo 数据的关系越密切，说明产品的反演精度越高，算法越精确。图 3.13（a）所示的 Chl1-AVW 产品共匹配到 2 167 个点，图 3.13（b）所示的 Chl1-GSM 产品共匹配到 2 011 个点，而图3.13（c）所示的ChlOC5产品共匹配到3 931个点。从绝对精度上来看，将所有匹配的点与实测的数据做比较，Bio-Argo数据与Chl1-AVW、Chl1-GSM和ChlOC5产品的相关系数分别为0.80、0.84和0.79，虽有一定的差别但是差别不大。总体上来看，ChlOC5产品能匹配到的点最多，Chl1-GSM产品的精度最高。

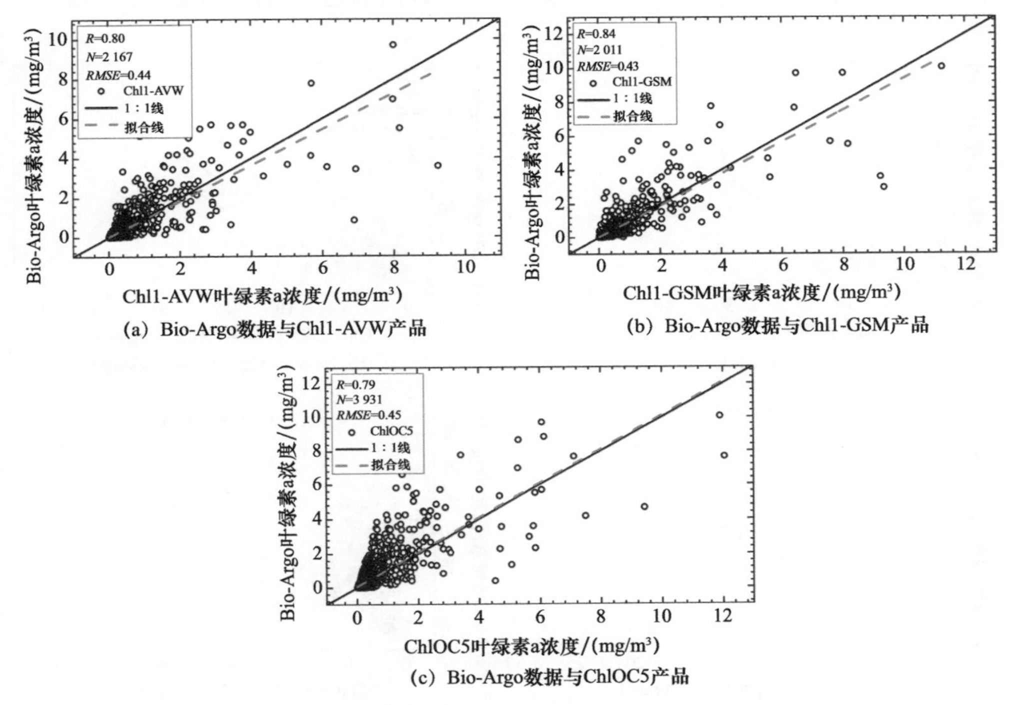

(a) Bio-Argo数据与Chl1-AVW产品

(b) Bio-Argo数据与Chl1-GSM产品

(c) Bio-Argo数据与ChlOC5产品

图3.13　Bio-Argo实测数据与卫星反演产品的对比评价

由于Bio-Argo数据主要是在2010年以后可用，1997—2010年的反演叶绿素a浓度数据的评价则利用NOMAD进行验证。NOMAD数据在1997—2008年共有2 808个实测数据站位点，该数据与Chl1-AVW、Chl1-GSM、Chl2和ChlOC5产品都有匹配数据（图3.14）。数据匹配到的点越多，说明数据的覆盖度可能越高。另外，反演数据与实测数据对比结果的相关系数越高，说明卫星遥感反演的算法产品的结果也越好。

Chl1-AVW产品与NOMAD数据共有874个匹配点，Chl1-GSM产品与NOMAD数据共有763个匹配点，Chl2产品与NOMAD数据由于Chl2数据的覆盖时间段的限制，匹配到的实测数据只有122个，ChlOC5产品与NOMAD数据共有1 293个匹配点。这4种产品与NOMAD数据的相关系数分别为0.71、

0.73、0.70 和 0.78（图 3.14）。ChlOC5 产品所能匹配到的数据点的个数最多，并且 ChlOC5 数据产品的相关系数最高，从所有站点的散点图来看，ChlOC5 的大部分点分布在 1：1 线附近。Chl1-GSM 产品的表现优于 Chl1-AVW 和 Chl2 产品，次于 ChlOC5 产品。总之，无论是与 Bio-Argo 实测数据还是 NOMAD 实测数据相比较，ChlOC5 产品所能匹配到的点数远大于 Chl1-AVW、Chl1-GSM 和 Chl2 产品。综合来看，ChlOC5 产品数据的绝对精度表现也是不错的。

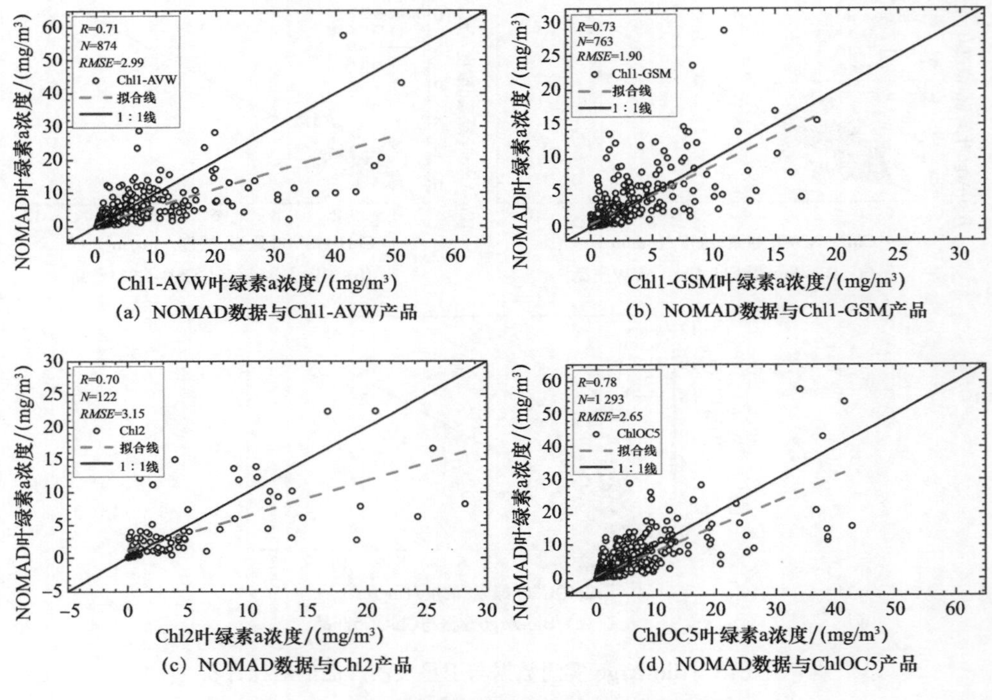

图 3.14　NOMAD 数据与不同卫星反演产品的对比评价

2. 统一标准后所能匹配到的点的对比验证

由于图 3.13 和图 3.14 重点在验证不同的产品所能匹配到的数据点的个数，及其在所有能匹配到的点的基础上的绝对精度评价，这些数据的点数不一致，其可比性和说明意义降低。因此，图 3.15 ~ 图 3.17 将不同的产品在同一时间段内都有数据的点找出，即将评测的数据统一到同一标准[1]上进行比较，用以验证不同算法产品的表现。

[1] 同一标准指的是三种产品和 Bio-Argo 数据在都有数据的情况下，更进一步地定量比较。

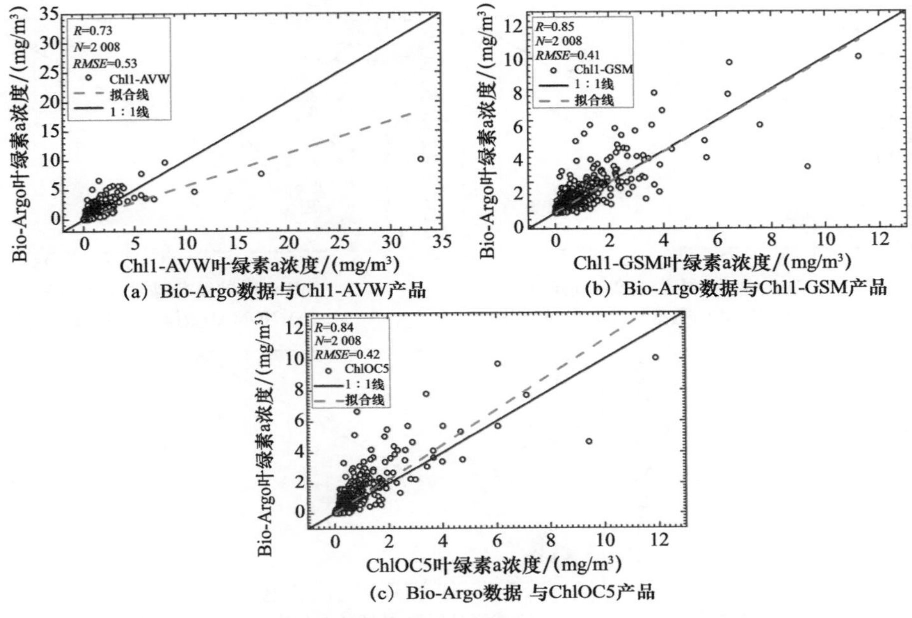

图 3.15 Bio-Argo 数据与标准统一后的不同卫星反演产品的比较

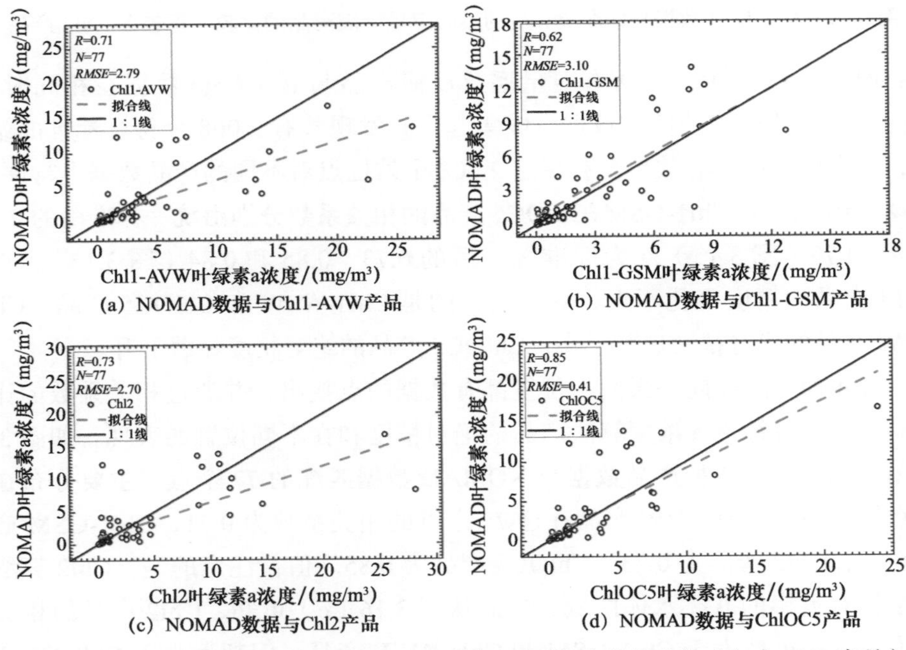

图 3.16 NOMAD 数据与标准统一后的不同卫星反演产品的比较（包含 Chl2 产品）

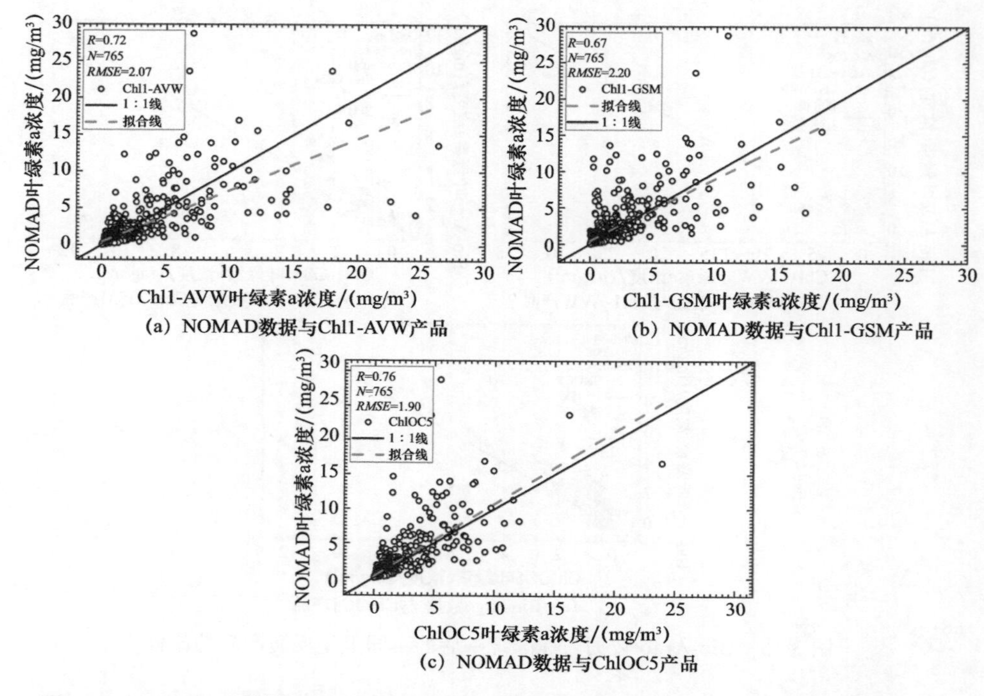

(a) NOMAD数据与Chl1-AVW产品

(b) NOMAD数据与Chl1-GSM产品

(c) NOMAD数据与ChlOC5产品

图 3.17　NOMAD 数据与标准统一后的不同卫星反演产品的比较（不包含 Chl2 产品）

如图 3.15 所示，将所有卫星遥感反演产品与 Bio-Argo 数据在相同时间、相同经纬度相匹配的所有数据点收集起来，发现共有 2 008 个符合标准的站位点，所有的产品都有数据。利用这 2 008 个站位点对不同的产品数据进行评价，发现 Chl1-AVW、Chl1-GSM、ChlOC5 产品的相关系数分别由统一标准前的 0.80、0.84、0.79（图 3.13）变为标准统一后的 0.73、0.85 和 0.84（图 3.15）。Chl1-GSM 产品的精度变化不大，变化较大的是 Chl1-AVW 和 ChlOC5 产品，Chl1-AVW 产品的绝对精度显著下降，ChlOC5 产品的绝对精度显著上升。

将 4 种产品在同一天同一位置都有数据的点找出，并通过相关系数的比较来验证不同叶绿素 a 浓度算法产品的绝对精度和在不同位置的表现。如图 3.16 和图 3.18 所示，4 种产品数据与 NOMAD 数据匹配的 77 个点，主要分布在近岸水体区域。Chl1-AVW 产品在这 77 个点的相关系数为 0.71，Chl1-GSM 产品为 0.62，Chl2 产品为 0.73，ChlOC5 产品为 0.85。值得注意的是，Chl2 算法虽然是针对近岸的Ⅱ类水体区域，然而从图 3.16（c）可知，Chl2 产品的相关系数为 0.73，虽然大于 Chl1-GSM 和 Chl1-AVW 产品，但却远小于 ChlOC5 产品的 0.85。从这个方面来看，ChlOC5 算法的反演产品更适用于近岸的Ⅱ类水体区域。

图 3.16 验证了不同产品在近岸区域的表现，那么不同算法产品在Ⅰ类水体或既包含Ⅰ类水体又包含Ⅱ类水体区域表现如何呢？因为经过验证，Chl2 产品所使用的算法不适用于Ⅰ类水体（Doerffer et al，2007）。图 3.17 和图 3.18 为 NOMAD 数据与 Chl1-AVW、Chl1-GSM、ChlOC5 产品在同一时间同一经纬度所能匹配到的点（不含 Chl2 数据），共有 765 个。这 765 个数据点既包含近岸Ⅱ类水体，又包含开阔大洋的Ⅰ类水体，既包含大洋中的寡营养盐水体，又包含营养盐丰富的高纬度水体，取值范围较广，样本数目较多，具有代表性。NOMAD 数据与 Chl1-AVW、Chl1-GSM、ChlOC5 产品在这 765 个点的绝对精度对比的相关系数值分别为 0.72、0.67 和 0.76（图 3.17）。ChlOC5 的产品在这些区域取得了较好的结果。

总之，从能匹配到的数据数目来看，ChlOC5 的产品无论是与 Bio-Argo 数据（相匹配数据主要采集于 2012—2016 年）还是与 NOMAD 数据（相匹配数据主要采集于 1997—2007 年）所能匹配到的数据数目都是最多的，分别为 3 931 个和 1 293 个，远大于 Chl1-AVW、Chl1-GSM 和 Chl2 产品。从绝对精度来看，不论是 Bio-Argo 还是 NOMAD，ChlOC5 产品的结果都最优。从在不同区域的绝对精度表现来看，不论是在Ⅱ类水体区域，还是在Ⅰ类水体区域，以及既包含Ⅰ类水体又包含Ⅱ类水体的区域，ChlOC5 产品的绝对精度基本上都是最好的，说明该算法的产品具有较高的精度和较强的适应性。

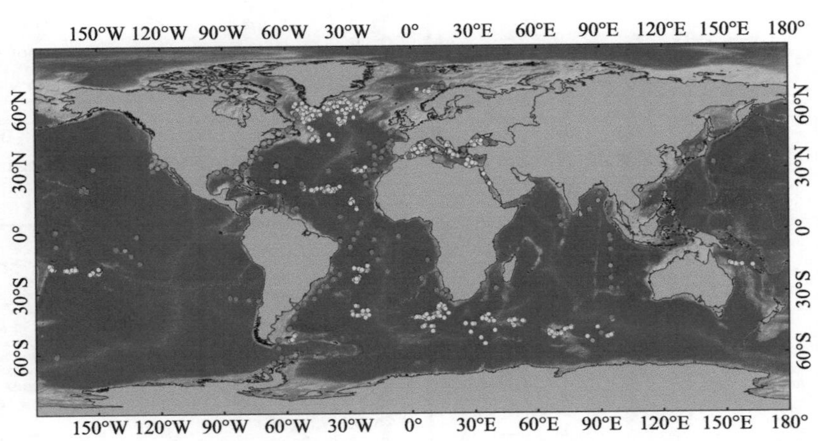

图 3.18　统一标准后匹配到的数据点的空间分布

3.3.2 南海海域叶绿素 a 浓度值的对比验证

3.3.1 小节讨论了不同叶绿素 a 浓度反演算法产品在全球尺度的表现情况，但是由于地域的差异性，不同区域的水体光学特性也不尽相同，因此有必要对南海海域的不同算法产品在不同季节的表现情况进行研究评估，以验证不同叶绿素 a 浓度的算法产品在该区域的精度。值得注意的是，本书所使用的南海海域叶绿素 a 浓度实测数据仅仅列出了大致的时间段区间，并没有列出精确到每一天的实测数据，因此选用与时间段相匹配的 8 天尺度合成数据，进行采样和定量评价。春季航次匹配到 32 个站位点，夏季航次匹配到 41 个站位点，秋季航次匹配到 13 个站位点，冬季航次匹配到 26 个站位点。所有点的空间分布如图 3.12 所示。

如图 3.19 所示，春季匹配的 32 个站位点中，不同算法产品的绝对精度表现不同，Chl1-AVW、Chl1-GSM、Chl2、ChlOC5 产品与实测数据的相关系数分别为 0.72、0.74、0.58 和 0.78。由于南海的大片区域为寡营养盐的Ⅰ类水体区域，因此比较适用于Ⅱ类水体的 Chl2 产品在该区域的表现并不好。除此之外，Chl1-AVW、Chl1-GSM 与 ChlOC5 产品的绝对精度表现类似，但 ChlOC5 产品的表现最好。总体来看，除 Chl2 产品外，误差都小于 30%，基本满足需要。

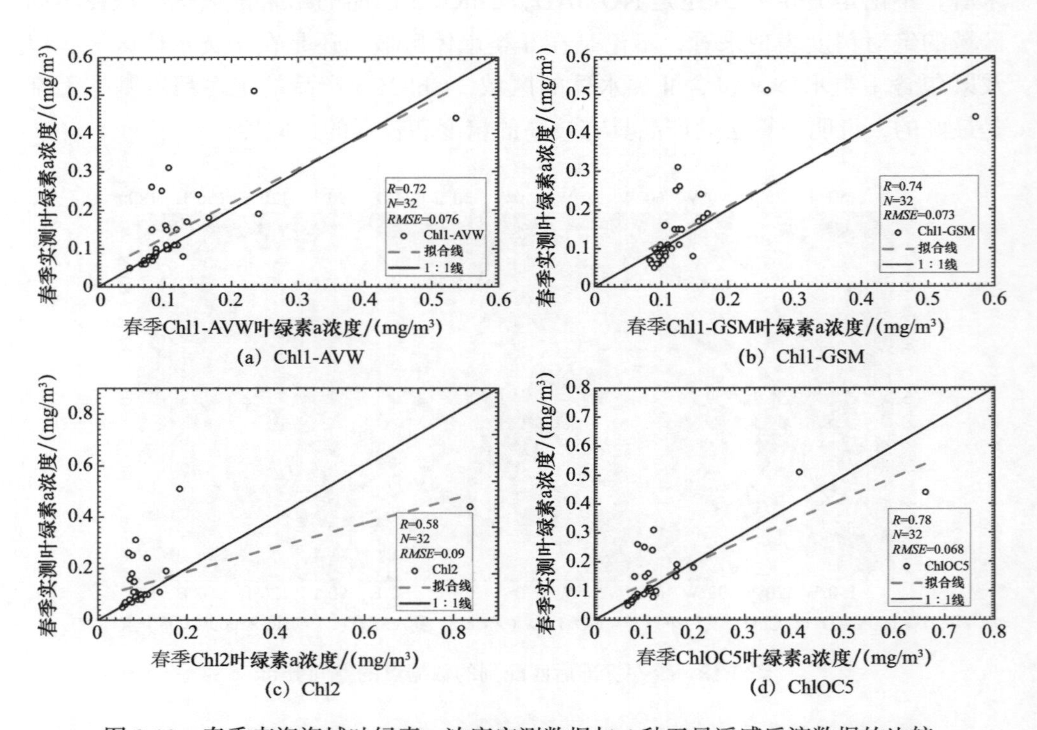

图 3.19 春季南海海域叶绿素 a 浓度实测数据与 4 种卫星遥感反演数据的比较

在夏季的匹配点，4 种不同算法产品与实测数据共有 41 个匹配点，Chl1-AVW、Chl1-GSM、Chl2、ChlOC5 产品与实测数据的相关系数分别为 0.94、0.40、0.59 和 0.74，如图 3.20 所示。适用于Ⅱ类水体的 Chl2 算法的相关系数为 0.59，同春季的 0.58 相比较来看，比较稳定。ChlOC5 产品与实测数据的相关系数为 0.74，相比较春季的相关系数 0.78 来说，也算是比较稳定的。变化较剧烈的是 Chl1-AVW 和 Chl1-GSM 产品。

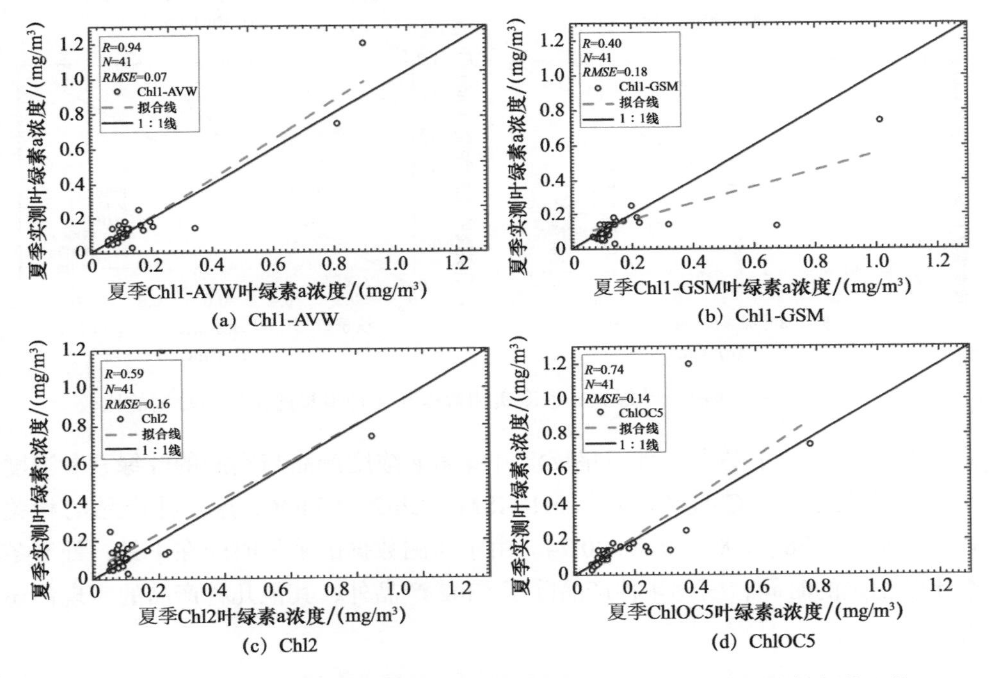

图 3.20　夏季南海海域叶绿素 a 浓度实测数据与 4 种卫星遥感反演数据的比较

图 3.21 显示了秋季 4 种不同算法产品与实测的叶绿素 a 浓度产品的相关系数。误差较大的为 Chl2 产品，远大于实测的数据，从 Chl2 产品绝对数值来看，遥感反演的值可能有点过高，存在较大误差；Chl1-AVW 和 Chl1-GSM 产品在秋季与实测数据相比存在较大的误差；只有 ChlOC5 产品的数据与实测数据的相关系数相对较高。出现这种情况的原因，一方面是数据点的样本数目过少，另一方面是数据的采集时间主要是在 11 月，处于秋季向冬季过渡的时期，此时南海的海表叶绿素 a 浓度值变化剧烈，利用 8 天尺度合成的 4 种卫星产品与实测的数据去比较，可能存在一定的误差。然而尽管如此，还是能从数据中看出，ChlOC5 产品的相关系数最高，与其他算法相比其稳定性最高。

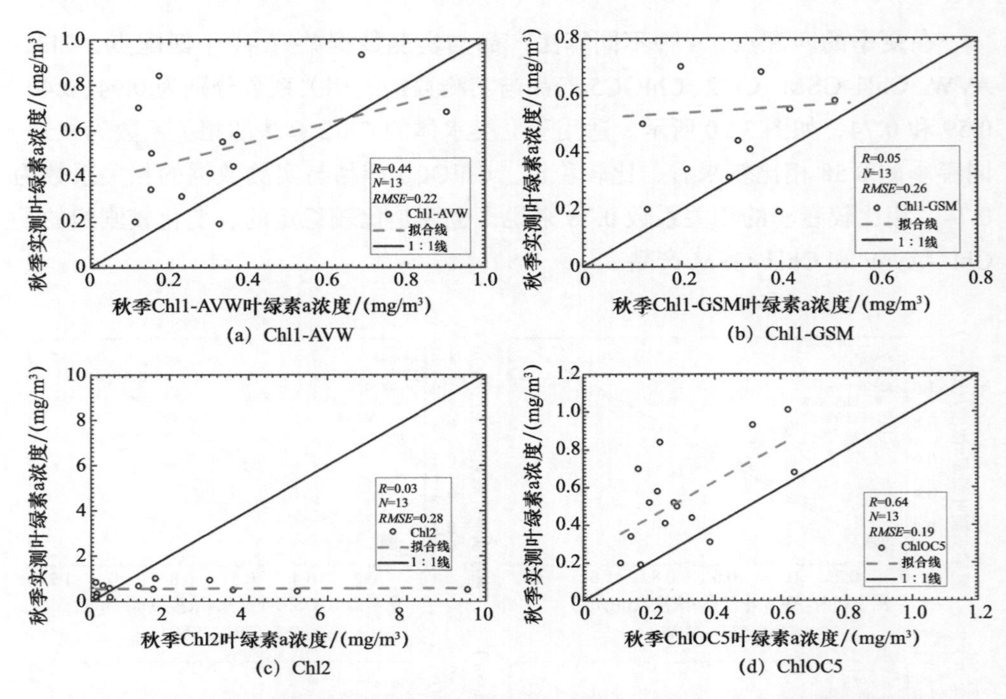

(a) Chl1-AVW (b) Chl1-GSM

(c) Chl2 (d) ChlOC5

图 3.21 秋季南海海域叶绿素 a 浓度实测数据与 4 种卫星遥感反演数据的比较

图 3.22 显示了冬季 4 种卫星反演叶绿素 a 浓度产品与实测的叶绿素 a 浓度产品的相关系数，Chl1-AVW、Chl1-GSM、Chl2、ChlOC5 这 4 种产品的相关系数分别为 0.78、0.80、0.50、0.74。由于实测数据的采集时间在 1 月，处于冬季比较稳定的时间，因此 4 种产品除了 Chl2 产品外，其他几种产品的表现都还可以。

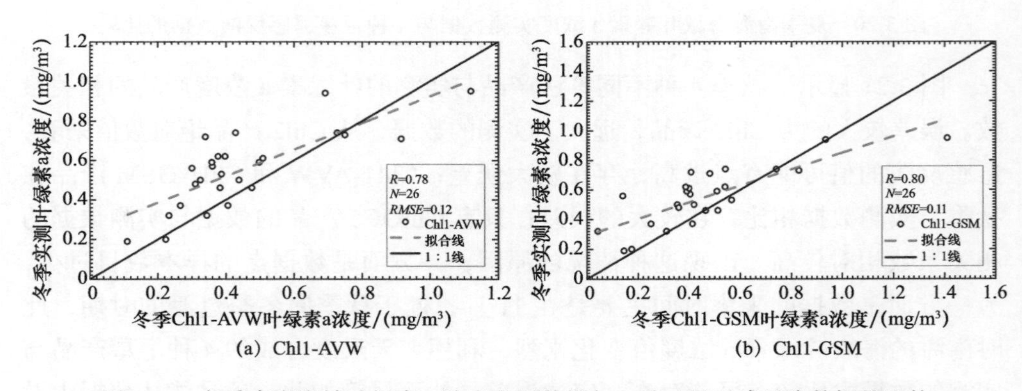

(a) Chl1-AVW (b) Chl1-GSM

图 3.22 冬季南海海域叶绿素 a 浓度实测数据与 4 种卫星遥感反演数据的比较

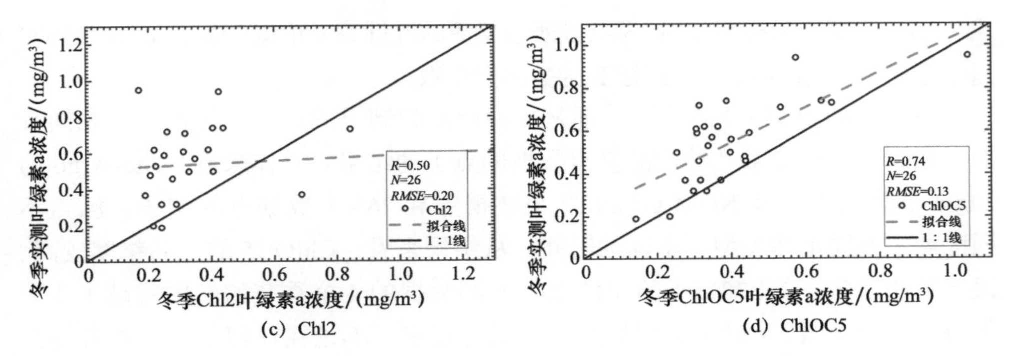

(c) Chl2　　(d) ChlOC5

图 3.22（续） 冬季南海海域叶绿素 a 浓度实测数据与 4 种卫星遥感反演数据的比较

从春夏秋冬四季的南海实测叶绿素 a 浓度数据与卫星反演的 4 种产品的比较来看，由于没有精确到每一天的数据匹配点，选用了 8 天尺度的合成数据与实测数据匹配，可能引入了部分的误差。但总体来看，只有 ChlOC5 产品在四季不同情况下，均有较稳定的表现，其他几种算法的变化则过于剧烈。

3.3.3 遥感叶绿素 a 浓度产品与实测叶绿素 a 浓度值的比较

由于本研究所用的卫星遥感数据时间序列较长，收集到的能与叶绿素 a 浓度现场实测数据相匹配的数据量有限，将 Bio-Argo 和 NOMAD 的数据进行了严格的空间匹配，且时间匹配上保持在同一天；南海实测数据保持了较精确的空间匹配，时间匹配上采用 8 天尺度合成数据来与航次时间段内的实测数据相匹配，不可避免地引入一些误差。虽然这些数据在绝对值上可能有一定的偏差，但是在趋势和相对大小方面，也是能说明问题的。本小节基于实测的 Bio-Argo 和 NOMAD 数据，以及南海海域的现场实测叶绿素 a 浓度数据，利用相关系数（*R*），均方根误差（root mean squred error，RMSE）和平均绝对偏差（mean absolute deviation，MAD）这 3 个参数，来对全球不同区域、不同水体、不同时间的 4 种叶绿素 a 浓度产品（Chl1-AVW、Chl1-GSM、Chl2、ChlOC5）进行对比评价，以验证哪个算法产品的精度更高、稳定性更好、适用性更强。均方根误差和平均绝对偏差的计算公式分别为

$$RMSE = \sqrt{\frac{\sum_{i=1}^{n}(x_i^{\mathrm{e}} - x_i^{\mathrm{m}})^2}{n}} \tag{3.1}$$

$$MAD = \frac{\sum_{i=1}^{n}\left|x_i^{\mathrm{e}} - x_i^{\mathrm{m}}\right|}{n} \tag{3.2}$$

式（3.1）和式（3.2）中，x_i^e 为卫星遥感反演的叶绿素 a 浓度产品，x_i^m 为现场实测叶绿素 a 浓度产品，n 为匹配到的数据点个数。

表 3.2 所示的各种对比统计都是 4 种产品的结果放在同一标准下（相同日期、相同的经纬度下几种产品都有数据的点）的结果。总体来看，Bio-Argo 的 2 008 个数据点以及 NOMAD 的 77 个数据点和 765 个数据点的例子，涵盖不同区域、不同水体类型、不同的时间。从结果来看，ChlOC5 的产品精度较高、误差较小。Cai 等（2015）给出的南海实测数据的 4 个季节的航次跨越了 3 个年份，综合来看，ChlOC5 产品的结果最为稳定，不论在任何季节，或者是其他产品的误差有多大，唯有 ChlOC5 产品的结果精确度最高、最稳定、适用性最强。总之，通过实测数据与遥感反演产品的时空匹配统计评价结果来看，ChlOC5 产品无疑是最适用于该区域的。

表 3.2　实测与遥感反演的叶绿素 a 浓度数据的对比统计评价

实测叶绿素 a 浓度	产品	匹配点 / 个	*R*	*RMSE*	*MAD*
Bio-Argo	Chl1-AVW	2 008	0.73	0.53	0.20
	Chl1-GSM	2 008	**0.85**	0.41	0.17
	ChlOC5	2 008	0.84	0.42	0.18
NOMAD	Chl1-AVW	77	0.71	2.79	1.87
	Chl1-GSM	77	0.62	3.10	1.50
	Chl2	77	0.73	2.70	1.68
	ChlOC5	77	**0.85**	0.41	1.35
	Chl1-AVW	765	0.72	2.07	0.91
	Chl1-GSM	765	0.67	2.20	0.92
	ChlOC5	765	**0.76**	1.90	0.77
春季航次	Chl1-AVW	32	0.72	0.08	0.05
	Chl1-GSM	32	0.74	0.07	0.05
	Chl2	32	0.58	0.09	0.17
	ChlOC5	32	**0.78**	0.07	0.04
夏季航次	Chl1-AVW	41	**0.94**	0.07	0.04
	Chl1-GSM	41	0.40	0.18	0.07
	Chl2	41	0.59	0.16	0.07
	ChlOC5	41	0.74	0.14	0.05

续表

实测叶绿素 a 浓度	产品	匹配点 / 个	*R*	*RMSE*	*MAD*
秋季航次	Chl1–AVW	13	0.44	0.22	0.27
	Chl1–GSM	13	0.05	0.26	0.26
	Chl2	13	0.03	0.28	1.98
	ChlOC5	13	**0.64**	0.64	0.26
冬季航次	Chl1–AVW	26	0.78	0.12	0.14
	Chl1–GSM	26	**0.80**	0.11	0.14
	Chl2	26	0.50	0.20	0.30
	ChlOC5	26	0.74	0.13	0.16

第 4 章　长时间序列下 8 天尺度遥感叶绿素 a 浓度产品时空重构

海洋中的生物过程与物理和化学过程联系紧密，在某种程度上生物化学过程是被风、海表面高度、海流、锋面、混合层深度和温度等物理环境因子控制的。气候变化会导致海洋物理环境因子发生改变，浮游植物可以综合放大各个物理环境因子的变化信号，因此，浮游植物对于全球海洋生物地球化学循环及气候变化研究来说是非常关键的，也常被作为这些过程的指示器。浮游植物生长的水环境复杂多变，常规的观测方法无法反映大范围浮游植物的时空特性。利用海洋水色遥感可以快速客观大范围地观测到浮游植物的时空分布，因此，为了更好地反映多变的浮游植物的时空分布规律，海洋水色数据的探测周期最好在 5～8 天。但是，在可见光和近红外波段，云的作用严重影响了海洋观测。研究发现，一颗海洋观测卫星的有效数据只能覆盖 15% 的海洋面积，4 天的有效数据累计的覆盖面积为 40% 左右，远远不能满足海洋观测的需要。多颗卫星则可以在短的时间尺度上增大覆盖范围，两颗卫星覆盖度达到 20%，3 颗则可以达到 23%，分别比单一卫星的海洋覆盖度提高了约 30% 和 50%。利用多颗卫星进行多天的多源卫星融合，可将有效数据覆盖度进一步提高（李四海 等，2000）。南海及其邻近海域常年有大片的区域被云覆盖。第 3 章的研究结果表明，多传感器 8 天尺度融合的叶绿素 a 浓度数据产品，在南海及其邻近海域平均有 60%～80% 的数据覆盖度，尚有大面积区域的数据覆盖度有待提高。该区域终年多雨多云的气候严重影响了光学遥感数据的应用，迫切需要基于现有数据挖掘其应用潜力。

数据重构是恢复缺失数据的一种有效方法，在海洋水色数据的重构中，学者们针对海表温度、悬浮泥沙等数据的缺失问题做了大量的重构研究（Alvera-Azcárate et al，2005，2007，2009；Beckers et al，2006；Ganzedo et al，2011，2013；Li et al，2014；Liu et al，2016，2018；Mcginty et al，2016；Nechad et al，2011；Nikolaidis et al，2014；Ping et al，2016），其中最常用

的方法是DINEOF方法，该方法是一种基于数据自身时空信息的自适应自组织方法，不需要先验的知识，比较能反映数据整个时段的总体特征，且运行效率高，简单易行，在海洋水色数据重构中发挥着重要的作用（Li et al，2014；Liu et al，2016，2018；Nechad et al，2011；Nikolaidis et al，2014；Ping et al，2016）。由于各个研究区域和研究目的的多样性，国内外许多学者基于DINEOF方法结合各自研究区的实际，对DINEOF方法做出了很多各自有针对性的改进（Alvera-Azcárate et al，2015；窦文洁 等，2015；郭俊如，2014；刘广鹏，2014；王跃启 等，2014）。DINEOF方法在海表温度（SST）重构中应用较多，在叶绿素浓度数据的应用中较少。目前只是初步的探索，并且探索的数据主要是月尺度的叶绿素a浓度数据，DINEOF方法在8天尺度合成的叶绿素a浓度数据的重构中表现如何、有何优缺点，以及如果有缺点该如何改进，是有待我们探索的。

多源遥感数据融合是一种结合多种数据源形成一幅新图像的技术。它能进一步地挖掘现有数据的应用潜力，是数据重构的重要方法（Chen et al，2011b；Mohammdy et al，2014）。它把时空冗余、互补的多源数据，按特定算法运算处理，生成比任何单一数据更完整精确、信息丰富、及时有效，并具有新时空特征和波谱特征的合成图像（何国金 等，1999）。随着遥感技术的发展，不同类型遥感数据快速增长，多数据源结合使用，可取长补短，发挥各自的应用潜力，具有重要的学术意义和实际应用价值（Bossé et al，2000；Faouzi et al，2011；Gigli et al，2007；Nachouki et al，2008；Zervas et al，2011）。多源遥感数据融合包括多波段影像的融合、多时相影像的融合、不同传感器影像的融合、不同分辨率影像间的融合。从信息表征层面来讲，国际地球科学与遥感学会的图像分析和数据融合委员会将遥感数据融合分为像素级、决策级和特征级融合。像素级融合具有信息损失小、融合精度高、工作量小的优势，但也具有实时性差、容错性差、抗干扰能力差的劣势。决策级融合虽有实时性优、容错性强、抗干扰能力强和融合水平高的优势，但却存在着有效信息损失大、精度低和工作量大的劣势。特征级融合结果能体现大部分信息，同时能有效降低计算量，但却有信息丢失和难以提供影像所需要展示的细微信息的劣势。深度学习神经网络理论的发展，以神经网络固有的并行性、自组织、自学习和对输入数据具有高度的容错性等性能，给多源遥感数据重构开辟了一条新的途径。深度学习神经网络不以某个假定的概率对数据进行融合，而是通过自学习的过程完成，具有较好的容错能力，尤其是它的非线性，更能体现遥感数据中的复杂关系，已经在地学中广泛应用（Calvo et al，2003；Chen et al，1997；Fan et al，2014；Krasnopolsky，

2000；Oguz et al，1996；Tian et al，2016；张海龙 等，2006）。

然而，海洋水色遥感数据有其特殊性。在海洋水色数据重构中，时间序列的叶绿素 a 浓度数据受多个环境因子的影响，其变化具有非线性和非稳定态的特性。常规的神经网络方法是静态的，在反馈与记忆方面劣势突出。海洋叶绿素 a 浓度的时间序列数据的变化一方面具有趋势性和周期性，另一方面又具有随机性。常规的神经网络或者 DINEOF 方法在这方面的处理都有不足之处。动态神经网络具有反馈与记忆功能，通过反馈与记忆功能，动态神经网络能将历史的输入输出数据和前一时刻的数据信息保存下来，并将其加入下一时刻的数据的计算中，使网络不仅具有动态性，并且保留的时间序列数据的信息更加完整，因此，在时间序列海洋数据重构中具有一定的优势。非线性自回归神经网络模型（nonlinear auto regressive model with exogenous inputs，NARX）就是动态神经网络的一种，它具有多步时延的动态特性，具有序列学习能力，比较擅长捕捉到时间序列数据的时序信息，但目前为止未见研究者将非线性自回归神经网络方法应用到多源水色遥感数据重构中（柴琳娜 等，2009；常欣卓 等，2017；李志新 等，2019）。

本章针对南海及其邻近有关海域的 8 天尺度的叶绿素 a 浓度数据大面积缺失问题，在充分地认识研究区域的基础上，将常用于月尺度的海表温度和悬浮泥沙缺失数据重构的 DINEOF 这一高效的数据重构方法应用于 1998—2018 年共 21 年的 8 天尺度的叶绿素 a 浓度数据的重构中。基于 DINEOF 方法的优缺点，结合非线性自回归神经网络的优点，对 DINEOF 方法做出改进，充分发挥各自的优点，使改进后的方法更适用于该区域的海表叶绿素 a 浓度数据的重构。基于改进的方法，构建研究区域 1998—2018 年全年的 8 天尺度时间序列的 25 km 空间分辨率的叶绿素 a 浓度数据，并对数据在空间分布、绝对精度、实际应用方面做出验证。该数据集为研究区这一数据匮乏区的海洋生态系统的长时序规律研究提供了数据支撑，也为其他数据严重缺失区域的高时间分辨率数据重构研究提供了一定的借鉴。

§4.1 基于 NARX-DINEOF 方法的 8 天尺度叶绿素 a 浓度数据重构

研究区域位于南海及其毗邻的孟加拉湾和阿拉伯海，经纬度范围为 48°E～125°E，0°～25°N（图 4.1）。该区域年均温为 23℃，年均降水量为

1 393～1 758 mm。该区域是典型的热带季风气候，南海南部区域有部分的热带雨林气候。因此，该区域终年多云多雨，尤其是夏秋雨季时受来自西北太平洋的东南季风和一部分来自印度洋的西南季风控制，该区域降雨和阴天比较多，因此，光学遥感数据的应用潜力受影响比较严重，叶绿素a浓度数据缺失的情况更为严重。该区域的海洋生态和气候变化研究需要空间全覆盖、时间分辨率较高的叶绿素a浓度数据，因此，在该区域进行数据重构研究尤为重要。图4.1中的黄色站位点数据在本章使用的是实测的海表5 m深度以内叶绿素a浓度数据的均值，代表海洋表层卫星可以探测到的叶绿素a浓度层。南海海域在2013—2018年的时间段内并未搜索到Bio-Argo叶绿素a浓度数据的站位点，因此利用在印度洋、阿拉伯海和孟加拉湾搜索到的Bio-Argo站位点来对重构前后

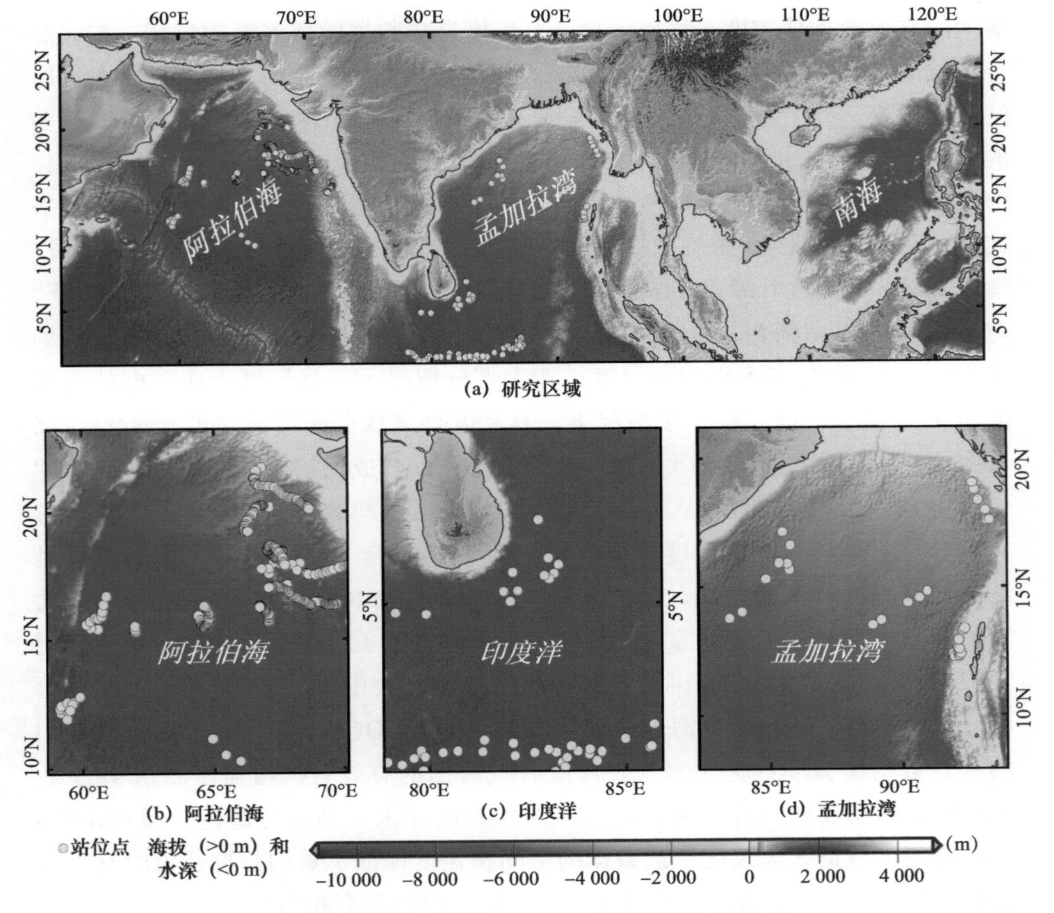

图4.1 研究区域与Bio-Argo实测数据点的分布

的结果进行评价，如果在其他海域的重构结果精度比较可靠，则在南海海域的重构结果精度也是可以接受的。由于研究区域比较大，所以本章选用的重构数据的空间分辨率为 25 km。采用 25 km 的空间分辨率对于大范围的生物地球化学现象的探测尚可，但是小范围的生物地球化学现象需要分辨率更高的重构数据来处理和展现。高时空分辨率的重构是在第 6 章中讨论的内容。

图 4.2 为南海海域 1998—2018 年时间序列和空间上的有效叶绿素 a 浓度数据的覆盖度。从图 4.2（a）可知，8 天尺度的叶绿素 a 浓度数据在空间上平均的有效数据覆盖度在南海的大部分海域为 80% 左右，但是在南海的北部湾和广东、福建沿岸的大陆架区域，有效数据的覆盖度降到了 60% 左右。近岸区域是与人类的生产生活密切相关、海陆交互频繁的区域，该区域的数据缺失严重限制了相关的研究。图 4.2（b）展示了 1998—2018 年时间序列的月尺度数据平均的有效数据覆盖度，可以看出，月尺度合成数据的覆盖度相当高，在大部分区域覆盖度达到了 90% 以上，在 8 天尺度数据匮乏的南海北部湾和广东近岸区域也平均达到了 90% 左右。图 4.2（c）为 1998—2018 年 8 天尺度共 966 期的南海海域平均的数据时间序列的有效数据覆盖度。由图 4.2（c）可以看出，南海海域平均的数据覆盖度变化比较剧烈，在某些时间段内，整个南海海域平均的 8 天尺度叶绿素 a 浓度数据的覆盖度达到 90% 左右，而在另外一些时间段，南海海域 8 天尺度叶绿素 a 浓度的数据覆盖度为 40%、30%，甚至是 20% 以下。与之对应的是南海海域 1998—2018 年月尺度合成的叶绿素 a 浓度数据，见图 4.2（d），也存在不小的变异度，在大部分情况下，月尺度合成数据的覆盖度在 95% 以上，而在极个别情况下，月尺度合成数据的覆盖度低至 84%。综合图 4.2（c）和图 4.2（d）来看，8 天和月尺度合成的初始数据平均的覆盖度分别为 81.9% 和 98.5%。从统计结果发现，区域平均的数据覆盖度，无论是月尺度合成数据还是 8 天尺度合成数据，都在 2002 年 5 月左右数据覆盖度有显著的提高。通过调研发现，应该是在 2002 年 5 月 MODIS-Aqua 传感器的成功发射升空大大增加了数据源。如果研究对于数据覆盖度要求比较高，则应使用 2002 年 5 月以后的数据，可显著提高可用数据的利用率。

值得注意的是，南海海域 8 天尺度合成的 ChlOC5 叶绿素 a 浓度数据平均的有效数据覆盖度约为 82%，月尺度合成数据的有效数据覆盖度高达 98.5%。8 天尺度合成数据与月尺度合成数据的相差度并未大到不可逾越，即 ChlOC5 叶绿素浓度数据 8 天尺度合成数据的空间覆盖度保证了重构数据建模时有大量的样本数据。样本量充足，保证了重构的缺失数据具有相当的精度。

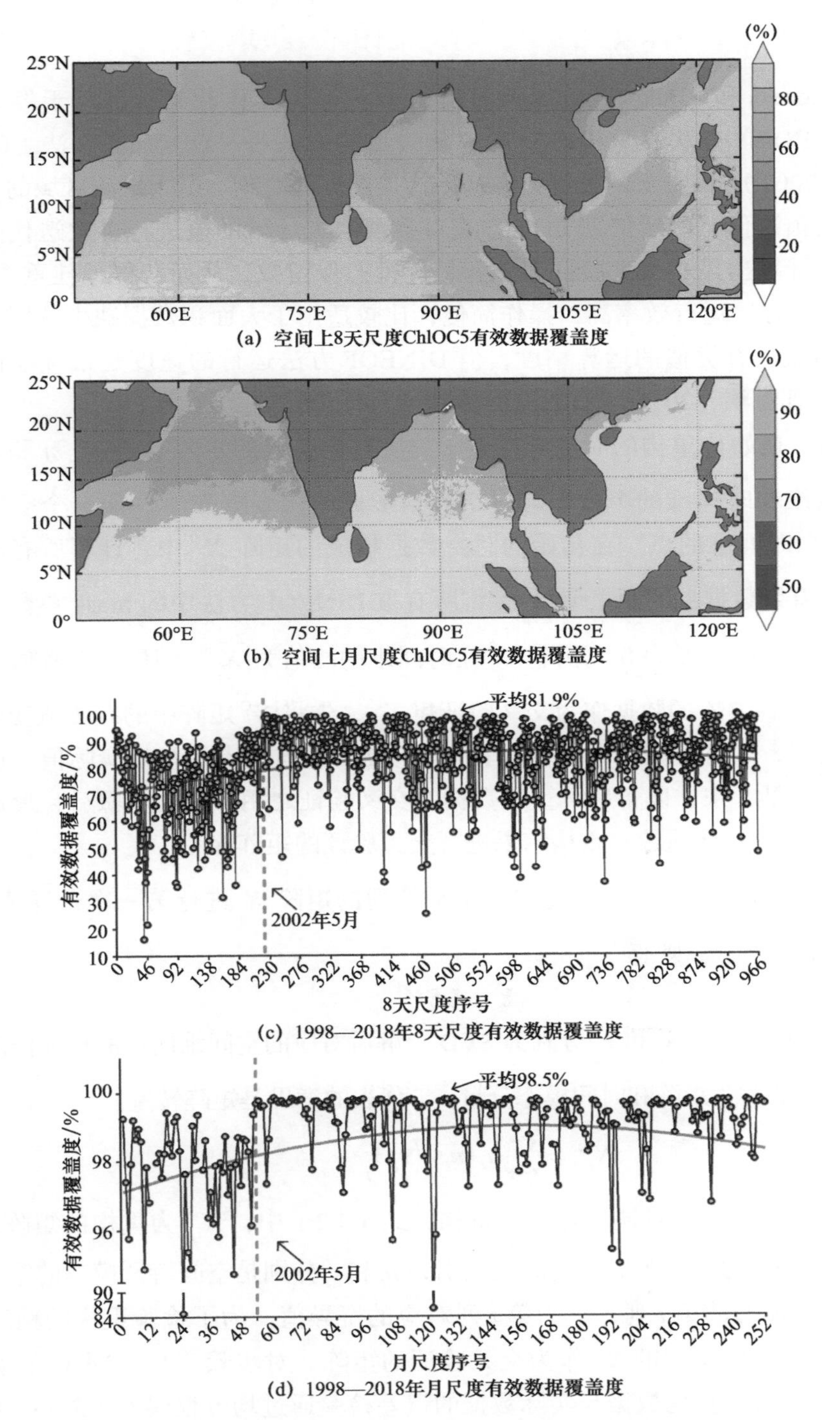

图 4.2　南海海域 8 天和月尺度合成海表叶绿素 a 浓度数据的覆盖度

4.1.1 传统 DINEOF 方法的基本思想和存在的问题

Beckers 和 Rixen 在 2003 年时提出了一种无需先验知识，基于经验正交函数（EOF）方法来重构时空场中缺失点的方法——DINEOF 方法（Beckers et al，2003）。该方法的关键是在初始构建数据的时刻，赋予缺测区域的数据一个 0 的预测值。然后借助 EOF 方法对数据缺失区域的值进行多次迭代分解与合成，计算出最小交叉验证误差和最优模态保留数，从而获得最佳重构数据。DINEOF 方法运行效率高，操作简便，比较适用于大面积数据缺失的区域，与最优插值法有类似的运算精度，但 DINEOF 方法运行的速度是最优插值法的 30 倍（郭海峡，2016）。DINEOF 方法的具体步骤如下。

（1）初始待重构的时空叶绿素 a 浓度数据组成的矩阵 $\underset{m\times n}{\boldsymbol{X}}^{0}$ 中，m 和 n 分别为空间维和时间维的个数，即时空数据形成的三维矩阵中，有 m 个空间维的点、n 个时间维的点。在初始的时空数据构成的矩阵 $\underset{m\times n}{\boldsymbol{X}}^{0}$ 中，计算所有非缺失数据的有效数据点的距平值 $\underset{m\times n}{\boldsymbol{X}}$，将所有被 DINEOF 方法中的 mask 参数标记为缺失数据点的值设为 0，矩阵 $\underset{m\times n}{\boldsymbol{X}}^{0}$ 在时间维的均值为 $\underset{m\times 1}{\overline{\boldsymbol{X}}}$。随机从有效值中取出总量的 1%～3% 的数据作为交叉验证集 $\boldsymbol{X}^{\mathrm{C}}$，先将 $\boldsymbol{X}^{\mathrm{C}}$ 矩阵中的有效值变为无效的缺测点，并将这些像元的值设置为 0，同时将这些点的初始实际值，通过索引方式记录起来，以备后续重构数据的交叉验证之用。经此步骤后，形成了初始矩阵 $\underset{m\times n}{\boldsymbol{X}}$ 和留作后续对重构结果进行交叉验证的矩阵 $\boldsymbol{X}^{\mathrm{C}}$。

（2）对步骤（1）中经过初始距平处理的矩阵 $\underset{m\times n}{\boldsymbol{X}}$ 进行第一次奇异值分解，模态数设置为 1，则有

$$\boldsymbol{X}=\boldsymbol{USV}^{\mathrm{T}} \tag{4.1}$$

式中，矩阵 $\underset{m\times m}{\boldsymbol{U}}$，$\underset{m\times n}{\boldsymbol{S}}$ 和 $\underset{n\times n}{\boldsymbol{V}}$ 分别为 SVD 分解后对应的空间维向量的特征模态、奇异值组成的对角矩阵和时间模态分量，T 代表的意思是矩阵转置。

$$\boldsymbol{X}_{i,j}^{\mathrm{re}}=\sum_{t=1}^{p}a_{t}\left(\boldsymbol{u}_{t}\right)_{i}\left(\boldsymbol{v}_{t}^{\mathrm{T}}\right)_{j} \tag{4.2}$$

利用式（4.1）对缺失点进行重构，式（4.2）中，$\boldsymbol{X}_{i,j}^{\mathrm{re}}$ 为重构的矩阵，i 为矩阵的空间索引，j 为矩阵的时间索引，$\boldsymbol{u}_t$ 和 $\boldsymbol{v}_t$ 分别是空间特征模态的第 t 列和时间特征模态的第 t 列，a_t 为第 t 列对应的奇异值。为了检验重构的精度，利用步骤（1）中预留的 $\boldsymbol{X}^{\mathrm{C}}$ 作为交叉验证的矩阵，对步骤（2）中重构的值进行交叉验证，$\boldsymbol{X}^{\mathrm{C}}$ 重构数据与实际数据的误差检验通过均方根误差（*RMSE*）来判

断。均方根误差的计算公式为

$$RMSE = \sqrt{\frac{1}{N}\sum_{t=1}^{N}\left(\boldsymbol{X}_t^{\mathrm{re}} - \boldsymbol{X}_t^{\mathrm{C}}\right)^2} \tag{4.3}$$

式中，N 为 $\boldsymbol{X}^{\mathrm{C}}$ 矩阵中数据点的个数，$\boldsymbol{X}_t^{\mathrm{re}}$ 为重构值，$\boldsymbol{X}_t^{\mathrm{C}}$ 为实际值。

（3）利用式（4.1）和式（4.2）对步骤（2）中重构出的新矩阵 $\boldsymbol{X}^{\mathrm{re}}$ 进行二次分解，则

$$\boldsymbol{X}^{\mathrm{re}} = \boldsymbol{X} + \partial\boldsymbol{X} \tag{4.4}$$

式中，$\partial\boldsymbol{X}$ 为缺测点矩阵的修正值，重复步骤（2），p 取值为 1，计算交叉验证矩阵 $\boldsymbol{X}^{\mathrm{C}}$ 二次重构的值与真实值的均方根误差，重复迭代步骤（2）直至均方根误差不大于前次均方根误差的 10^{-4} 倍时，迭代停止，均方根误差收敛。同时，为了防止出现死循环情况，每一个模态的迭代次数不大于 100 次。

（4）将模态的保留数 p 的值设置为 1，2，3，…，$K_{\max}$，并记录不同 p 值对应的均方根误差 R^p，重复步骤（2）和步骤（3）进行奇异值分解和缺测值重构，直至模态数为 k、交叉验证的条件满足为止。则历次迭代的结果中，始终有一个最小的 R^p 值，取此时的 p 值作为最优模态保留数 k。

（5）取得最优的模态保留数 k 后，将初始矩阵中选择的作为交叉验证的矩阵值恢复至初始矩阵中，并对数据进行重构，得到重构后的完整重构矩阵。

利用 DINEOF 方法重构了 1998—2018 年 8 天尺度的叶绿素 a 浓度数据，选用其中 2018 年的 32～35 期（一年共有 46 期数据）这 4 期处于夏秋季节的数据来展示 DINEOF 方法数据重构的结果。夏秋季节处于西南季风的控制下，降雨较多，数据缺失的范围比较大，选用这 4 期数据能较好地展示 DINEOF 方法数据重构的优势。

从研究区域数据可以看到，重构的数据完整地展示了研究区域总体的叶绿素 a 浓度概况。总体上来看，从近岸到远海，叶绿素 a 浓度数据的值不断降低，总体分布合理，趋势明确。岛礁周边一般是叶绿素 a 浓度值比较高的地方，从图 4.3 的不同时间的重构结果可以看出，不论在南海的东沙、西沙、南沙群岛，安达曼群岛，还是在马尔代夫的岛礁附近，叶绿素 a 浓度值都较高，DINEOF 方法较好地呈现了岛礁附近的浮游植物分布概况。阿拉伯海西部、孟加拉湾印度洋区域和南海中西部区域，都有大面积的舌状叶绿素 a 浓度极值区域向海洋的深处延伸。结合季风和研究资料可知，夏秋季节整个研究区域受西南季风控制，季风控制下的离岸流和埃克曼抽吸作用使海洋下层丰富的营养盐上涌至海洋表层，结合适宜的温度和光照，浮游植物大面积生长，再加上西南季风的作用，陆地上的丰富营养物质通过湿沉降和干沉降为海洋也带来了丰富的营养

盐。在这些因素的共同作用下，夏季在阿拉伯海西部、孟加拉湾西南海域、南海中西部海域出现了大面积的浮游植物藻华现象。这一信息被海洋遥感卫星捕捉到，DINEOF 方法重构的数据成功地重构和展现了这一特征。另外，一个比较有意思的现象也被 DINEOF 方法重构的数据所展现，即在马尔代夫群岛及其东部的海域，浮游植物叶绿素 a 浓度的值比较高，出现了较长的叶绿素 a 浓度较高的舌状分布带，并与斯里兰卡岛近岸伸向孟加拉湾的浮游植物藻华带合流，可知风的作用使通过马尔代夫群岛的水流出现了混合和上涌，底层海水丰富的营养盐上涌至真光层，为浮游植物的生长提供了营养盐，促进了浮游植物藻华的产生。

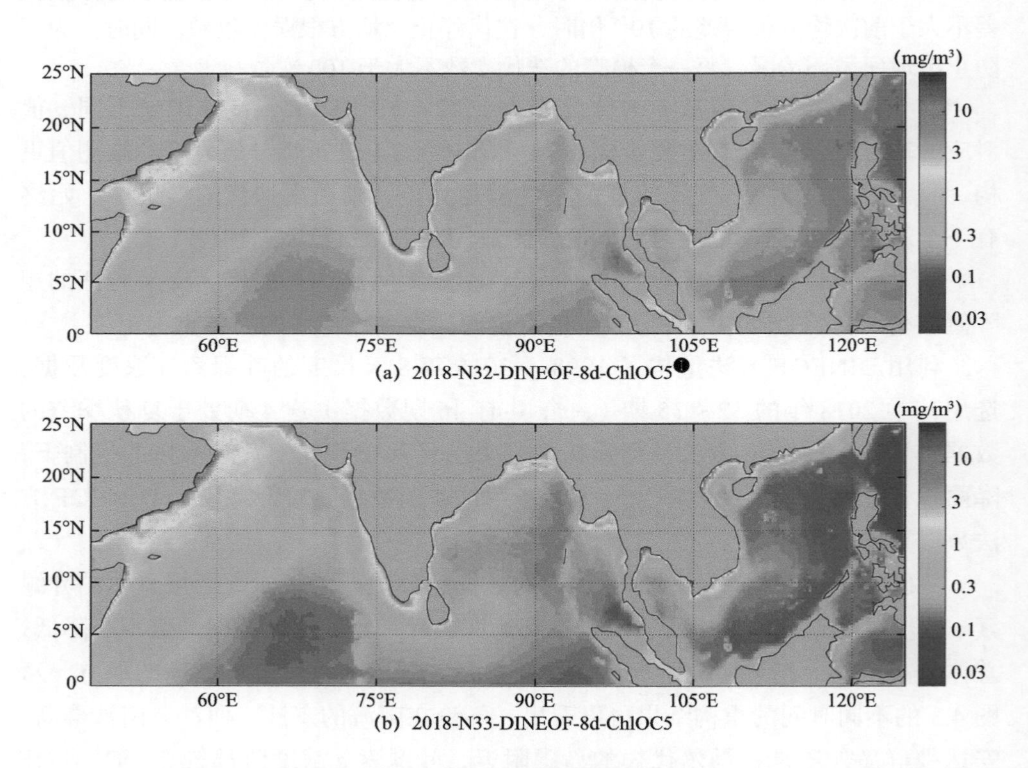

(a) 2018-N32-DINEOF-8d-ChlOC5[1]

(b) 2018-N33-DINEOF-8d-ChlOC5

图 4.3 DINEOF 方法数据重构结果

[1] 2018 代表 2018 年，N32 代表第 32 期，DINEOF 代表 DINEOF 方法，8d 代表 8 天尺度，ChlOC5 代表 ChlOC5 产品，本书其他图均采用此简写方法。

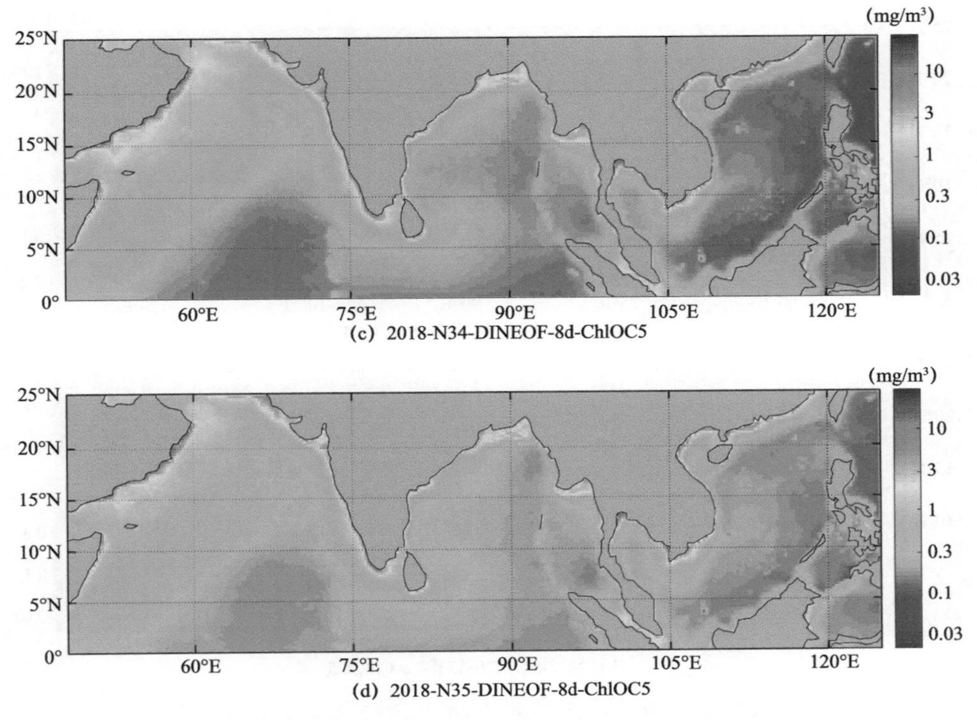

(c) 2018-N34-DINEOF-8d-ChlOC5

(d) 2018-N35-DINEOF-8d-ChlOC5

图 4.3（续） DINEOF 方法数据重构结果

总体来看，浮游植物藻华在夏秋季节的重构结构较好地展现了研究区域大范围的总体的浮游植物分布概况。在岛礁附近区域，季风驱动的离岸流区域都有较好的重构结果。

图 4.4 和图 4.5 分别展示了 DINEOF 方法存在的问题。图 4.4 展示了 DINEOF 方法的 *rec* 值设置为 1 时的重构结果，图 4.5 展示了 *rec* 值设置为 0 时的重构结果。*rec* 值设置为 1 时，整个区域所有的数据无论是否缺失全部重构；*rec* 值为 0 时，则只重构缺失的值，有值区域保持不变。图 4.4 和图 4.5 中都存在大面积重构失败的空白区。在图 4.5 中只重构缺失值部分，可以看出在重构值和实际值的结合部位存在着较大范围的过度不自然的条状区域，重构数据无法展示比较细节的涡旋和羽流等细节信息，只能展示总体趋势性的信息。在许多时候，局部细节性的涡旋和羽流等信息是比较重要的关注指标。

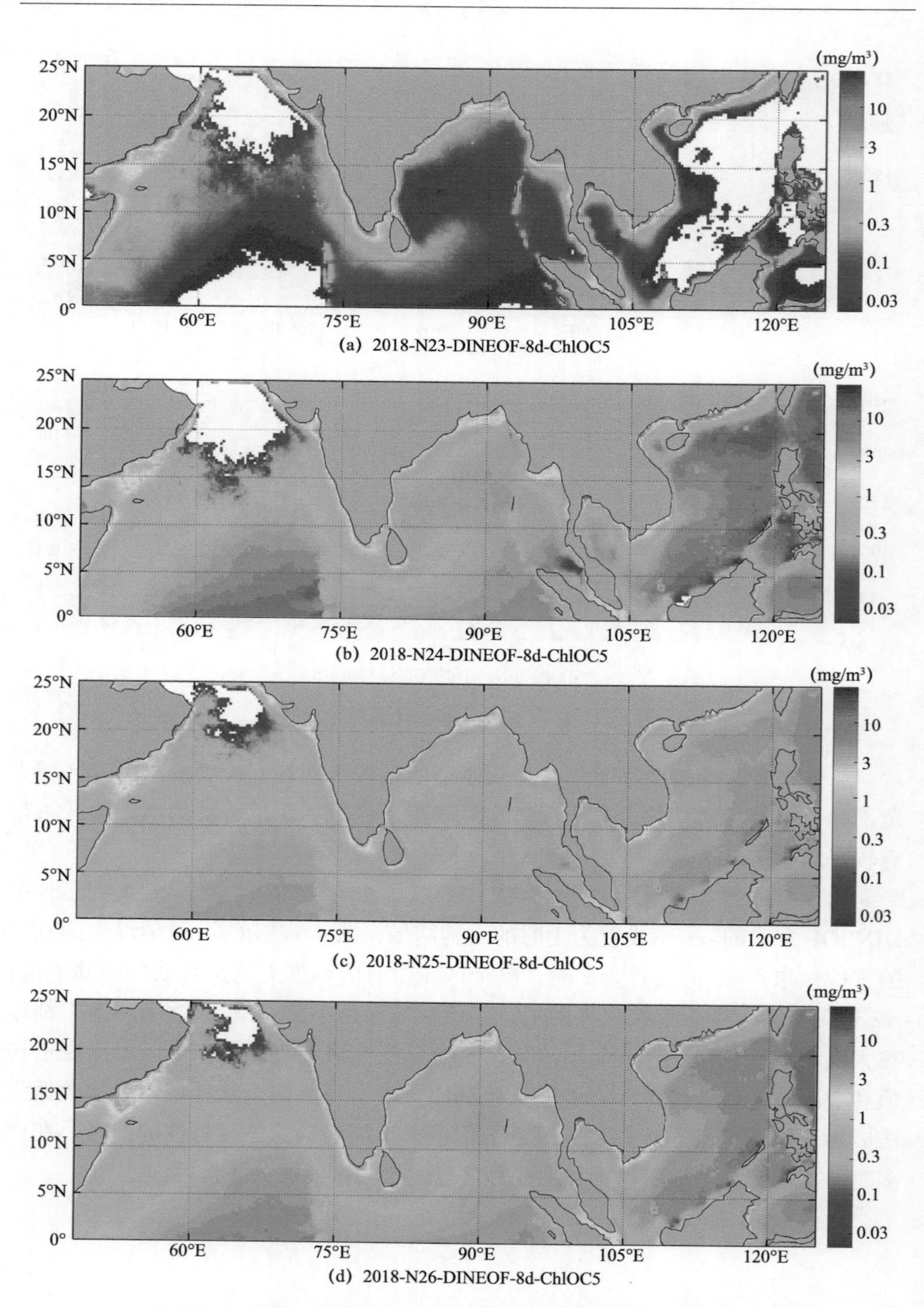

(a) 2018-N23-DINEOF-8d-ChlOC5

(b) 2018-N24-DINEOF-8d-ChlOC5

(c) 2018-N25-DINEOF-8d-ChlOC5

(d) 2018-N26-DINEOF-8d-ChlOC5

图 4.4　当 *rec* 参数为 1 时 DINEOF 方法数据重构的结果

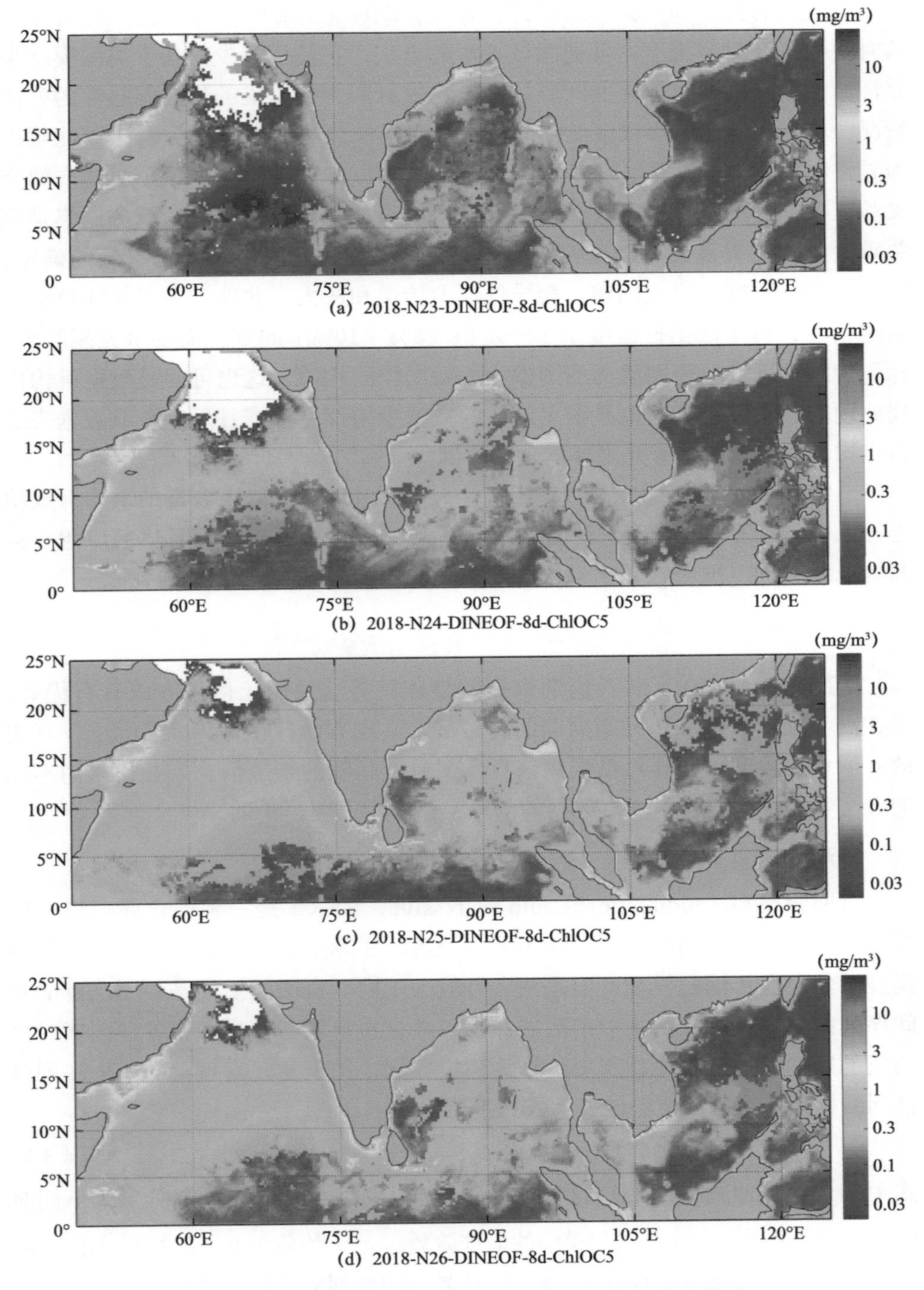

图 4.5 当 *rec* 参数为 0 时 DINEOF 方法数据重构的结果

由重构的公式和步骤可以看出，首先，DINEOF 方法实际上是一种对三维的时空数据在时空维度上低通滤波平滑的方法，它使用较少的几个关键模态来表征原始数据集的总体上的时空特征，比较有利于数据集的长时间趋势的整体情况分析，而对于中小尺度的空间信息和时间信息在 DINEOF 方法中可能被作为异常噪声而被剔除掉了。其次，由于在 DINEOF 方法重构时，随机选取的交叉验证数据的随机性可能会让某些异常值的点被选入该数据集，该数据集是至关重要的，它关系到后续重构的误差确定、最佳重构模态和重构次数的确定，随机选择的数据若出现问题，会导致误差传递和放大。此外，为了保证数据重构的精度，对于数据覆盖度小于一定值（5% ~ 10%）的点，需要事先剔除掉，标记为陆地区域，否则重构的图像为原始图像的均值，这也可能是数据重构出现问题的一个原因。这也是很多以往的数据重构都是根据月尺度合成数据来进行重构，以保证数据有充足样本量的原因。

总体来看，采用 DINEOF 方法对 8 天尺度叶绿素 a 浓度数据的重构有成功之处，也有存在问题之处，因此在不同区域的应用中，应根据具体的应用目标和情况对 DINEOF 方法做出具体的调整和改进，以适用于研究的目的。

4.1.2 NARX-DINEOF 8 天尺度叶绿素 a 浓度数据重构方法

DINEOF 方法在反映长周期数据的整体趋势这些低频信息方面具有优势，而在局部细节信息和短时间周期的高频信息呈现方面存在劣势。实际上，真实的叶绿素 a 浓度数据既包括低频信息，又包含高频的细节信息。如何采用不同的方法重构恢复接近于真实数据的信息，是本小节要讨论的。

1. 双向自回归

自回归模型（bidirectional auto regressive，BAR）是一种拟合能力较好的模型，较适用于时间序列数据的预测与处理。实际上，自回归模型与线性回归模型虽然都属于回归模型，但是两者有较大不同。自回归模型是利用已有的时间序列的数据点来预测 T 点前后的数据，并且在自回归模型中，各种因素对预测值的影响是通过将序列历史值作为建模数据，用于建立其自身的历史序列线性回归模型。自回归模型的表达式如下

$$y_T = \varphi_1 y_{T-1} + \varphi_2 y_{T-2} + \varphi_3 y_{T-3} + \cdots + \varphi_p y_{T-p} + \varepsilon_T \tag{4.5}$$

式中，y_T 为自回归模型平稳的时间序列；φ_1，φ_2，φ_3，…，φ_p 分别为不同时间的自相关系数；p 为自回归模型的最佳阶数；ε_T 为均值为 0、方差为 σ_2 的高斯白噪声。本小节使用的 BAR 模型采用重复时间序列向量的正方向和反方向，重

构的缺失像元数据的值则是由前向自回归和后向自回归的值的均值来确定。

双向自回归方法的优点是所需资料不多，并且可以利用自身的历史数据来对缺失数据进行预测；同时，双向自回归具有一定的局限性，影响自回归模型精度的因素为历史序列数据的时间序列上前后相邻数据间的相关性。实际上，如果时间序列向量数据具有理论上的连续性而非随机数据，则自回归模型的精度比较高。因此，自回归模型的前提条件是自相关系数 $\varphi_i(i=1,2,3,\cdots,p)$ 的值应该大于 0.5，否则双向自回归的结果就不准确。

图 4.6 展示了 1998—2018 年月尺度叶绿素 a 浓度数据的 T 时刻和 T+1 时刻值的相关关系和残差分布。从图 4.6 可知，共 251 个数据的相邻时刻数值的相关系数为 0.72。值得注意的是，图 4.6 中的数据是基于月尺度合成数据来做的，如果是基于 8 天尺度或者是日尺度的数据，时序数据间的相关性会更高。因此，8 天尺度重构满足双向自回归条件。

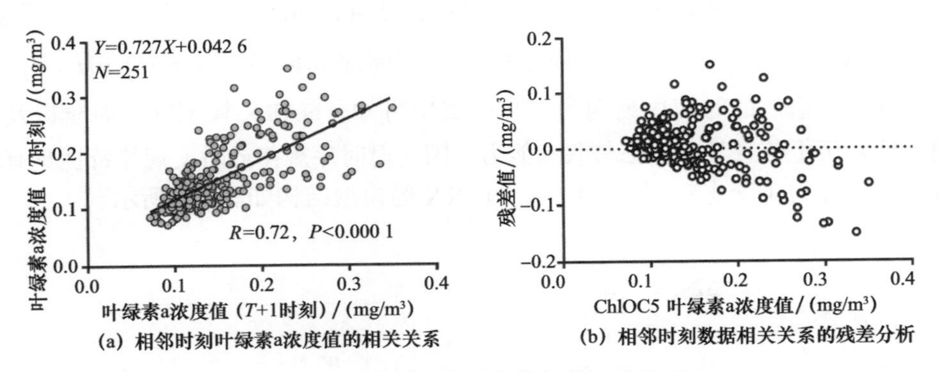

图 4.6 月尺度时序相邻数据的相关关系

2. NARX 模型

研究表明，含有一个隐含层的三层神经网络可逼近任意函数，增加网络的层次虽可在一定程度上提高精度，但却使神经网络复杂化，并最终导致运算速率下降。在不增加网络层次的情况下，增加神经元的个数，在使精度提高的同时，运算速度不受影响，且易于对模型进行观察和调整（Maeda et al，2009）。因此，本书采用包含输入层、隐含层和输出层的非线性自回归神经网络模型（NARX），如图 4.7 所示。隐含层节点数的确定是神经网络设计中非常重要的环节。隐含层过少，则无法产生足够的连接权组合数来满足若干样本的学习概括和体现样本规律，从而识别新样本困难，容错性差；隐含层节点数过多，则导致训练学习时间加长，且容易把样本中非规律性的噪声也学习记住，从而出现过度拟合的问题，导致网络的泛化能力变差。隐含层节点数的确定比较复杂，迄今尚未有比较准确的解析式来确定隐含层节点数，往往根据前人的经验模型来大致确定。隐含层节点数与求解问题的难易程度、输入输出单元数多少等都有直接的关系。本书采用多次尝试法来确定隐含节点个数。常用的初始隐含节点个数经验公式为$l=\sqrt{m+n}+a$。a为1～10的常数，m为输入层节点数，n为输出层节点数。本书的初始隐含层节点数为10，误差为0.035，依次增加节点数，误差不断降低，当隐含层节点数为26时，网络的输出误差降低到0.001左右，初步达到了误差要求。因为遥感数据量比较大，为保有一定的计算结余，隐含层的节点个数定为30。

NARX模型的输入输出公式为

$$\boldsymbol{y}(t)=f\left(\boldsymbol{y}(t-1),\boldsymbol{y}(t-2),\cdots,\boldsymbol{y}\left(t-n_y\right),\boldsymbol{u}(t-1),\boldsymbol{u}(t-2),\cdots,\boldsymbol{u}(t-n_u)\right) \tag{4.6}$$

式中，f是NARX模型的非线性拟合的过程函数，沿序列数据的时序方向拓展；$\boldsymbol{y}(t)$是NARX模型期望的目标向量，$\boldsymbol{u}(t)$为输入的时序信息，$\boldsymbol{y}(t-1),\boldsymbol{y}(t-2),\cdots,\boldsymbol{y}\left(t-n_y\right)$为期望输出的时间序列向量，$\boldsymbol{u}(t-1),\boldsymbol{u}(t-2),\cdots,\boldsymbol{u}(t-n_u)$为输入的时间序列向量。从公式中可知，NARX模型存在时延以及反馈，能对历史信息具有记忆与联想能力，因此对时序规律或时变规律特性具有较好的适应能力（李志新 等，2019）。NARX的模型结构如图4.7所示。

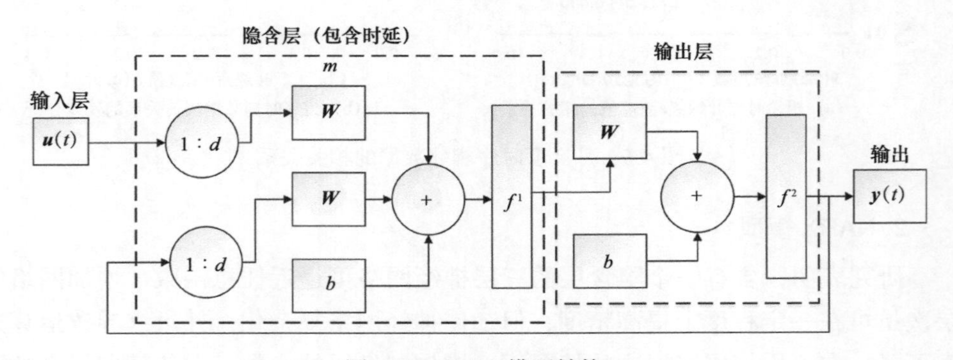

图4.7 NARX模型结构

图4.7中，$\boldsymbol{u}(t)$和$\boldsymbol{y}(t)$为输入和输出信息；d为时延数，时延数越大则参考的历史数据越多；m为隐含层神经元的个数；$\boldsymbol{W}$为神经网络的权重矩阵；b为偏移量；f^1为收敛较快的隐含层的激活函数tansig；f^2为输出层的激活函数purelin。隐含层传输函数tansig为

$$f^1=\operatorname{tansig}(x)=\frac{1}{1+\mathrm{e}^{-2x}}-1 \tag{4.7}$$

本书使用 MATLAB 神经网络工具箱中的 NARX 模型。NARX 模型输入的向量 $\boldsymbol{u}(t)$ 为 DINEOF 重构的结果，BAR 重构的结果 $\boldsymbol{y}(t)$ 为目标输出的结果，输入与输出的结果都是 1998—2018 年 8 天尺度的数据。NARX 模型中训练函数为 trainlm。通过 NARX 模型，将真实的输出数据 1998—2018 年的 8 天尺度 ChlOC5 叶绿素 a 浓度数据作为目标向量，将 DINEOF 重构的结果作为输入的低频长时间序列的周期性信息，将 BAR 重构的结果作为输入的高频信息，来重构 1998—2018 年时间序列 8 天尺度的叶绿素 a 浓度值。总体来说，NARX 模型的训练流程如图 4.8 所示。

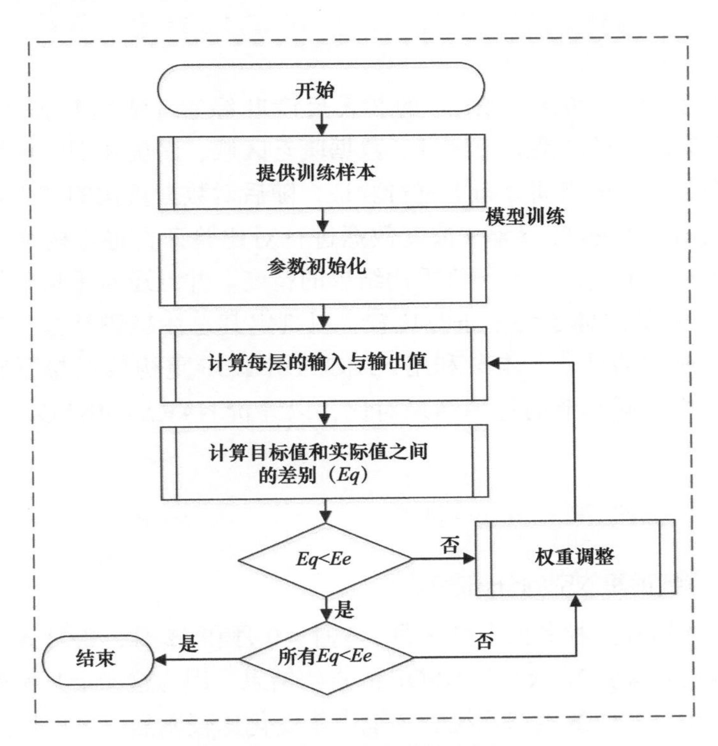

图 4.8　NARX 模型的训练流程

在研究区域内选取 44 458 组数据来建立神经网络模型。训练样本选择在无云和无异常值的区域内，且样本应在研究区域分布比较均匀，并包含从近岸的极大值区域到远海的极小值区域，还应在 1998—2018 年的时间序列的尺度上均匀选择不同季节不同年份的样本。将采样所得的 44 458 组数据导入 MATLAB 软件中，并在命令窗口调用 ntstool 神经网络工具箱，用双曲面正切 S 型函数作为隐含层和输出层的传输函数，梯度下降动量学习函数作为学习函数，用收敛速度快、耗时少的量化共轭梯度函数作为训练函数来训练模型。随机选取其中 70% 的数据作为模型训练数据，15% 作为验证数据，15% 作为预测数据。具体来说，输入层将刺激传递给隐含层，隐含层通过神经元之间联系的强度（权重）和传递规则（激活函数）将刺激传到输出层，输出层收集各个隐含层处理后的信号以产生最终结果。将输出的结果和产生的结果进行比较，得到误差，如果满足期望的误差则训练结束，若达不到期望误差则逆推对权重进行反馈修正，从而来完成学习的过程。

§ 4.2　NARX-DINEOF 重构数据的时空精度验证

本节对 1998—2018 年 21 年的 8 天尺度叶绿素 a 浓度数据进行 NARX-DINEOF 重构，并对岛礁周边区域、数据匮乏区域、涡旋和羽流区域重构的结果在不同季节的总体空间分布上进行验证，随后对数据重构的结果在绝对精度上与实测的 Bio-Argo 叶绿素 a 浓度数据进行对比验证，将重构结果与原始卫星数据在绝对值上对比，来评价重构结果的精度。并且还对重构数据与原始卫星数据在 21 年的总体趋势上进行比较，以判定其总体趋势是否一致，从而进一步地检验重构的结果。本节利用 NARX-DINEOF 重构数据与原始数据和其他相似的方法不同季节的重构结果对比，以评价 NARX-DINEOF 方法的重构结果。

4.2.1　重构结果空间分布的验证

1. 从近岸到远海的空间分布趋势

本小节选用春夏秋冬四季的 3 月、6 月、9 月和 12 月，每月各 4 期 8 天尺度的重构数据来检验 NARX-DINEOF 的重构结果。因为这 4 个月份处于季节转换的关键节点，海洋的生态系统和环境因子变化比较剧烈，可以通过这 4 个月大范围的浮游植物的动态消长来检验数据重构的结果。

图 4.9 为季节转换的初春 3 月 8 天尺度叶绿素 a 浓度数据重构结果。南海北部尤其是吕宋岛西北部的叶绿素 a 浓度自 3 月初到 3 月末逐渐降低，变化比较剧烈。马六甲海峡西北部—安达曼海附近海域在冬季由于季风和离岸流的作用，有一条显著的自近岸伸向远海的条状浮游植物叶绿素 a 浓度极值区域，叶绿素 a 浓度的值也在 3 月自月初至月末显著降低，趋于消亡。在马尔代夫群岛附近海域，由图 4.9（a）可以看到在该区域有显著的叶绿素 a 浓度极大值。由

于东北季风的作用，加上岛礁造成的附近海流通过岛礁附近时混合作用加剧，结合上升流的作用，可以在图4.9（a）中看到，有一条从75°E附近飘向60°E附近的条带状叶绿素a浓度值比较高的区域。图4.9（b）和图4.9（c）显示，该条带状区域的叶绿素a浓度值剧烈减弱，至图4.9（d）时（3月末）可以看到该条带状的叶绿素a浓度比较高的现象几乎消失不见。图4.9（a）至图4.9（d）显示，在阿拉伯海北部、波斯湾以及巴基斯坦的印度河入海口近岸区域都可以观测到大量的浮游植物藻华现象；相反的是，整个区域的浮游植物藻华处于明显的消退状态，尤其是在15°N～20°N区域内，消亡比较明显。图4.13（a）展示了2018年3月平均的风场分布，可知在2018年3月，南海北部区域风向为东北季风，风速较大；在马六甲海峡西北部区域安达曼海附近，东北季风的作用比较强烈，而在阿拉伯海东北部，偏北风的作用使离岸流的作用强烈，埃克曼抽吸作用为该区域浮游植物的持续生长提供了充足的营养盐。

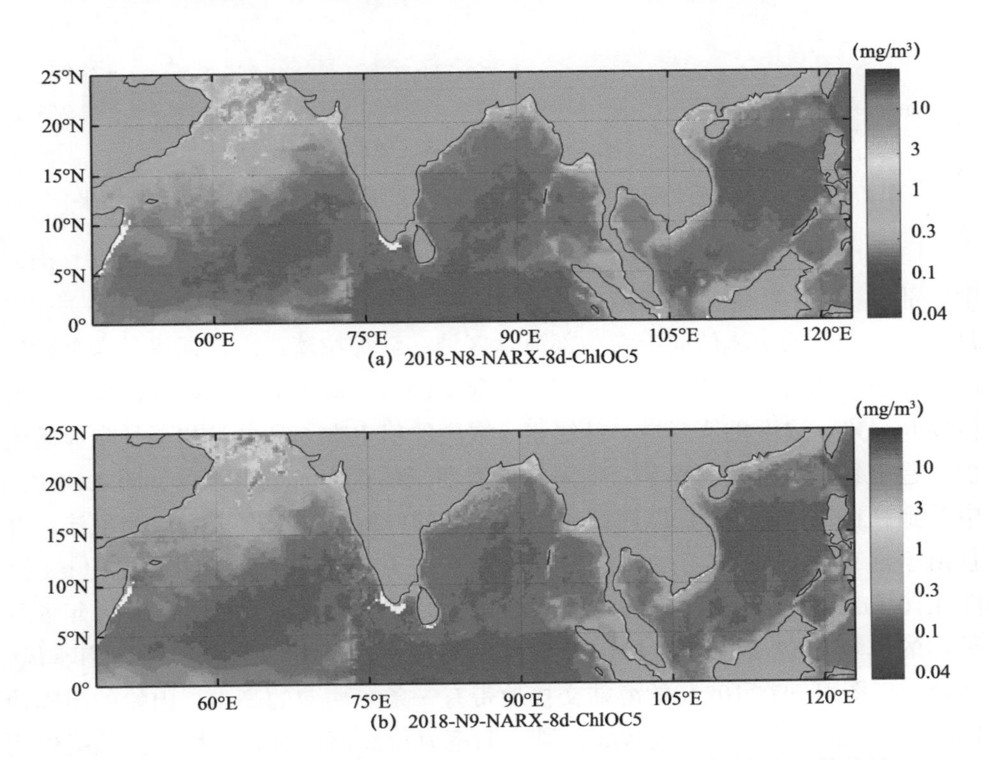

图4.9　基于重构数据的春季（3月）8天尺度叶绿素a浓度数据重构结果

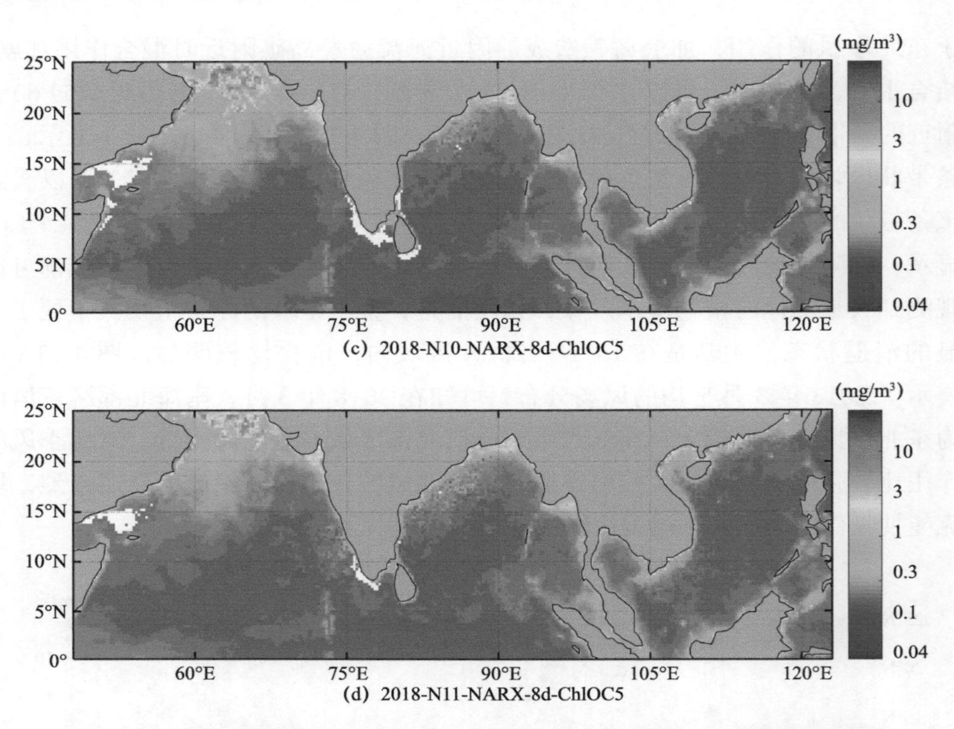

图 4.9（续） 基于重构数据的春季（3 月）8 天尺度叶绿素 a 浓度数据重构结果

图 4.10 为春夏季转换的初夏 6 月重构的 8 天尺度叶绿素 a 浓度数据，南海中西部沿 10° N 线的南海海域，叶绿素 a 浓度值逐渐增大，尤其是在 6 月底 7 月初时，带状的羽流伸向南海中部海盆区域。孟加拉湾西南部斯里兰卡岛附近海域在季风和离岸流的作用下，有一条显著的自近岸伸向孟加拉湾的条状浮游植物叶绿素 a 浓度极值区域，叶绿素 a 浓度的值也在 6 月自月初至月末显著增加，趋于暴发浮游植物藻华。在阿拉伯海西岸的近岸海域，可以从图 4.10（a）中看到，在该区域 60° E 以西区域，有显著的叶绿素 a 浓度极大值的羽流，并且由于西南季风的作用，加上离岸流结合上升流的作用，由图 4.10（a）至图 4.10（d）可见，羽状流的量级逐渐增大。图 4.13（b）展示了 2018 年 6 月平均的风场分布，可知在 2018 年 6 月，南海中西部海区的风向为西南季风，结合地形图可知在 10° N 的海陆交接地带有一条东西向的高山，山岭的阻隔使 10° N 形成了山前风速较大区域，风吹向南海形成离岸流，在埃克曼抽吸作用下，水体层化被打破，使营养物质上涌至海洋表层，基于充足的营养盐供应，浮游植物不断生长，表现在卫星探测数据的值越来越高；同样在孟加拉湾西南部海域、斯里兰卡岛附近和阿拉伯海西部，都是盛行西南季风，在离岸流的作用

下，水体层化被打破，导致浮游植物的快速生长，叶绿素 a 浓度值在这些区域不断升高。

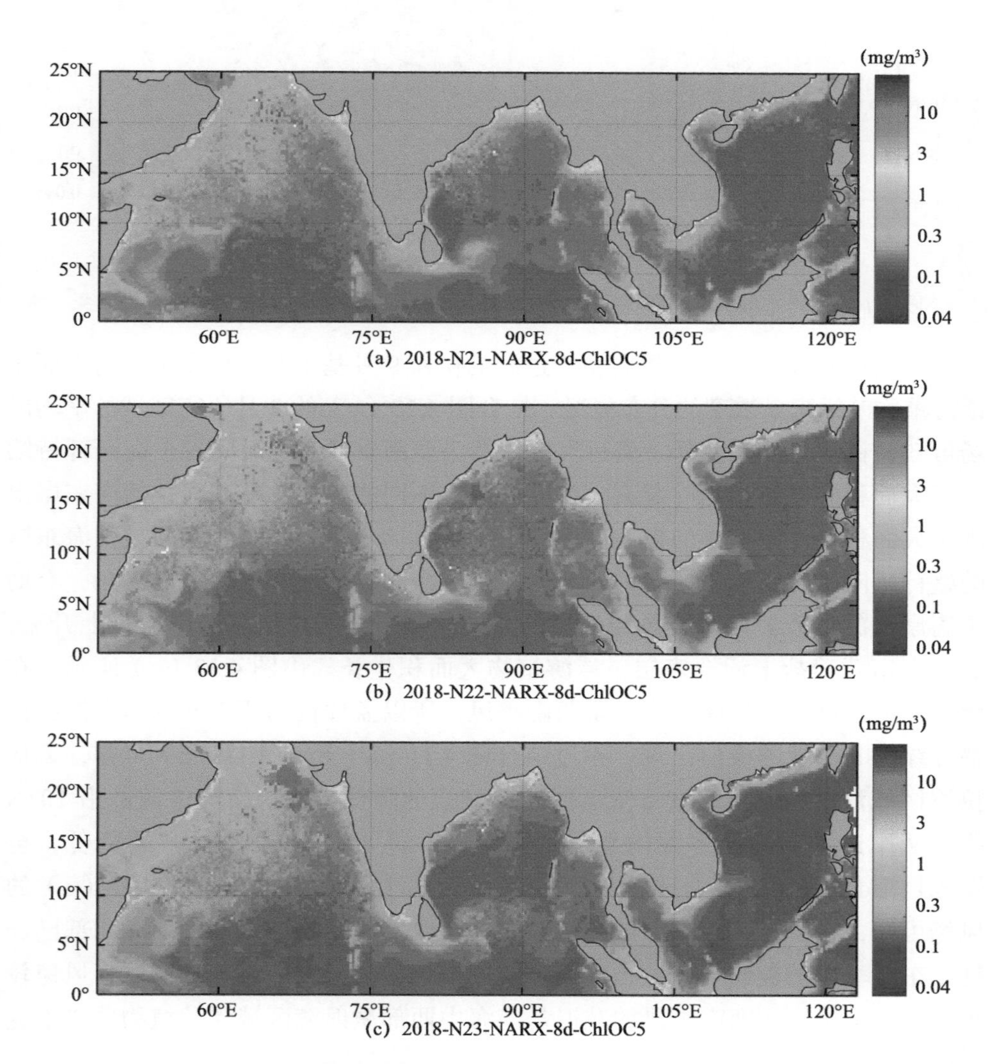

图 4.10　基于重构数据的夏季（6 月）8 天尺度叶绿素 a 浓度数据重构结果

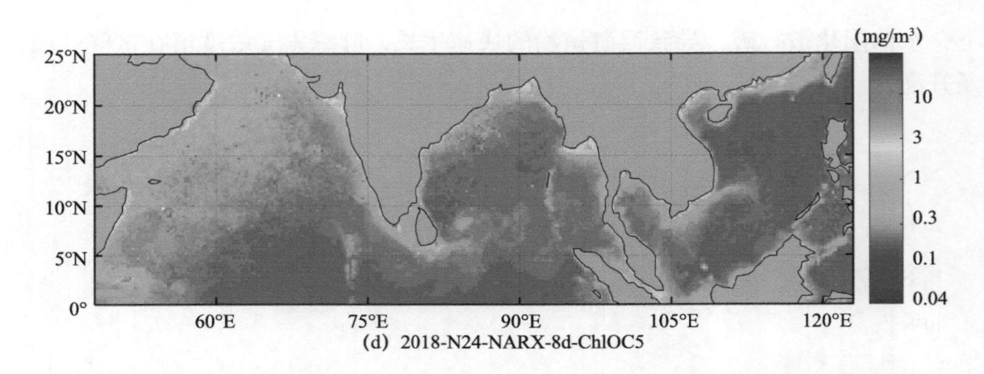

(d) 2018-N24-NARX-8d-ChlOC5

图 4.10（续） 基于重构数据的夏季（6 月）8 天尺度叶绿素 a 浓度数据重构结果

图 4.11 展示了处于夏季向秋季过渡的初秋 9 月基于 8 天尺度重构的大面积浮游植物叶绿素 a 浓度的分布概况。结合图 4.13（c）的 9 月研究区域的平均风场可知，在阿拉伯海西部，盛行风向依然为西南季风。此时阿拉伯海西部持续出现大面积的浮游植物叶绿素 a 浓度极值。不同的是在 9 月，阿拉伯海东岸出现了大面积的浮游植物的极大值区域。结合风场来看，此时控制阿拉伯海东岸的盛行风向已由西南季风变为西北风，风向与海岸形成一定程度的夹角，有助于离岸流的形成。此时在风与地形的共同作用下，阿拉伯海东岸盛行上升流，底层丰富营养盐上涌至表层，浮游植物大面积生长。由图 4.13（c）所示，在孟加拉湾区域，盛行风向依然是西南季风，所以孟加拉湾西南部依然有浮游植物叶绿素 a 浓度的极值出现。不过结合图 4.11（a）至图 4.11（d）可知，孟加拉湾区域浮游植物叶绿素 a 浓度值具有显著的降低趋势。南海中西部沿 10°N 线，从岸边伸向南海中部的羽流从图 4.11（a）至图 4.11（b）显著降低，至图 4.11（d）表示的 9 月末的时候，激射流几乎消失不见。由图 4.13（c）的风场可知，在 9 月，南海海域的南部尚处于西南季风的控制下，南海北部已经处于东北季风的控制下，并且风速开始逐渐加大，而在南海中部区域，风速较小，风向不确定。西南季风的减退是南海中西部激射流区域浮游植物藻华消退的原因。

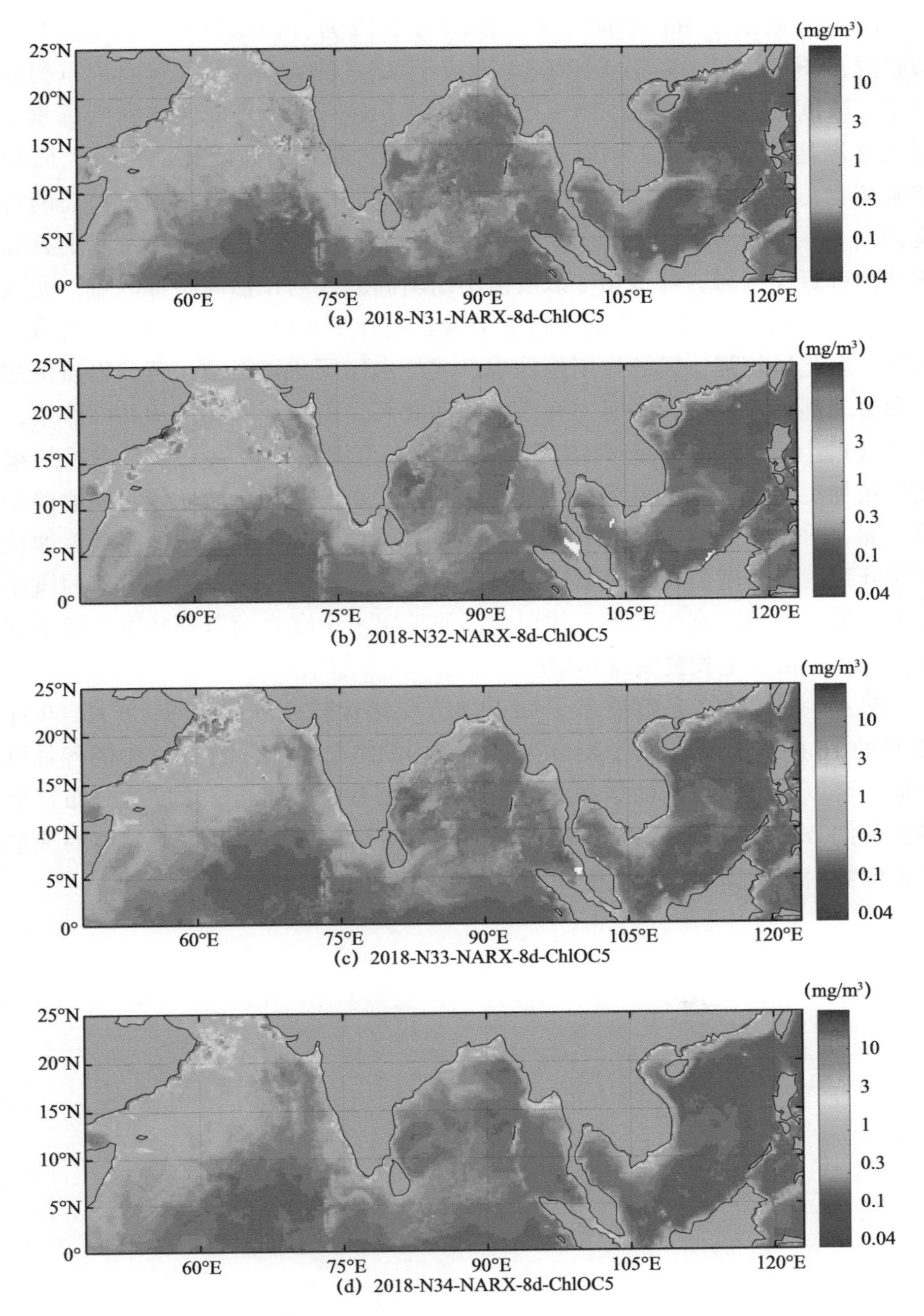

图 4.11 基于重构数据的秋季（9 月）8 天尺度叶绿素 a 浓度数据重构结果

图 4.12 展示了由秋季向冬季过渡的初冬 12 月浮游植物叶绿素 a 浓度的分布状况，图 4.12（a）~ 图 4.12（d）对应于 12 月的 4 期 8 天尺度合成重构的叶绿素 a 浓度数据。从图 4.12（a）至图 4.12（d），南海北部区域的叶绿素 a 浓度值逐渐增大，在 2018 年第 46 期时，南海北部吕宋岛西北部出现大面积的浮游植物；在南海西南部的湄公河三角洲沿岸，有叶绿素 a 浓度值较高的舌状流伸向泰国湾，从图 4.12（a）~ 图 4.12（d），舌状流在不断增大。在孟加拉湾的西部近岸区域，叶绿素 a 浓度值不断增高。在阿拉伯海中部区域，尤其是 10°N ~ 20°N，叶绿素 a 浓度值显著增高。结合图 4.13（d）可知，在南海北部区域，东北风较强，风的作用使秋季形成的水体层化被打破，营养物质被搅动至南海北部的真光层，同时，在吕宋岛西北部，由于地形和风的共同作用，存在显著的上升流。在南海西南部的湄公河三角洲附近海域，东北季风的离岸流作用加上河流注入的营养盐物质，促使湄公河三角洲的舌状浮游植物藻华不断增加。图 4.13（d）展示的风强度在孟加拉湾西岸比较强，这可能是孟加拉湾西岸叶绿素 a 浓度值在该季节比较高的原因。同样的，阿拉伯海中部的风速比较大，搅动作用有利于打破水体层化，使下层水中富含的营养物质上涌至真光层，为浮游植物生长提供营养物质。

图 4.9 ~ 图 4.12 完整展示了处于季节变化比较剧烈的 3 月、6 月、9 月和 12 月的 16 期 8 天尺度 NARX-DINEOF 重构的结果。结合图 4.13 中的各月风场数据，可以看出，重构的结果完整呈现了各个月份叶绿素 a 浓度的分布、变化趋势及细节信息。虽然本章数据都是 25 km 分辨率，但一些中大尺度的现象都被重构数据捕捉到了，也从侧面证明了重构方法的有效性。

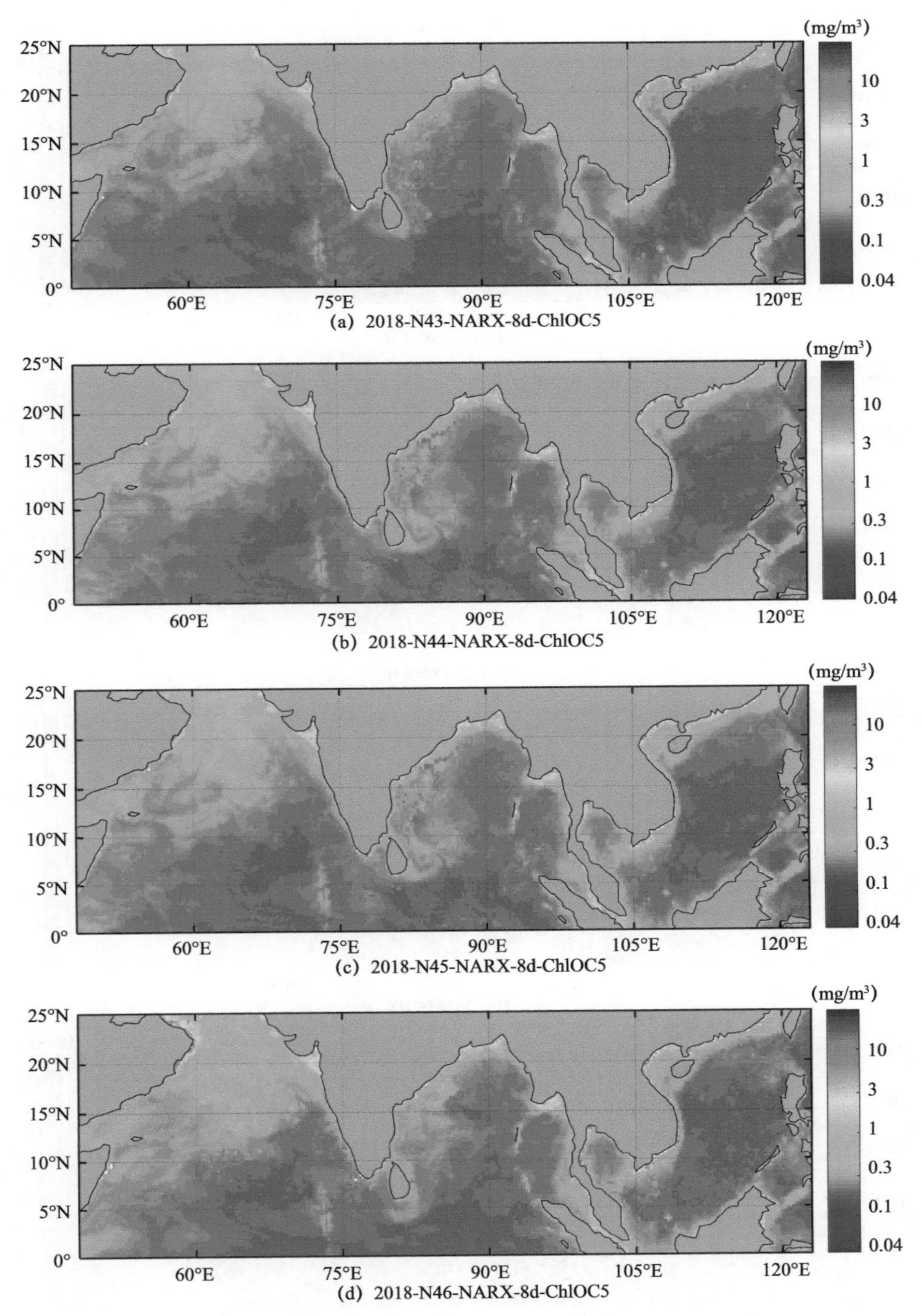

(a) 2018-N43-NARX-8d-ChlOC5

(b) 2018-N44-NARX-8d-ChlOC5

(c) 2018-N45-NARX-8d-ChlOC5

(d) 2018-N46-NARX-8d-ChlOC5

图 4.12　基于重构数据的冬季（12 月）8 天尺度叶绿素 a 浓度数据重构结果

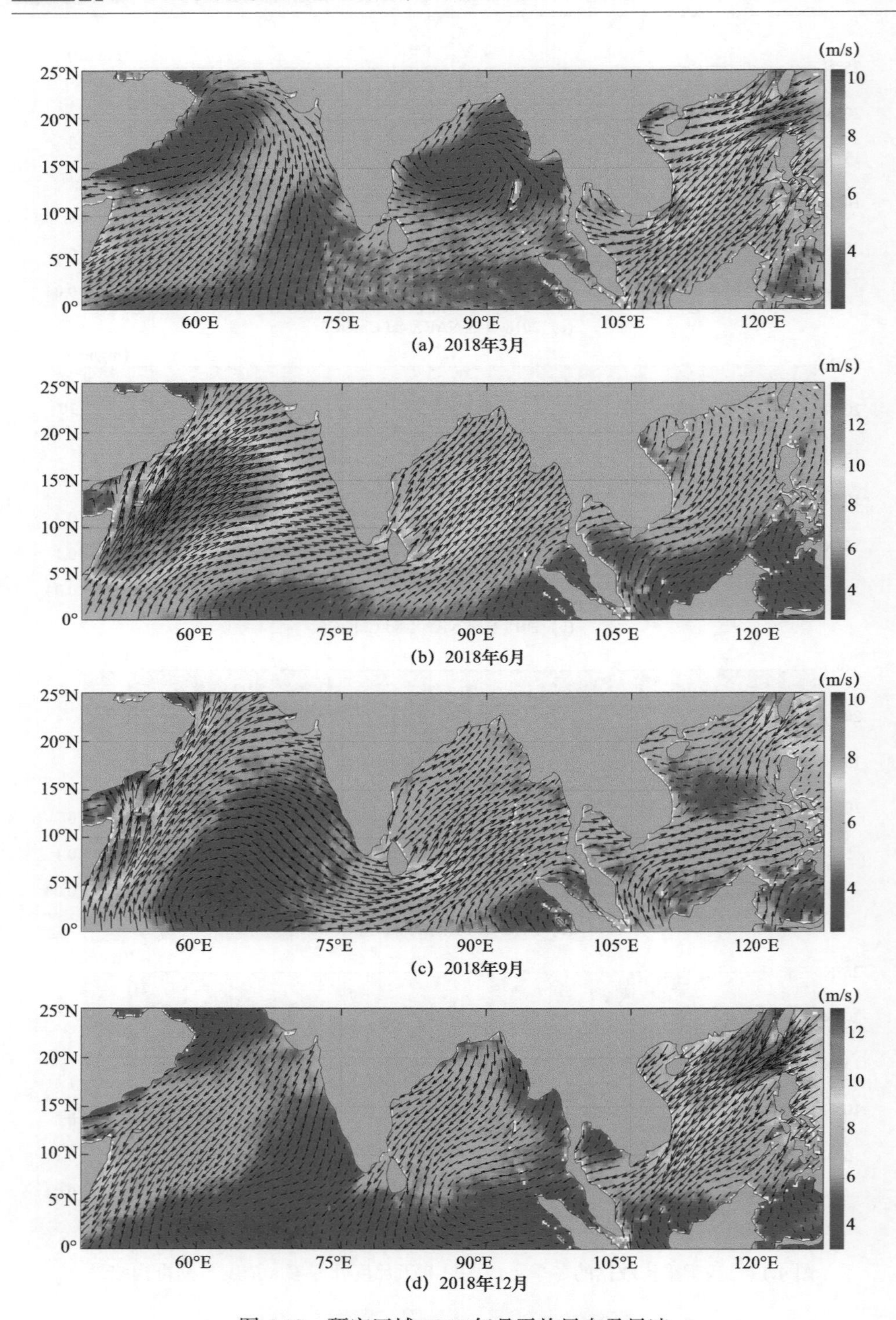

(a) 2018年3月

(b) 2018年6月

(c) 2018年9月

(d) 2018年12月

图 4.13　研究区域 2018 年月平均风向及风速

2. 岛礁周边的叶绿素 a 浓度分布

岛礁是海洋生物的重要活动场所，岛礁周边常常是叶绿素 a 浓度值比较高的区域，对岛礁周边的 NARX-DINEOF 重构的结果进行空间分布评价，能较好地检验重构方法。选择马尔代夫周边纬度为 0°～15° N，经度为 62° E～85° E 的局部区域来检验 NARX-DINEOF 重构结果。

图 4.14（a）至图 4.14（e）为盛行西南季风时，在连续一个多月内马尔代夫岛礁周边的浮游植物叶绿素 a 浓度的分布情况。图 4.14（f）至图 4.14（j）为盛行东北季风时，在连续一个多月内马尔代夫岛礁周边的浮游植物叶绿素 a 浓度的分布情况。当盛行西南季风时，马尔代夫岛礁周边浮游植物叶绿素 a 浓度值比较高，此外，在南北向岛礁的东侧有羽状叶绿素 a 浓度极值区域从 73° E 向 83° E 方向发展，持续时间较长，扩散面积较大。当盛行东北季风时，马尔代夫岛礁西侧出现羽状叶绿素 a 浓度的极值区，从图 4.14（f）至图 4.14（j），羽状叶绿素 a 浓度极值区分布范围不断扩大，面积最大时跨越 63° E～73° E，空间持续上千千米，时间持续 1 个多月。

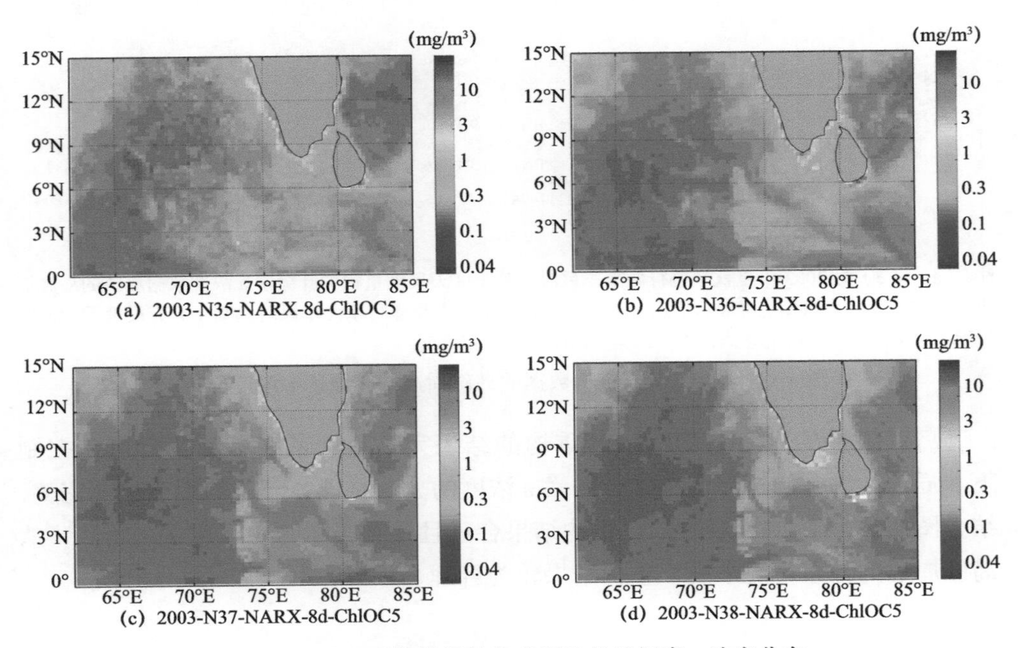

图 4.14　基于重构数据的岛礁周边的叶绿素 a 浓度分布

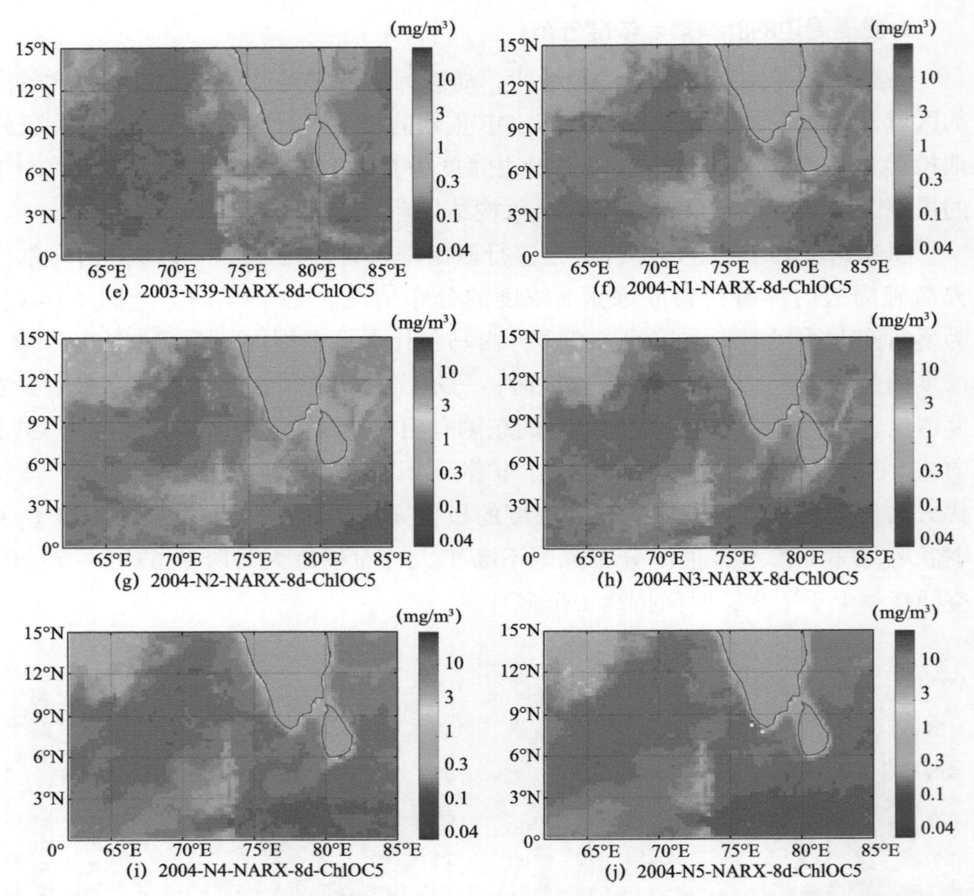

(e) 2003-N39-NARX-8d-ChlOC5
(f) 2004-N1-NARX-8d-ChlOC5
(g) 2004-N2-NARX-8d-ChlOC5
(h) 2004-N3-NARX-8d-ChlOC5
(i) 2004-N4-NARX-8d-ChlOC5
(j) 2004-N5-NARX-8d-ChlOC5

注：(a)~(e) 为 2003 年夏秋季盛行西南季风时，基于 8 天尺度重构的叶绿素 a 浓度数据反映的岛礁周边的叶绿素 a 浓度数据分布情况，(f)~(j) 为 2004 年冬春季盛行东北季风时，基于 8 天尺度重构的叶绿素 a 浓度数据反映的岛礁周边的叶绿素 a 浓度数据分布情况。

图 4.14（续） 基于重构数据的岛礁周边的叶绿素 a 浓度分布

岛礁附近的 NARX-DINEOF 重构的结果完整呈现了在不同盛行风向控制下，局部的岛礁周边浮游植物叶绿素 a 浓度的分布状况，分布的细节呈现完整，结合图 4.13 所示的风场可知，重构结果合理且具有实际的物理意义。因此，从岛礁周边的分布情况来看，重构结果较为合理。

3. 数据相对匮乏区域的重构结果

图 4.2（a）为原始 8 天尺度的 ChlOC5 数据，统计了研究区域 21 年逐像元有效数据覆盖度的空间分布；图 4.2（c）为 21 年时间序列 8 天尺度南海 100° E ~ 125° E、0° ~ 25° N 的区域平均有效数据覆盖度；图 4.2（b）为南海及其邻近海域 21 年月尺度有效叶绿素 a 浓度数据逐像元的时序数据平均后覆盖度的空间分布；图 4.2（d）为 21 年时间序列月尺度南海 100° E ~ 125° E、0° ~ 25° N 的区域平均有效数据覆盖度。从图 4.2（a）和图 4.2（b）可知，南海及其邻近的孟加拉湾和阿拉伯海，是全球较为突出的数据覆盖匮乏区。其中，从 8 天尺度有效数据覆盖度来看，尤以南海北部的北部湾、广东近岸区域、阿拉伯海和孟加拉湾区域数据缺失较多，数据覆盖度在 60% 左右，而在其他区域，数据覆盖度在 80% 左右。从 4.2（b）的月尺度数据覆盖度来看，南海北部区域的数据覆盖度有较大提高，然而在阿拉伯海区域，月尺度合成数据的覆盖度仅在 80% 左右。因此选用南海北部的北部湾至珠江口区域和阿拉伯海北部区域作为典型的数据匮乏区，来验证 NARX-DINFOE 数据重构结果。南海北部选定的经纬度范围为 103° E ~ 122° E，15° N ~ 25° N；阿拉伯海北部选定的区域为 58° E ~ 75° E，14° N ~ 25° N。

第 3 章统计了南海海域 21 年 8 天和月尺度的数据覆盖度（图 3.6 和图 3.7），可以发现南海海域在春夏季节有效数据覆盖度比较高，而在秋冬季节有效数据覆盖度相对较低，因此选用秋季 9—10 月和冬季 12 月—次年 1 月的时间上连续的重构数据来检验在数据匮乏区南海北部的重构结果。图 4.15（a）至图 4.15（d）为基于 25 km 分辨率的 ChlOC5 数据，用 NARX-DINEOF 方法重构的南海北部数据匮乏区的 8 天尺度叶绿素 a 浓度数据的结果。从重构结果来看，台湾浅滩、广东近岸、北部湾近岸、南海中西部海域近岸等区域的叶绿素 a 浓度较高的特征得到了完整的呈现。此外，在西沙群岛和东沙群岛的岛礁周边，浮游植物叶绿素 a 浓度较高的信息得以呈现。图 4.15（e）至图 4.15（h）中，南海北部区域的叶绿素 a 浓度的值比较高，在台湾海峡尤其是台湾浅滩附近，叶绿素 a 浓度极值特征得以呈现；在广东和福建近岸区域，叶绿素 a 浓度值比较高的特征信息也得到完整的提取；在北部湾区域，叶绿素 a 浓度值比较高，无论是在海南岛周边还是在南海中西部近岸海域，缺失的信息都完整地重构出来。最为关键的是，在南海北部和吕宋岛西北部区域的大片海域内，出现了叶绿素 a 浓度值比较高的情况。结合图 4.13 的风场图可知，此时南海盛行东北季风，南海北部该区域的风速和风应力都比较大。

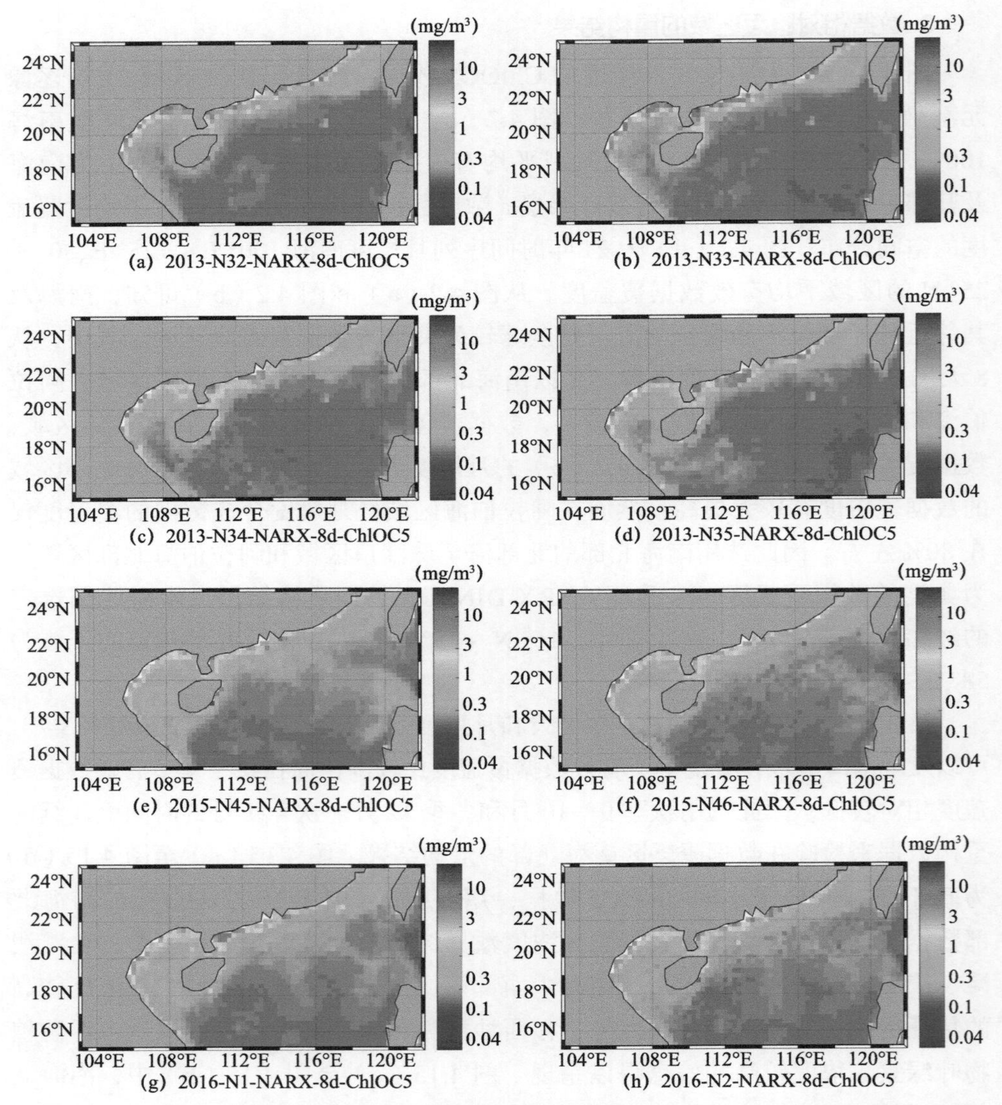

注：(a)~(d)为9月叶绿素a浓度8天尺度的数据重构结果，(e)~(h)为冬季叶绿素a浓度8天尺度的数据重构结果。

图4.15　南海近岸数据匮乏区的数据重构结果

总体来看，9—10月和12月—次年1月的8天尺度NARX-DINEOF重构结果展示了在小范围的南海北部区域，重构数据恢复了缺失的数据，浮游植物的时空分布信息被完整地恢复出来，且在岛礁周边、上升流等区域都有不错的重构结果。

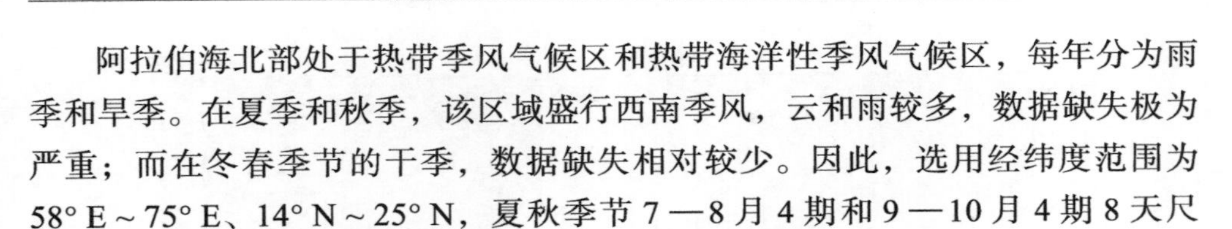

阿拉伯海北部处于热带季风气候区和热带海洋性季风气候区，每年分为雨季和旱季。在夏季和秋季，该区域盛行西南季风，云和雨较多，数据缺失极为严重；而在冬春季节的干季，数据缺失相对较少。因此，选用经纬度范围为 58° E ~ 75° E、14° N ~ 25° N，夏秋季节 7—8 月 4 期和 9—10 月 4 期 8 天尺度数据来检验在数据极端匮乏区域的数据重构结果。

图 4.16（a）至图 4.16（d）为夏季 7—8 月雨季 4 期 8 天尺度数据重构结果。从重构的结果来看，该季节叶绿素 a 浓度值在阿拉伯海西部的值较高，阿拉伯海东部除了河口，值都比较低，分布的数据覆盖了大面积的无数据的区域，整体重构的结果符合从近岸到远海逐渐降低的趋势。并且结合图 4.13 的风场图可知，此时阿拉伯海处于西南季风控制下，阿拉伯海西部叶绿素 a 浓度值较高，离岸流和陆源物质大量沉降的作用导致了浮游植物藻华的发生。而此时的东岸，处于盛行风向的下风向，阿拉伯海东岸区域无上升流和风驱动的离岸流，陆源营养物质沉降也比较少，因此此时阿拉伯海东部叶绿素 a 浓度值较低是合理的。图 4.16（e）至图 4.16（h）为秋季 9—10 月该数据极端匮乏区域的数据重构结果。从图 4.16（e）至图 4.16（f）可知，阿拉伯海西部海域有大范围的浮游植物藻华，并以羽状和涡旋状的形式展现，藻华面积比较大，强度比较高。但是综合以上 7—8 月情况可以看出，10 月阿拉伯海西部的浮游植物藻华呈现消减状态，从图 4.16（e）至图 4.16（f），西部的藻华量级和范围不断衰减。相反，在阿拉伯海的东岸，浮游植物叶绿素 a 浓度值不断增大。结合图 4.13（c）的 9 月风场图可知，该月份，西南季风持续衰减导致了阿拉伯海西部的叶绿素 a 浓度的量级不断衰减，范围不断减小；相应地，在阿拉伯海东岸，盛行的风向逐渐由西南季风转换为西北季风，西北季风结合陆地作用，有助于离岸流上升流的形成，打破水体层化，为浮游植物生长供应充足的营养盐，结合该海域适宜的温度和光照条件，浮游植物开始大面积生长。总之，在夏秋季的雨季，数据极端匮乏区阿拉伯海的数据重构结果可恢复出该区域总体的浮游植物生长和消亡的信息以及大范围全覆盖的分布信息。

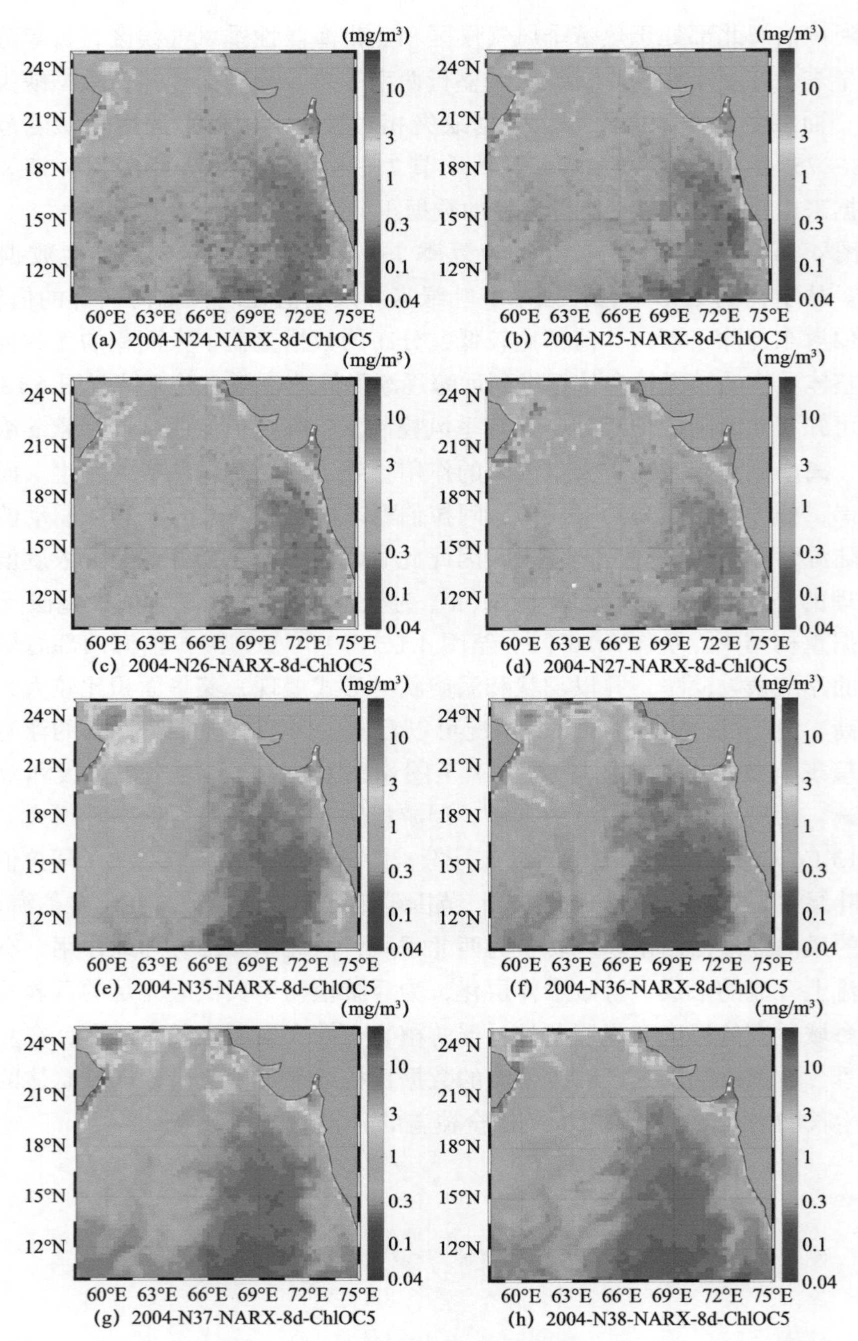

(a) 2004-N24-NARX-8d-ChlOC5 (b) 2004-N25-NARX-8d-ChlOC5

(c) 2004-N26-NARX-8d-ChlOC5 (d) 2004-N27-NARX-8d-ChlOC5

(e) 2004-N35-NARX-8d-ChlOC5 (f) 2004-N36-NARX-8d-ChlOC5

(g) 2004-N37-NARX-8d-ChlOC5 (h) 2004-N38-NARX-8d-ChlOC5

注：(a)~(d) 为夏季 7—8 月 8 天尺度的叶绿素 a 浓度的数据重构结果，(e)~(h) 为秋季 9—10 月 8 天尺度的叶绿素 a 浓度数据重构结果。

图 4.16 阿拉伯海北部极端数据匮乏区的 NARX-DINEOF 数据重构结果

4. 涡旋和羽流区域

秋冬季节是阿拉伯海西部浮游植物生长逐渐消亡的过程，此时间段内，夏秋季节大规模的浮游植物生长逐渐降低并渐趋消亡。秋冬季节，该区域涡旋和羽流盛行，局部的细节信息也是检验重构数据的有效手段。利用两个半月的连续数据来追踪阿拉伯海西部（48° E ~ 68° E；0° ~ 20° N）浮游植物消亡与涡旋和羽流动态变化的过程有助于进一步检验重构数据。

由于浮游植物的生长与环境因子的关系密切，涡旋和羽流区域水体流动频繁，营养盐充足。在水体动态度比较大的区域进行时序浮游植物生长状况的监测，有助于进一步地评价重构数据。图 4.17 中，选用了涡旋和羽流盛行的阿拉伯海西部的 2006 年秋冬季节，从 9 月 30 日至 12 月 18 日这两个多月时间连续的多期 8 天尺度重构叶绿素 a 浓度数据来追踪该区域涡旋和羽流影响下的浮游植物的消长情况。图 4.17（a）和图 4.17（b）为 10 月前半月的浮游植物生长状况，可见在秋季的 10 月前半月，该区域的叶绿素 a 浓度的含量比较高，在一些近岸区域和远海都不同程度出现了藻华现象，并且同时在研究区域出现了涡旋以及从沿海向远海方向扩展的羽流，这些涡旋和羽流的形态是通过叶绿素 a 浓度的生长状况来表征的。图 4.17（c）和图 4.17（d）表示 10 月后半月的浮游植物生长状况，相较于图 4.17（a）和图 4.17（b），此时的叶绿素 a 浓度值出现了较大程度的降低，远海团状浮游植物极值区域的面积和量级快速缩小，仅在近岸尚有部分的叶绿素 a 浓度的极值出现。此时的涡旋和羽流的状况相较于前半月也有不同程度的衰减。图 4.17（e）至图 4.17（j）的叶绿素 a 浓度值进一步降低，整个 11 月，近岸和远海的叶绿素 a 浓度极值几乎消亡，仅在亚丁湾口索马里东北部海域出现了涡旋导致的团状的叶绿素 a 浓度高值区域，该团状叶绿素 a 浓度的高值区域持续至 12 月初，至 12 月中旬时消亡殆尽。从图 4.17（e）至图 4.17（j）可见，叶绿素 a 浓度值表征的涡旋和羽流的强度逐渐降低。风场数据也许能从侧面反映该时间段内风驱动导致的海洋环境的改变。图 4.13（c）和图 4.13（d）代表了秋季和冬季典型的风场，10—12 月处于典型的由秋季向冬季转换的季节过渡时期，此时该区域盛行的风向由西南季风逐渐转换为东北季风。盛行西南季风时，该区域上升流较多，由于风速较大，离岸风导致的上升流强度也比较大，所以在秋季时该区域的叶绿素 a 浓度值比较高。由秋季向冬季过渡时，风速逐渐减小，风向逐渐转换，最终风向变为东北风。此时在阿拉伯海东北部出现了离岸风导致的上升流，而该区域则恰好相反，因此该区域在该时段内，浮游植物总体上是处于消亡的过程。图 4.17 基于 NARX-DINEOF 重构的 8 天尺度叶绿素 a 浓度数据，完整地反映了该区域浮游植物消亡的整个过程。

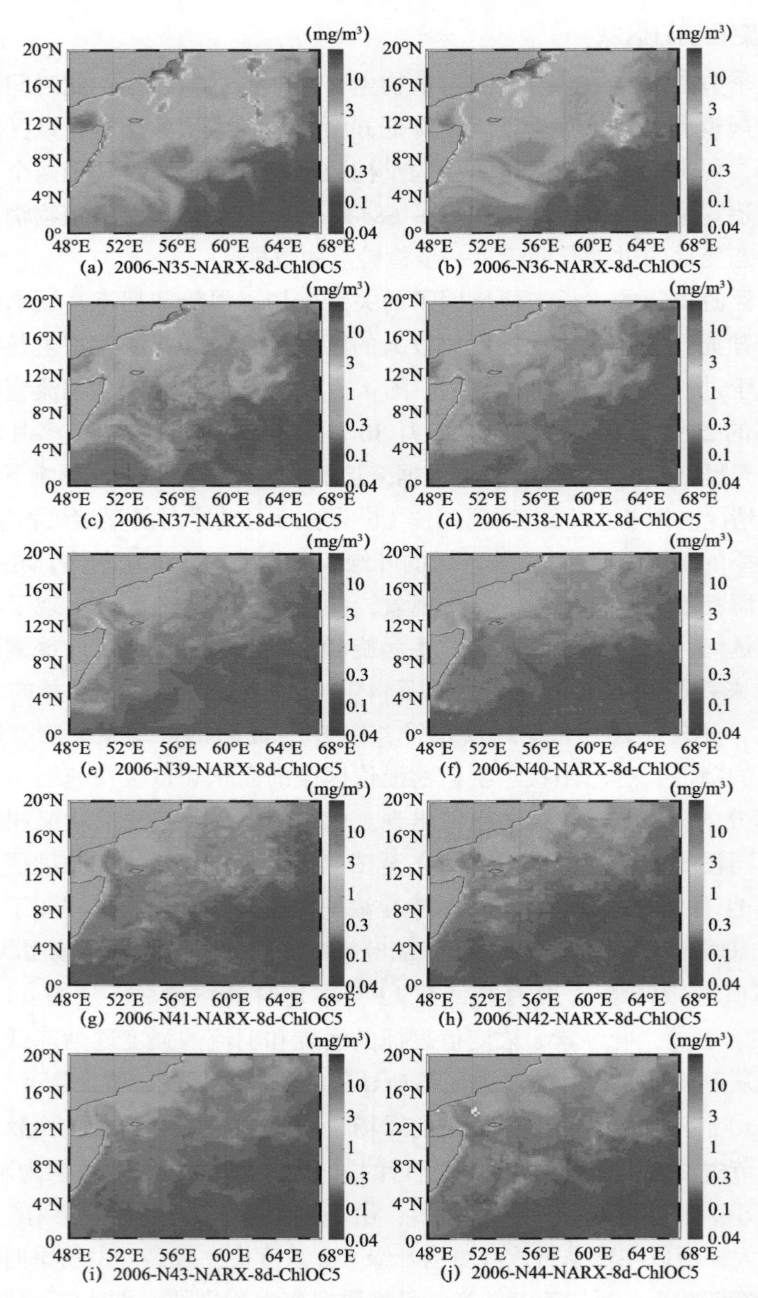

(a) 2006-N35-NARX-8d-ChlOC5 (b) 2006-N36-NARX-8d-ChlOC5
(c) 2006-N37-NARX-8d-ChlOC5 (d) 2006-N38-NARX-8d-ChlOC5
(e) 2006-N39-NARX-8d-ChlOC5 (f) 2006-N40-NARX-8d-ChlOC5
(g) 2006-N41-NARX-8d-ChlOC5 (h) 2006-N42-NARX-8d-ChlOC5
(i) 2006-N43-NARX-8d-ChlOC5 (j) 2006-N44-NARX-8d-ChlOC5

注：(a)~(d) 为 10 月的 8 天尺度叶绿素 a 浓度数据重构结果，(e)~(h) 为 11 月的 8 天尺度叶绿素 a 浓度数据重构结果，(i)~(j) 为 12 月前半月的 8 天尺度叶绿素 a 浓度数据重构结果；(a)~ (j) 展示了阿拉伯海西部涡旋和羽流表征下的叶绿素 a 浓度值从高到低的生消过程。

图 4.17　基于重构数据的阿拉伯海西部涡旋和羽流特征追踪

除了在阿拉伯海西部，在孟加拉湾南部的东西两岸，也出现浮游植物大面积快速增长和消亡的状况。孟加拉湾南部区域处于印度洋与南海的交汇地带，位置特殊。选用孟加拉湾南部 75° E ~ 100° E、3° N ~ 15° N 这一区域的叶绿素 a 浓度值来呈现该区域浮游植物的生消过程。图 4.18（a）至图 4.18（f）为 2004 年初冬季的孟加拉湾西南部—安达曼海—马六甲海峡西北部的浮游植物生长状况。图 4.18（a）中，在马六甲海峡西北部海域、安达曼海东部马来半岛西岸近岸区域，出现了叶绿素 a 浓度值较高的情况，此时安达曼群岛西部区域也开始出现叶绿素 a 值增加的情况。由图 4.18（b）至图 4.18（f）可见，该区域的叶绿素 a 浓度值不断增加，尤其是在安达曼海西部海域，浮游植物快速生长的趋势最明显。从图 4.18（a）至图 4.18（f），有一条从 100° E 附近向 85° E 方向扩展的浮游植物高值带，该带状和团状区域的面积不断扩展，至图 4.18（f）时面积扩展至最大。图 4.18（g）至图 4.18（l）区域，为 2005 年末到 2006 年初连续 1 个半月的孟加拉湾西部海区的叶绿素 a 浓度增加的事例。在孟加拉湾西南部海域，2005 年 12 月出现了团状的大面积叶绿素 a 浓度增加的情况，该团状浮游植物藻华的形态随时间发展而不断变化，由团状发展至羽流状并最终在 2006 年 1 月的前半月开始出现消退。由图 4.13（d）的风场图可以看出，孟加拉湾西南部区域在冬季时风力较大，这可能是该区域出现叶绿素 a 浓度增加的原因之一。

在前面，利用重构数据在阿拉伯海西部通过连续两个半月的数据追踪了该海域浮游植物消亡的过程，利用连续一个半月的数据追踪了孟加拉湾浮游植物一个生长一个消亡的事例。这些事例的生消过程是在涡旋和羽流的形态下发展的，并随不同时间风场的变化而变化。总体来看，重构数据能获取局部细节的在涡旋和羽流影响下叶绿素 a 浓度快速增长和消退的信息。

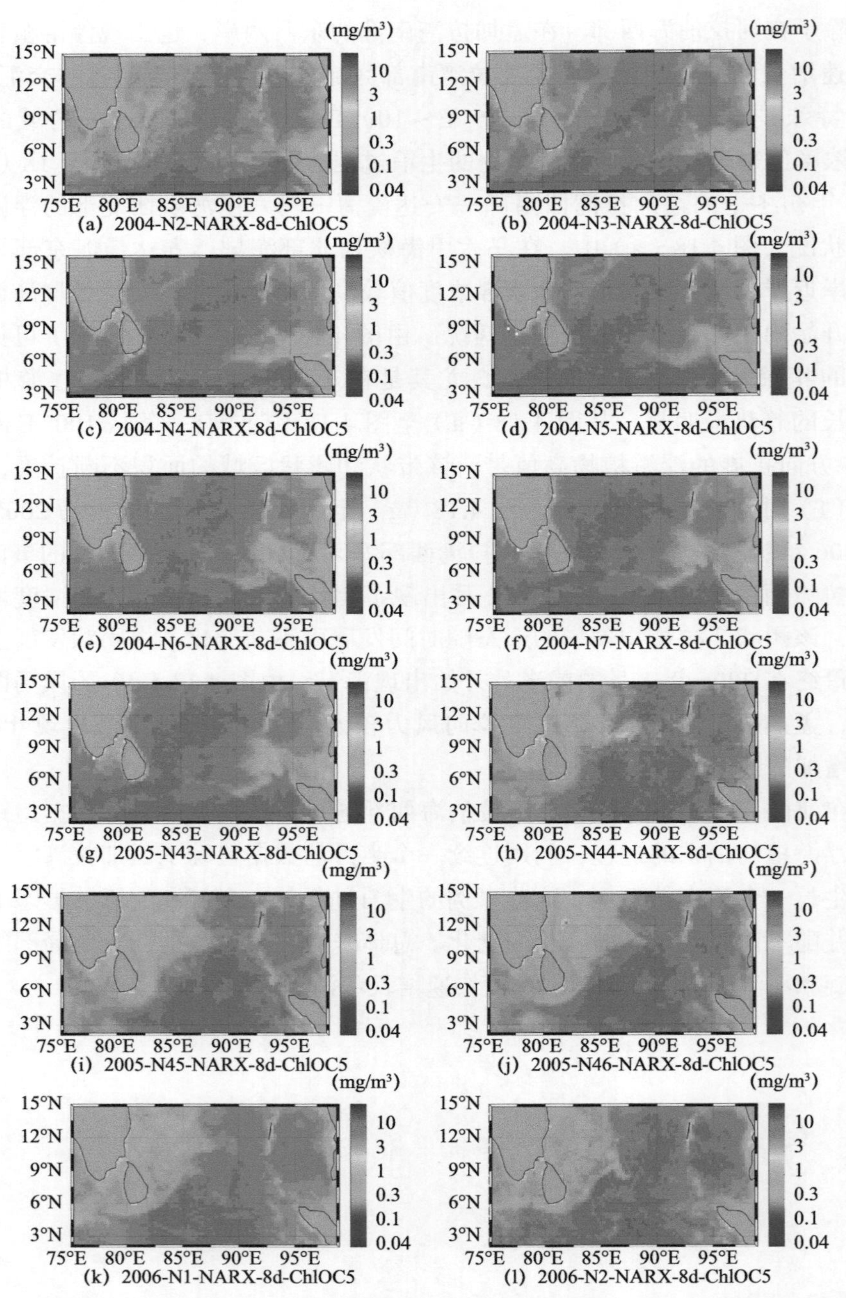

注：(a)~(f) 为盛行东北季风时基于 8 天尺度重构数据的孟加拉湾东岸安达曼海附近涡旋和羽流表征的浮游植物藻华，(g)~(l) 为盛行西南季风时基于 8 天尺度重构数据的孟加拉湾西岸涡旋和羽流区的浮游植物藻华。

图 4.18　基于重构数据的孟加拉湾印度洋涡旋和羽流特征追踪

4.2.2 8 天尺度重构结果时间尺度的验证

长时间序列区域平均值的变化趋势能在时间尺度上来评价该区域数据重构的结果。如果重构数据与实际数据的变化趋势基本一致，则能从侧面证明重构数据的准确性。图 4.19 为南海海域 8 天尺度重构数据与月尺度原始卫星数据的变化趋势对比；选择南海的一块海域（10° N ~ 13° N、110° E ~ 113° E）的平均数据来进一步验证重构数据。

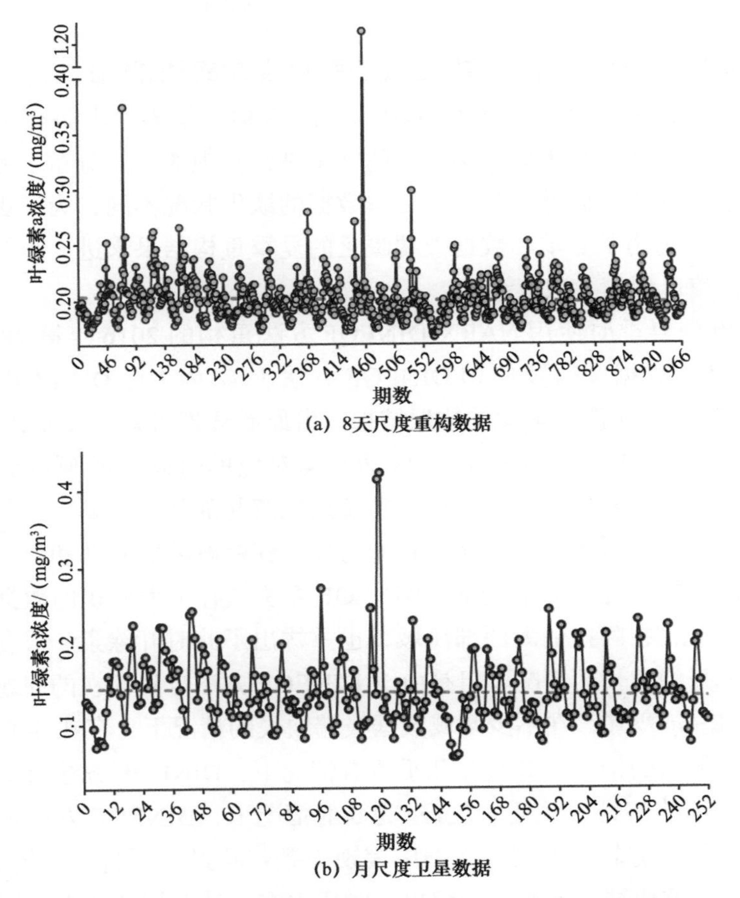

图 4.19 基于 21 年的 8 天尺度重构数据与月尺度的原始卫星数据在趋势上的比较

由于原始的 8 天尺度叶绿素 a 浓度数据有大面积的缺失，在该区域有些期次的数据存在完全无有效值的情况，因此选用月尺度原始卫星数据与重构卫星数据在趋势上进行对比。图 4.19（a）所示的 21 年 8 天尺度重构的 966 期卫星数据，完整地捕捉到了一些浮游植物叶绿素 a 浓度值比较高的事例，而这些典型事例在月尺度数据中，在某些情况下能完整地呈现该特征。在另外一些情况下，也存在8天尺度重构数据捕捉到叶绿素a浓度值比较高的情况，但月尺度数据并未呈现这一特征的情况，后续将做进一步的研究。总体上，该区域的叶绿素a浓度呈现不断降低的趋势，无论是基于8天尺度的重构数据，还是基于月尺度数据，都呈现出叶绿素a浓度逐渐降低的趋势，两者变化趋势一致，从侧面证明了重构数据的精度。

4.2.3 8天尺度重构结果与其他算法的对比验证

1. NARX-DINEOF与相似重构方法空间分布结果的对比验证

为了进一步验证和评价NARX-DINEOF重构的结果，本研究选用了同一时间的原始卫星数据与不同重构方法的结果进行直观的空间分布上的对比来对重构结果进行评价。此外，冬季和夏季数据的缺失状况不同，为了更具有说明性，本研究还选用了冬季和数据极端匮乏的夏季重构结果来进一步对比评价重构的8天尺度叶绿素a浓度结果。

图4.20为夏季时使用NARX-DINEOF方法重构的2016年第28期数据结果，原始卫星数据，以及使用DINEOF方法（*rec*为1）、DINEOF方法（*rec*为0）、BAR方法在该期重构的数据结果。由原始数据可知［图4.20（a）］，在2016年8月4—11日（2016年第28期数据对应的时间）的阿拉伯海的大片海域，无任何有效数据分布。同样，在孟加拉湾北部和安达曼海北部海域，也出现了大片广阔海域无有效数据分布的情况；在南海的中西部和南部的大片海域，数据缺失的情况也非常严重。DINEOF方法填补了大面积的数据缺失情况［图4.20（b）］，在阿拉伯海西部海域，也重构出了此时叶绿素a浓度在西南季风的影响下开始增长的情况。但是由于DINEOF方法自身存在的问题，无论是*rec*为1还是*rec*为0，在不少区域数据极端缺失的情况下，存在连DINEOF方法都无法重构出的情况，并且在几乎所有情况下，DINEOF方法过滤掉了本研究较关注的细节信息。并且，在*rec*为0的情况下，DINEOF方法重构的结果与实际卫星数据有较大差别，在图中表现为条带状过渡不自然的情况。因此，DINEOF方法重构结果无法完全解决该时段内在上述区域的大面积数据缺失状况。BAR方法重构的结果覆盖面积较广，重构的信息能呈现出此时段阿拉伯海西部沿岸浮游植物开始大面积生长的情况，并且在阿拉伯海的西部和西北部由于西南季风驱动的上升流不断增强，浮游植物剧烈增长，斑点状的藻华开始暴发，BAR方法重构的结果恢复了这一细节信息。在孟加拉湾和南海的中西部，BAR方法也重构了这些区域的细节信息，但是从图4.20（d）可以看出，在这

些区域有斑点状的异常值，与周边的实际卫星数据的值差别较大。图4.20（e）为NARX-DINEOF方法重构的结果，该方法基于NARX神经网络的优势，结合了BAR方法重构的高频信息以及DINEOF方法重构的低频信息，重构出了空间分布完整、细节合理、局部详细信息明确的结果。

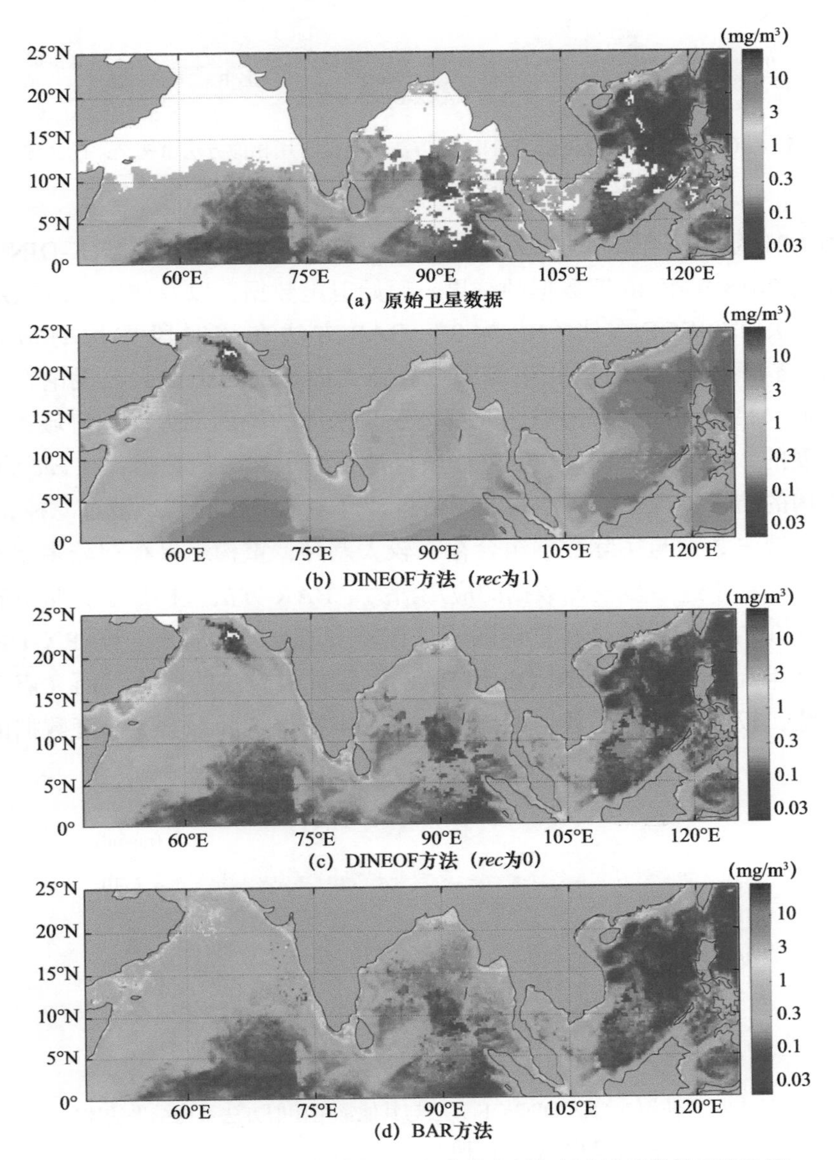

图4.20　使用NARX-DINEOF方法与其他常用相似方法重构结果的比较（夏季，2016年第28期）

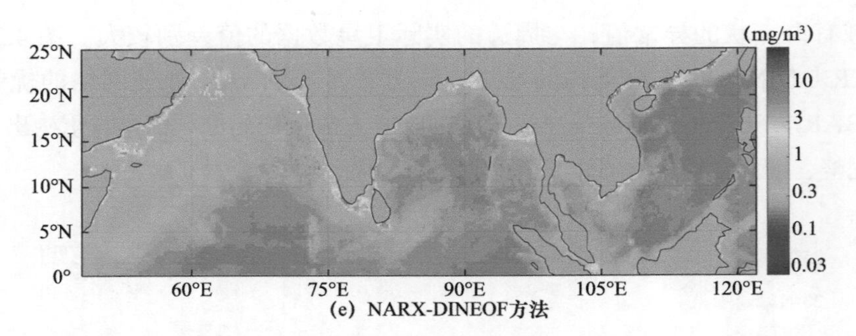

(e) NARX-DINEOF方法

图 4.20（续） 使用 NARX-DINEOF 方法与其他常用相似方法重构结果的比较（夏季，2016 年第 28 期）

图 4.21 为 2018 年冬季的 12 月 27—31 日这一时段，使用 NARX-DINEOF 方法重构的 2018 年第 46 期数据的结果，原始卫星数据，以及使用 DINEOF 方法（*rec* 为 1）、DINEOF 方法（*rec* 为 0）、BAR 方法在该时段重构的结果。由图 4.21（a）可知，此时段在南海海域存在大面积的数据缺失，无论在台湾岛周边海域、吕宋岛西北部海域、北部湾还是南海的中西部大面积海域，都存在很大程度的数据缺失。DINEOF 方法较好地重构了缺失的数据，在 *rec* 为 1 时，数据重构的结果呈现了趋势性的低频信息，许多细节性的信息被过滤掉；在 *rec* 为 0 时，缺失数据与实际数据组合存在较大差异，重构结果存在较多差别较大的条带，不利于进一步发挥数据的应用潜力。BAR 方法重构出了完整的缺失数据，但存在的问题依然是在重构区域存在较多斑点状的噪声。NARX-DINEOF 方法的结果充分结合了 DINEOF 和 BAR 数据重构方法的优点，而又避免了各自的劣势，较好地发挥了数据的优势，进一步挖掘了叶绿素 a 浓度数据的应用潜力。

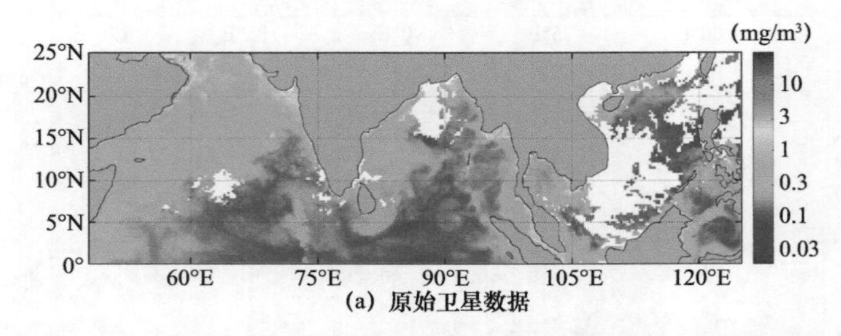

(a) 原始卫星数据

图 4.21 使用 NARX-DINEOF 方法与其他常用相似方法重构结果的比较（冬季，2018 年第 46 期）

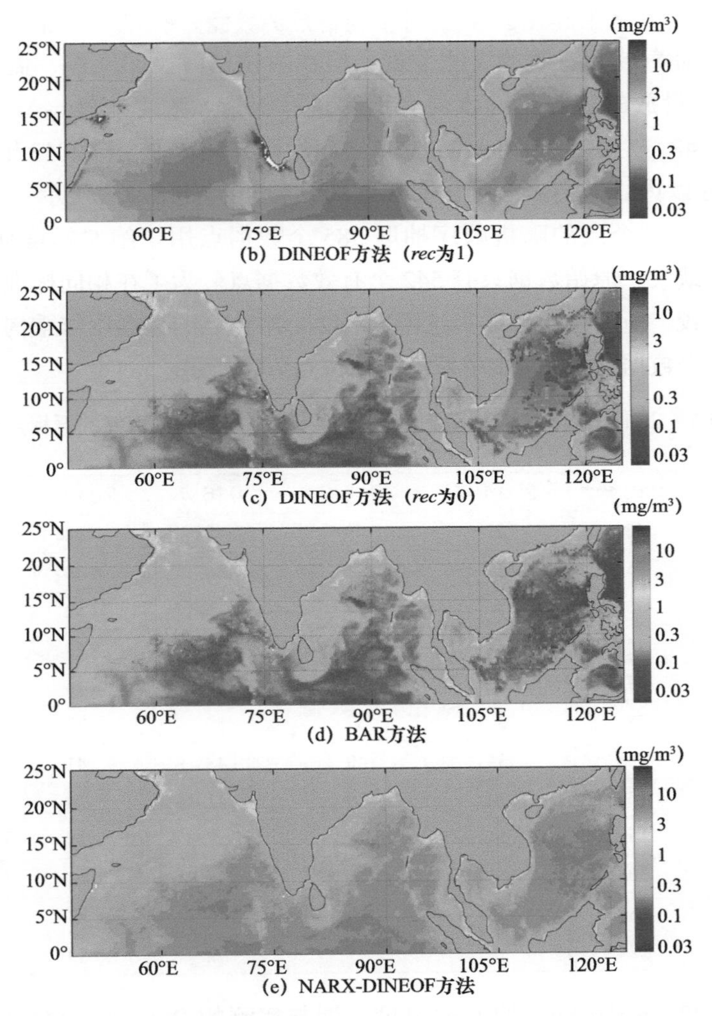

图 4.21（续） 使用 NARX-DINEOF 方法与其他常用相似方法重构结果的比较（冬季，2018 年第 46 期）

2. NARX-DINEOF 与相似重构方法结果绝对精度对比验证

前面对重构数据在空间分布和时间序列变化趋势方面进行了评价，但尚未对重构数据与实测数据进行绝对精度的评价。相关系数是度量两类数据相关关系的一种途径；均方根误差（RMSE）有助于定量地评价两类数据的差别。为了进一步对重构数据进行评价，这里利用相关系数、RMSE 和残差分布来对数据重构的结果进行定量绝对精度评价。

1）利用实测的 Bio-Argo 数据对重构前后的数据进行定量评价

虽然南海海域无有效的实测数据，但在阿拉伯海、印度洋、孟加拉湾有自 2012 年开始投放的能对不同水深实地测量叶绿素 a 浓度的 Bio-Argo 产出的实测数据。在 48° E ~ 125° E 和 0° ~ 25° N 之间的研究区域中，自 2013 年至 2018 年，在水深 5 m 以内，共有约 3 510 个匹配的站位点，如表 4.1 所示；从中按照每隔 6 个数据取一个点的随机顺序抽取 585 个数据点用于绝对精度评价。其中，由于数据的缺失，原始数据只有 542 个有效数据点。为了在相同标准下进行绝对精度验证比较，所有重构数据都选用这 542 个站位点的数据用作重构数据精度验证。这 542 个数据点如图 4.1 中黄色的站位点分布所示。

表 4.1　2013—2018 年提取到表层 5m 以内叶绿素 a 浓度值的浮标点个数

单位：个

月份	2013 年	2014 年	2015 年	2016 年	2017 年	2018 年
1 月	36	22	38	48	44	158
2 月	25	23	92	50	44	267
3 月	33	36	54	230	52	81
4 月	14	34	38	52	53	46
5 月	37	34	39	50	46	41
6 月	38	33	37	50	37	43
7 月	15	34	40	48	41	41
8 月	15	34	70	41	44	26
9 月	15	34	106	38	44	34
10 月	30	33	42	44	43	44
11 月	18	36	40	46	43	48
12 月	22	38	43	39	80	46

由图 4.22（a）可知，原始的卫星数据与实测的 Bio-Argo 数据的相关系数为 0.73，*RMSE* 为 0.69；图 4.22（b）为原始卫星数据与实测 Bio-Argo 数据的残差分布，可见两者在叶绿素 a 浓度值大于 1 的点相差较大。图 4.22（c）为 BAR 方法重构的结果，相较于原始数据，BAR 方法重构的结果与 Bio-Argo 数据的相关系数略微增高，*RMSE* 略微降低；从残差分布来看，BAR 数据重构结果与实测 Bio-Argo 数据的较大差别主要分布在叶绿素 a 浓度值大于 2 的点［图 4.22（d）］。图 4.22（e）为 DINEOF 方法重构结果与 Bio-Argo 实测结果做比较，从比较结果来看，两者的相关系数为 0.25，*RMSE* 为 0.97；在叶绿素 a 浓度值为 0.25 左右时两种数据的差别较大，在值大于 1 的部分差别相较于其他方法要小，并且在值大于 1 的部分，数据的离散性变小［图 4.22（f）］。图 4.22（g）

中 NARX-DINEOF 方法重构值与 Bio-Argo 实测值的相关系数为 0.77，*RMSE* 为 0.64，残差较小且分布集中。总体来看，NARX-DINEOF 方法重构值的一致性最好，两种数据的残差最小，这从绝对精度上证明了该重构方法的有效性。

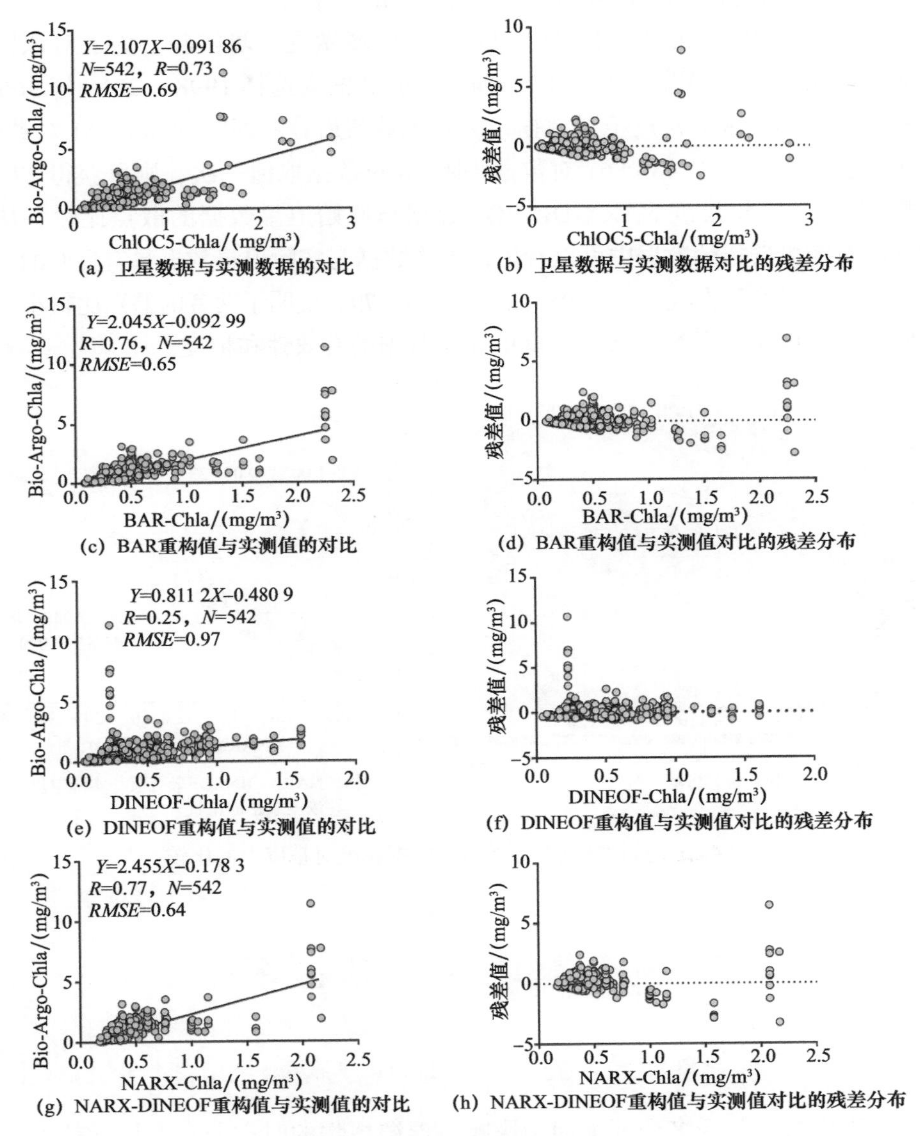

图 4.22　重构数据的绝对精度检验

2）NARX-DINEOF 重构数据与实际的卫星数据进行比较

南海东北部区域的位置比较特殊，由于该区域受到黑潮、闽浙沿岸流、吕宋岛西北部上升流、内波、季风和大河输入等因素的影响，水文环境复杂，水体动态度比较高，因此该区域的浮游植物也具有较高的动态度。然而，该区域由于多变环境因子的影响，数据缺失比较多，对该区域重构结果进行绝对精度检验能进一步评价 NARX-DINEOF 方法重构的结果。

选定 114° E ~ 120° E、17° N ~ 23° N 的区域做进一步实验。为了对该区域的重构结果进一步检验，从图 4.23（a）中的红框内选择 1998—2018 年 966 期重构数据与实际 8 天尺度卫星数据，去除无效值后，共匹配到 486 861 对数据。由于数据量过大，对 486 861 对数据每隔 18 对数据取值一次，则可获得 27 048 对数据用于 21 年尺度 NARX-DINEOF 数据与原始卫星数据的散点比较。从这 27 048 对随机选择的数据中可以看出，重构数据与实际卫星数据具有良好的一致性，两者的相关系数达到了 0.995，*RMSE* 为 0.079，说明了两者的差别比较小，也从侧面进一步证明了 NARX-DINEOF 重构数据的有效性和精度。

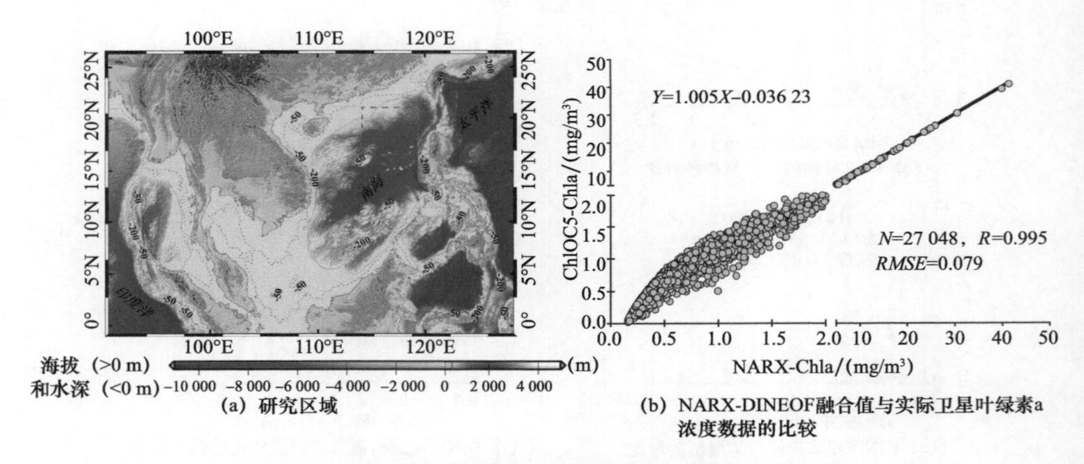

(a) 研究区域

(b) NARX-DINEOF融合值与实际卫星叶绿素a浓度数据的比较

图 4.23 重构数据与原始卫星数据在绝对精度上的比较

§ 4.3 基于重构数据的典型事件分析

4.3.1 吕宋岛西北部海域 8 天尺度重构数据与初始月尺度数据的对比

由于南海北部受多个环境因子影响，浮游植物的时空分布变异度较大，尤其是吕宋岛西北部海域，浮游植物的时空分布变化更为剧烈。利用 8 天尺度的重构数据与月尺度的原始数据对比，以检验短时间尺度的时空变异度，有利于进一步从实际应用中来证明重构的结果。

选取吕宋岛西北部 17° N ~ 20° N、117° E ~ 120° E 的区域 1998—2018 年时间段内，8 天尺度重构的 966 期数据与月尺度的 252 期原始卫星数据做对比来证明该区域的时空变异度。图 4.24（a）和图 4.24（b）中的多年叶绿素 a 浓度值都呈下降趋势，说明在该区域叶绿素 a 浓度值总体上呈现下降的趋势，也从侧面证明了重构数据和实际卫星数据较好的一致性。基于 NARX-DINEOF 方法重构的 8 天尺度叶绿素 a 浓度数据可以看出，在 2010 年 10 月 24—31 日，以及 2014 年 1 月 25 日—2 月 1 日这两个时间段内，该区域都出现了强度较高的叶绿素 a 浓度远超历史均值的事件。尤其是在 2010 年 10 月 24—31 日这一时间段内，基于重构数据发现该时段内区域均值超过了 0.5 mg/m³，远超前后时间段及历史同期均值。

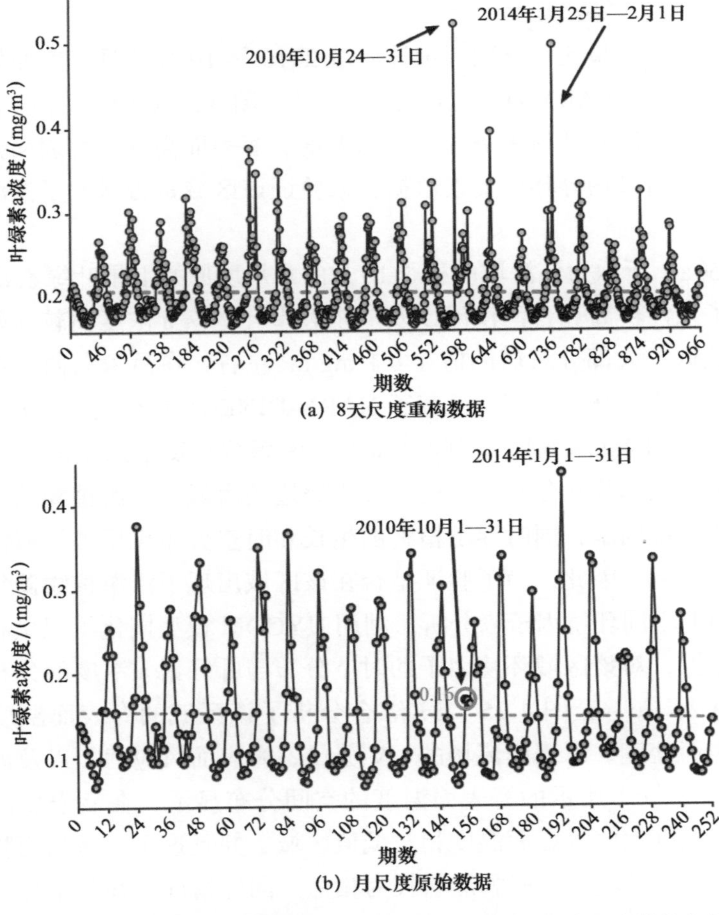

图 4.24　重构的 8 天尺度数据与原始的月尺度数据对典型事件的探测

对比 8 天尺度重构数据与月尺度原始卫星数据的结果可以发现，2014 年 1 月的叶绿素 a 浓度极值现象在月尺度数据中也有呈现。然而，2010 年 10 月的月尺度原始卫星数据与 2010 年 10 月 24—31 日的 8 天尺度重构数据差别较大，原始卫星数据的月尺度均值为 0.16 mg/m^3 左右，而 8 天尺度重构的该时段的值约为 0.55 mg/m^3 左右。基于区域均值的时间序列数据，8 天尺度重构数据发现了月尺度原始数据未能反映的典型事例，原因可能为两个：一是 NARX-DINEOF 数据重构的结果不准确；二是该海域的短时间尺度内暴发了浮游植物藻华，然后又快速消亡，导致月尺度数据无法探测到而 8 天尺度数据却探测到了。由于 10 月是秋季，该海域一般处于浮游植物叶绿素 a 浓度值较低时段内，8 天尺度重构数据的结果有待进一步的对比检验。

4.3.2 重构的 8 天尺度结果和原始图的空间分布对比验证

为进一步对比验证，分别展示该海域 2010 年 10 月的月尺度原始卫星数据［图 4.25（a）］和 NARX-DINEOF 重构结果［图 4.25（b）］，并结合 HYCOM 模型再分析数据以及其他来源的海表面温度、海表面高度、海表面盐度、海表面流场、海表面风场等环境要素数据，来验证该区域是否暴发了浮游植物藻华（图 4.25）。

图 4.25（a）所示为该海域的秋季 10 月的月尺度原始卫星叶绿素 a 浓度数据，该区域除了东沙群岛和台湾浅滩以及广东近岸叶绿素 a 浓度值较高外，其他区域的值都较低，大部分海域的值在 0.1 mg/m^3 左右，在吕宋岛西北部海域，值略微升高达到约 0.16 mg/m^3。而基于 NARX-DINEOF 重构的 8 天尺度叶绿素 a 浓度数据中［图 4.25（b）］，空间分布上，该海域暴发了浓度较高的浮游植物藻华，并呈团状和片状分布，浓度远高于周边的海域。浮游植物的生长依赖于海洋表层的环境因子，同时浮游植物的生长和时空分布也反映了海洋表层环境因子的时空特性。因此，为了验证是否在该区域出现了浮游植物藻华，需结合同时间段内的不同环境因子来分析。利用 HYCOM 模型同化了卫星和实测资料的再分析数据，对该区域环境因子的时空分布与叶绿素 a 浓度的分布进行比较验证。图 4.25（c）至图 4.25（h）综合分析了该区域的海表面温度、海表面高度、海表面盐度、海表面流场的 UV 分量、海表面风应力，以及海表面风向风速。图 4.25（c）所示的海表面温度的空间分布显示，在吕宋岛西北部区域存在一个面积巨大的海表面温度相对低值区域，并且这个区域的面积分布与叶绿素 a 浓度极值区域的面积和形状较为相似。同样情况，在吕宋岛西北部的大片海域中，海表面高度中也存在大面积低于周边的区域，海表面高度最低值的

分布与浮游植物藻华的分布形状也极为相似［图 4.25（d）］。海表面盐度值在该区域也有团状高于周边的异常值分布带，其形状与海表面温度的分布类似，也与海表面高度的分布较像［图 4.25（e）］。图 4.25（f）为流场叠合于海表面高度的情况，从流场的流速和流向看，该海区出现了涡旋，海表面高度值最低的区域，流场呈环状分布；在流场的外围，有锋面区域流速较快。图 4.25（g）和图 4.25（h）为风应力以及风速风向的空间分布，此时（10 月）该区域的风向已经转为东北季风，并且在该区域的风速比较大，风对海表的作用比较强，出现藻华的区域风应力比较大。综合各个环境因素来看，该区域出现了冷涡旋导致的上升流，风导致的逆时针流向的冷涡旋作用使该区域的海面高度下降，也导致下层较冷海水上涌至表层。下层海水的盐度较高，因此表现在环境因子就是浮游植物藻华区海表面温度较低、海表面盐度较高、海表面高度较低。

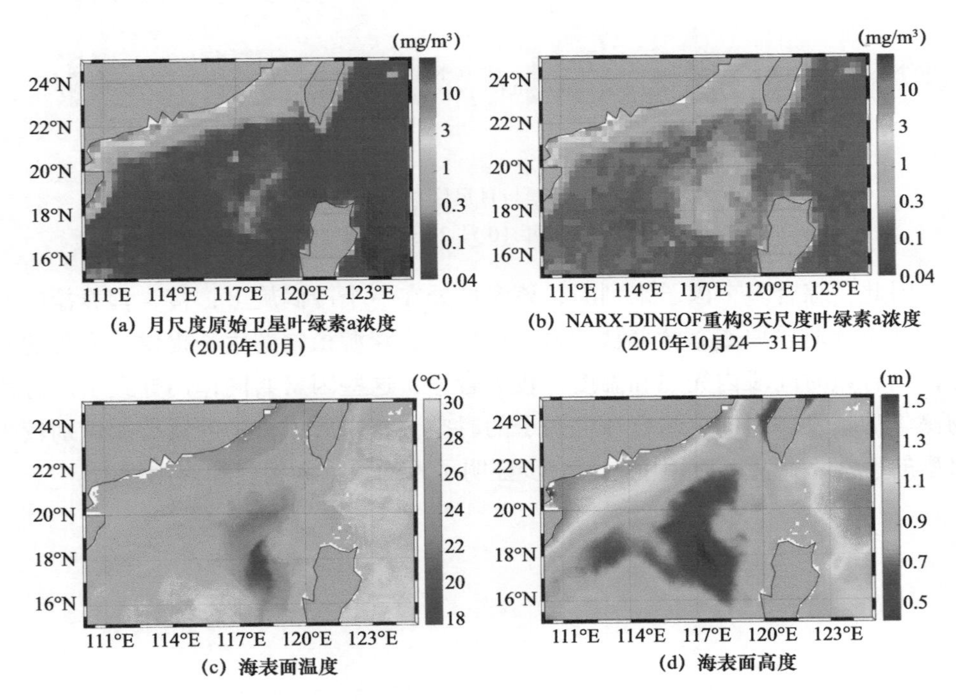

图 4.25　8 天尺度重构数据与月尺度原始数据叶绿素 a 浓度比较以及 8 天尺度（2010 年 10 月 24—31 日）环境因子空间分布

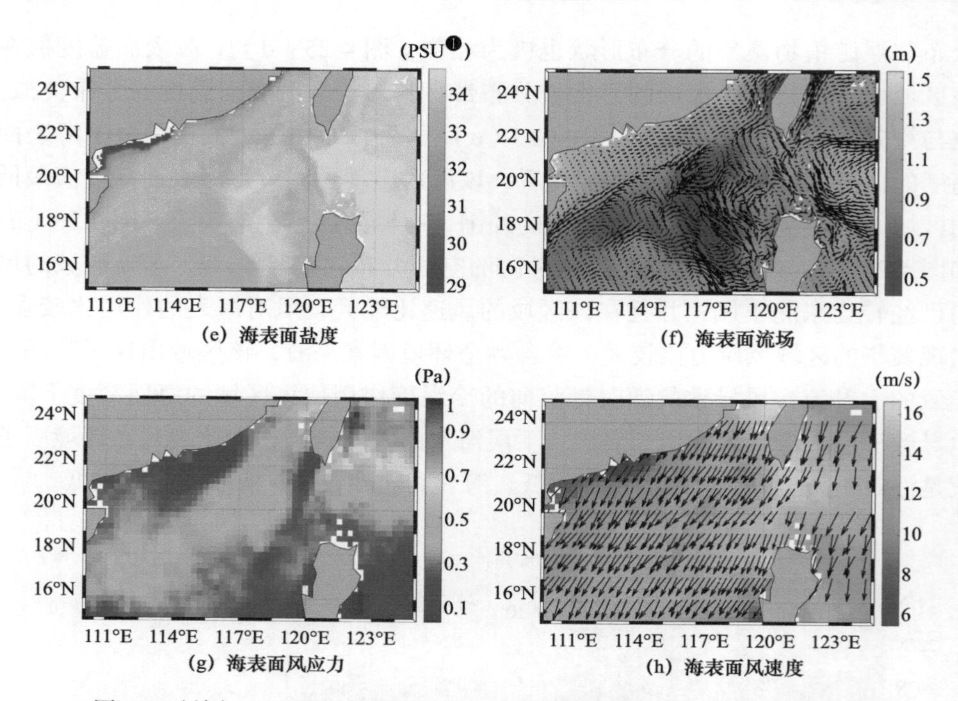

(e) 海表面盐度 (f) 海表面流场

(g) 海表面风应力 (h) 海表面风速度

图 4.25（续） 8 天尺度重构数据与月尺度原始数据叶绿素 a 浓度比较以及 8 天尺度（2010 年 10 月 24—31 日）环境因子空间分布

因此，综合多个因子来判断，该海域处在一个冷涡旋上，富含营养盐的海水上涌至此时段原本寡营养盐的真光层中，为浮游植物的生长提供了充足的营养，结合该时间段内光照和温度都较为合适，这些因素共同作用导致了浮游植物藻华的暴发。因此，结合环境因子的时空分布来看，重构的数据能识别较为典型的事件，在实际应用中，进一步证明了重构数据的精度和应用潜力。

❶ 实用盐标（practical salinity unit，PSU）是海洋学中表示盐度的一种标准，实用中 PSU 也被视为量纲为一的单位符号，相当于 0.001，同 ‰ 的含义一致。

第5章　基于8天尺度重构数据的叶绿素a浓度与环境因子间驱动机制及影响因子分析

众多的海洋生态学和动力学研究表明，海表面叶绿素a浓度的变化是浮游植物对物理环境因素变动的线性放大响应（Hays et al，2005）。因此，表征浮游植物的海表叶绿素a浓度与环境因子的变动有密切的关系。王正等（2017）总结了影响海表叶绿素a浓度与浮游植物的因子发现：在基于长时间序列的浮游植物时空变化研究中，太阳辐射（PAR参量）和海面风场这些环境因子影响海洋上层环境；海表温度、海面高度、海表盐度、水体层结构（混合层深度）这些因子表征海洋上层的热力和动力状况因子，影响海洋的热力和动力状况；基于海表风场计算的风应力旋度和埃克曼抽吸速率参量，表征浮游植物生长的温度和营养盐供给，与叶绿素a浓度关系密切。这些物理机制和生物地球化学循环指标是影响海表叶绿素a浓度的关键因子。然而，不同区域有不同的物理环境因子，相应的不同区域的叶绿素a浓度的时空格局也不尽相同，对浮游植物有关键作用的物理环境因子也不尽相同。南海东北部和西南部的沿岸海区常年有季节性叶绿素a浓度极值现象出现，这些区域出现该现象的关键影响因子是什么？两个典型区域叶绿素a浓度极值的影响因子有何异同？另外，在已有的研究中，叶绿素a浓度数据重构几乎都是基于月尺度合成数据的重构（王跃启，2014；郭海峡，2016）。本书在第4章重构并检验了8天尺度的叶绿素a浓度数据。基于8天尺度的合成数据与月尺度的合成数据对比能否发现一些新的规律或现象？此外，已有众多的时序数据分解方法，采用何种方法更适用于本章时序非线性叶绿素a浓度数据分析的需要？以上问题是本章讨论的重点。

本研究选用了1998—2018年21年的8天尺度合成和月尺度合成的海表温度（SST）、海表面高度异常（SLA）、海表盐度（SSS）、混合层深度（MLD）、风应力（WindStress）、风速（WindSpeed）、有效光合辐射（PAR）、海表面密度（SSD）等物理要素数据与重构的8天尺度叶绿素a浓度数据进行分析。分析的方法采用时序数据分解法，对时序数据进行分解，以探讨其内在的机制关系等。本章利用第4章重构的8天尺度和官方公布的月尺度合成的时间序列叶绿素a浓度数据，以及与这些叶绿素a浓度数据时空相对应的8个相关环境因子的数据，基于时间序列数据分析法，对比分析了8天和月尺度数据分解结果的异同，对比分析了南海典型区域的叶绿素a浓度与环境因子之间的驱动机制，重点分析讨论了对于短周期的月尺度、季节尺度和半年尺度的叶绿素a浓度现象的关键影响因子。

（1）确定了适用于时间序列海洋叶绿素a浓度及其相关的环境因子时间序列数据的分解方法。常用的时间序列数据分解方法较多，主要有傅里叶变换、EOF变换、小波变换等，使用这些方法都需要一定的前提或具有不同程度的局限性，而海洋叶绿素a浓度的变化是对物理海洋环境因子的非线性多尺度的响应，需要非线性自适应的方法来进行该类型的数据分析。经验模态分解法是一种自适应的方法，比较适用于非线性、非平稳态的多尺度时间序列数据的处理。然而常用的经验模态分解（EMD）和集合经验模态分解（ensemble empirical mode decomposition，EEMD）也存在一些弊端，快速集合经验模态分解（FEEMD）针对传统经验模态分解法的模态混叠和运行效率较低的弊端发展而来，本章的实验结果表明，FEEMD方法解决了模态混叠现象，运行效率提高了10倍以上。FEEMD方法比较适用于本章的研究，因此选用该方法分解实验数据。

（2）目前的时间序列叶绿素a浓度与环境因子数据间的驱动关系研究多是基于月尺度合成数据来进行分析。第4章重构出了21年的8天尺度叶绿素a浓度数据，与月尺度合成数据在总体变化趋势上是一致的。基于FEEMD方法分解了重构的8天尺度和月尺度数据，通过对比其分解出的模态的周期、模态的方差贡献发现，8天尺度数据可以分解出较多的显著模态，比较详细的不同时间长度的周期，既有年代际、多年周期，也有年际周期和标准的年周期，还有半年周期、季节周期和1.8个月的周期；而与之对比明显的是基于月尺度数据分解的周期主要是年周期和多年周期。说明用8天尺度的数据可以发现月尺度数据发现不了的周期。

（3）基于南海两个典型叶绿素a浓度极值区域对比研究发现，虽然基于同一套数据计算，但不同的区域对叶绿素a浓度影响的因素是不一样的，在不同模态中两个区域的关键影响因子是不同的，在对不同区域的研究中，应注意区别对待。

（4）短时间高频模态。基于8天尺度数据，发现具有实际物理意义的1.8个月尺度、季节和半年周期的高频模态。不同的模态，关键影响因子不同；同一模态的不同区域，关键影响因子主要有风应力、风速、海表面密度、海表面温度和有效光合辐射等。基于相关的物理环境因子，可反映小区域短时间尺度的叶绿素a浓度时空分布情况。短周期高频模态比8天尺度更短的时间尺度的数据重构具有更重要的意义。

§5.1 时间序列数据的分解

5.1.1 EMD、EEMD、FEEMD数据分解法

常用的时间序列数据分析方法主要有傅里叶变换、经验正交函数（EOF）变换、小波变换等，然而，使用这些方法需要满足一定的前提条件（Beckers et al, 2003；陈鑫, 2012）。傅里叶变换需要假定信号按照固定的时间完全重复；EOF变换极度敏感于所选数据的时间与空间范围；而小波变换需要先确定基函数，再以基函数为基数对时间序列的数据进行分解。海洋叶绿素a浓度的变化是对海洋物理环境因子变化的非线性多尺度响应，需要用非线性自适用的方法来进行数据分析，因此利用常用的方法进行时间序列数据分解具有一定的局限性。

黄锷于1998年提出一种自适应的数据处理的经验模态分解（EMD）方法，非常适合非线性、非平稳态和多尺度时间序列的处理，本质上是对数据序列或信号的平稳化处理（Huang et al，1998）。其基本思想是将频率不同的不规则波按照其不同的频率分解为多个单一频率的波以及残波的形式。其基本步骤如下。

（1）求取时间序列的信号 $X(t)$ 的极值点，包括极小值点和极大值点。

（2）利用三次样条函数构造时间序列数据极大值点和极小值点的上下包络线，并计算其均值函数 m_1。

（3）验证 $h_1 = X(t) - m_1$ 是否符合本征模态函数（IMF）的条件，如符合则进行下一步计算，如不符合则重复步骤（1）和步骤（2），直至符合条件为止；结果即为第一个本征模态，$imf_1 = h_{1k}$。

（4）得到原始时间序列数据扣除第一个本征模态后的第一个残留 $r_1 = X(t) - imf_1$；重复以上步骤，则可得到从高频到低频的各本征模态。

（5）原始时间序列数据信号扣除各本征模态，直至剩余的信号最后变为单调信号 res（趋势），即只存在一个极值点的情况为止。

最终，原始时间序列的信号可表示为

$$x(t) = \sum_{i=1}^{n} imf_i(t) + res \tag{5.1}$$

式中，每个本征模态都必须满足以下两个条件：①数据序列中极值点的个数与过零点的数目相等或者相差不超过一个点；②数据序列中局部极大值和局部极小值

构成的上下包络线的均值为0（Huang et al，1998）。

然而，虽然EMD方法适用于非线性、非稳定态时间序列数据的分析，但也存在模态混叠问题。模态混叠是指一个本征模态中包含差异极大的特征时间尺度，或者相近的特征时间尺度分布在不同的本征模态中，导致相邻的两个本征模态波形混叠，相互影响，难以辨认。当混叠模态出现时，得到的本征模态是没有意义的。为了解决模态混叠的问题，吴召华教授等在EMD的基础上，发展出了集合经验模态分解（EEMD）法（Wu et al，2004）。其基本思想是：由于高斯白噪声具有频率平均分布的特征，将高斯白噪声加入序列数据中，将时间序列数据看作是信号，则信号具有了在不同尺度上的连续性，可以减小在EMD中存在的模态混叠现象。EEMD分解的步骤与EMD分解的步骤类似，步骤如下。

（1）将均值为0，标准差为常数的高斯白噪声 $n_i(t)$ 多次加入初始的序列数据信号 $s(t)$ 中，需要注意的是白噪声的标准差为原始信号标准差的0.1~0.4倍，即

$$x_i(t) = s(t) + n_i(t) \tag{5.2}$$

式中，$x_i(t)$ 为第 i 次加入的白噪声的信号。

（2）对序列数据信号 $x_i(t)$ 进行集合经验模态分解，即可得到分解后的各模态分量 imf_{ij} 和趋势项 res。

（3）通过 n 次重复步骤（1）和（2）对相应的各本征模态分量取均值，以消除高斯白噪声对序列数据信号的影响，结果得到的本征模态为

$$imf_j = \frac{1}{n}\sum_{i=1}^{n} imf_{ij} \tag{5.3}$$

重复次数越多则 n 越大，对应的白噪声各个本征模态的和则越趋近于0。因此，可将EEMD分解的结果展示为

$$x(t) = \sum_{j=1}^{n} imf_j + res \tag{5.4}$$

EEMD通过加入高斯白噪声的方式，消除EMD中的模态混叠现象，较EMD的分解更科学准确。然而EEMD中也存在残余辅助噪声的影响，如图5.1（c）所示。Yeh等（2010）对EEMD做了进一步的发展，将随机高斯白噪声以正、负成对的方式加入，发展出了快速集合经验模态分解（FEEMD）方法。实验结果表明，FEEMD对于重构数据序列信号中的残余辅助噪声具有很好的消除作用，FEEMD不仅保留了EEMD在处理非平稳信号方面的优点，又完善了EMD的模态混叠问题，且计算结果表明FEEMD的去噪、抗干扰能力优于EMD和EEMD［图5.1（d）］。FEEMD分解的步骤如下。

（1）将 n 组正、负成对的辅助白噪声加入原始数据序列信号中。白噪声的

取值范围为 0.1 ~ 0.4，即白噪声的标准差为原始信号的 0.1 ~ 0.4 倍，则可获得一个包含 $2n$ 个数据序列信号的集合

$$\begin{bmatrix} M_1 \\ M_2 \end{bmatrix} = \begin{bmatrix} 1 & 1 \\ 1 & -1 \end{bmatrix} \begin{bmatrix} S \\ N \end{bmatrix} \tag{5.5}$$

式中，M_1 和 M_2 为加入正、负成对白噪声后的信号，S 为原始数据序列信号，N 为辅助的白噪声。

（2）依次对数据集合中的每个序列信号按照 EMD 分解的步骤进行分解，则每个信号可得一组本征模态分量，因此，第 i 个分量和第 j 个本征模态的分量可表示为 imf_{ij}。

（3）imf_j 即为多组分量取均值后得到的分解后结果，即

$$imf_j = \frac{1}{2n}\sum_{i=1}^{2n} imf_{ij} \tag{5.6}$$

式中，imf_j 为 FEEMD 分解后获得的第 j 个本征模态分量。FEEMD 分解后，产生的各个 imf_j 根据频率的高低，依次排列，高频率噪声出现在靠前的模态分量中，低频率噪声出现在靠后的模态分量中，最后分解后剩余的即为该数据序列的单调变化趋势。

为比较不同的数据分解方法结果，基于重构的 21 年 8 天尺度合成的叶绿素 a 浓度数据，选用南海北部的 16°N ~ 21°N、115°E ~ 121°E 区域的值进行分解。图 5.1 即为对该时间序列数据［图 5.1（a）］进行 EMD 分解［图 5.1（b）］、EEMD 分解［图 5.1（c）］、FEEMD 分解［图 5.1（d）］的结果。由于 21 年的 8 天尺度的数据共有 966 期，则可分解出 10 个模态的变量，其中第 1 个变量为加噪声的原始信号，第 2 ~ 8 个分量表示的是从高频到低频的各个模态的变量，第 9 个模态表示的是整个周期时间序列详细的变化过程，第 10 个分量表示 21 年总体的变化趋势。

由图 5.1 可知，图 5.1（b）至图 5.1（d）都能反映出数据的总体趋势（R），且三者分解出的趋势都是一致的，在低频的第 9 模态（C9）和第 10 模态（R），三者是相似的。然而，图 5.1（b）和图 5.1（c）都存在不同程度的模态混叠现象，该现象在 C2 和 C3 高频模态中尤为明显。其中，C2 和 C3 模态的波形高度相似。此外在 EMD 分解的结果中［图 5.1（b）］，模态 C4 和模态 C5 在同一模态中出现了其他模态才出现的频率，这种现象在 EEMD 分解的结果中有所改善［图 5.1（c）］。FEEMD 的结果则避免了这些问题［图 5.1（d）］，此外 FEEMD 的运行效率相较于 EMD 和 EEMD 提高了 10 倍以上。因此，综合来看，本章选用 FEEMD 来进行数据分解和后续处理。

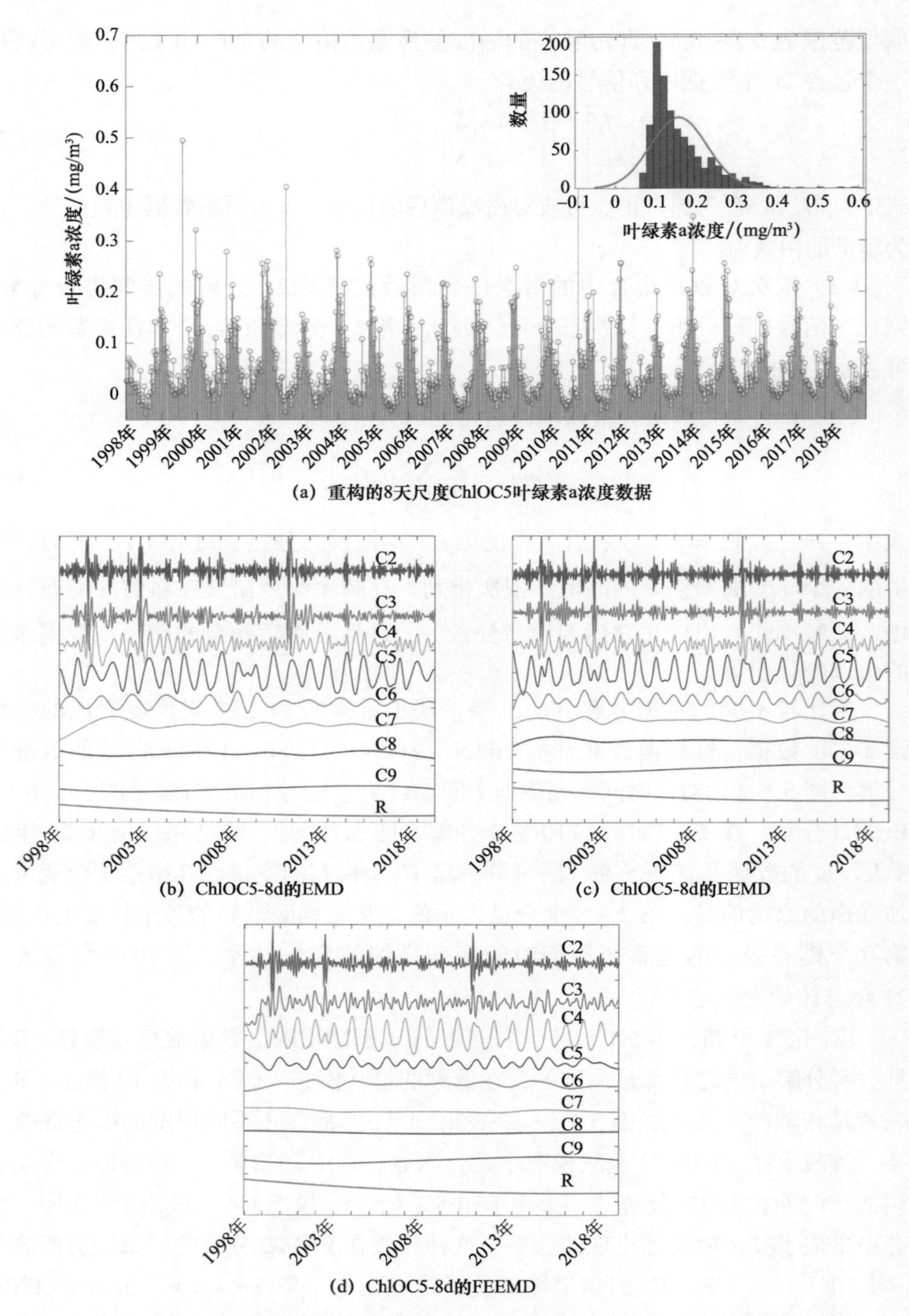

(a) 重构的8天尺度ChlOC5叶绿素a浓度数据

(b) ChlOC5-8d的EMD

(c) ChlOC5-8d的EEMD

(d) ChlOC5-8d的FEEMD

图 5.1 基于 8 天尺度重构数据的 EMD、EEMD 和 FEEMD 结果的对比

5.1.2 不同典型区域的时间序列数据 FEEMD 处理与分析

从长时间序列南海海域叶绿素a浓度（3.5节）的空间分布来看，在南海东北部（NE）和中西部区域（EV）存在着显著的周期性的季节性变化（Yu et al，2019）。因此，本小节基于重构的8天尺度的叶绿素a浓度数据，对NE区域（17° N ~ 21° N，116° E ~ 121° E）和EV区域（10° N ~ 14° N，109.5° E ~ 113.5° E）的数据进行分解（图5.2）。

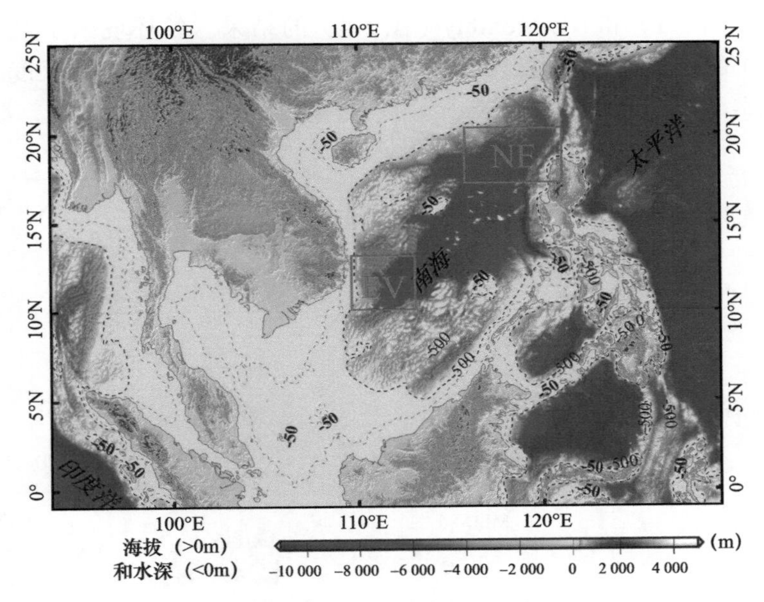

图5.2　区域EV与NE的具体位置

为了对比不同时间尺度的数据的分解结果，本书还分解了这两个区域的月尺度原始数据（EV-Monthly，NE-Monthly），与8天尺度重构的数据（EV-8d，NE-8d）进行对比分析。此外，为了分析影响这两个区域显著周期性现象的关键因子，并对影响这两个区域的因子进行比较分析，对影响海洋叶绿素a浓度的环境因子也进行了分解。如前所述，这些影响因子包括再分析的海表温度（SST）、海表面高度异常（SLA）、海表面盐度（SSS）、混合层深度（MLD）、风应力（WindStress）、风速（WindSpeed）、有效光合辐射（PAR）和海表面密度（SSD），并对这些要素在NE区域和EV区域的月尺度值和8天尺度值进行FEEMD处理。需注意的是，分解出的模态个数由数据的长度来确定，数据的长度越长，则分解出的模态数目越多，利用$\log_2 n$来确定模态数，其中的n为数据的长度。因此，8天尺度21年的966期数据可以分解出10个模态；月尺度 21 年共有 252 期数据，则可分解为 8 个模态。

利用 FEEMD 方法对时间序列数据加 0.4 倍的噪声，集合训练 200 次，分解出了 10 个变量。其中，第 1 个变量（C1）为加噪声的原始信号，模态的性质与噪声类似，因此各个变量的第一个模态（C1）不参与讨论。第 9 个分量表示的是整个周期时间序列详细的变化过程，第 10 个分量表示 21 年总体的变化趋势，因此在显著性检验的时候，仅仅检验 C2 ~ C8 这 7 个变量。本研究解出了 EV-8d、NE-8d、EV-Monthly 和 NE-Monthly 的结果，但为了节省篇幅，本书只展示了 NE-8d（图 5.3）和 NE-Monthly（图 5.4）的结果。各环境因子第 1 个变量（C1 模态）的性质与噪声类似，因此本书中无论是 8 天尺度或月尺度的各变量第一个模态（C1）均不参与讨论。

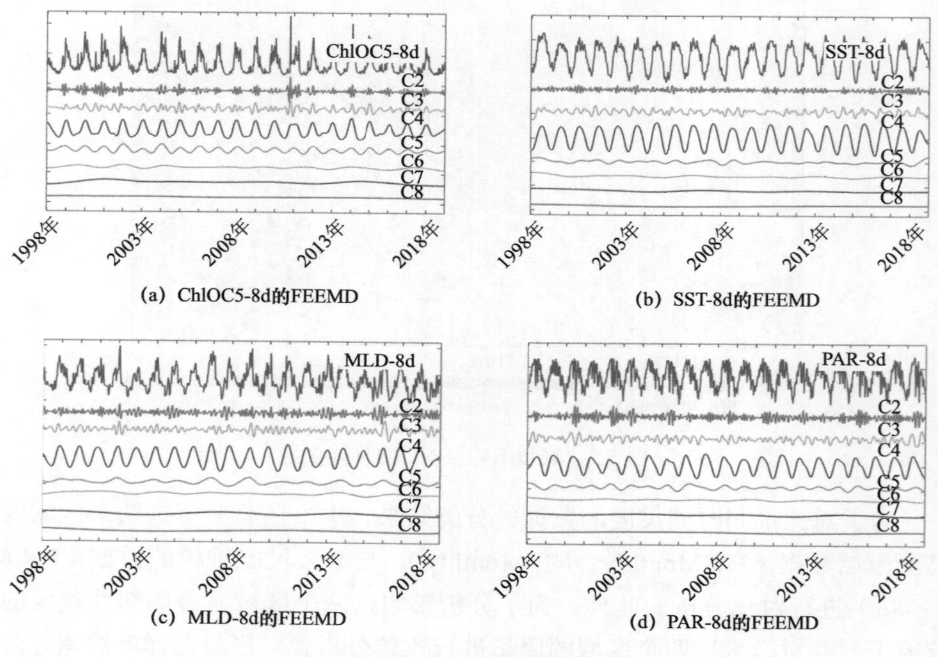

图 5.3　NE 区域基于 8 天尺度数据的 FEEMD 结果

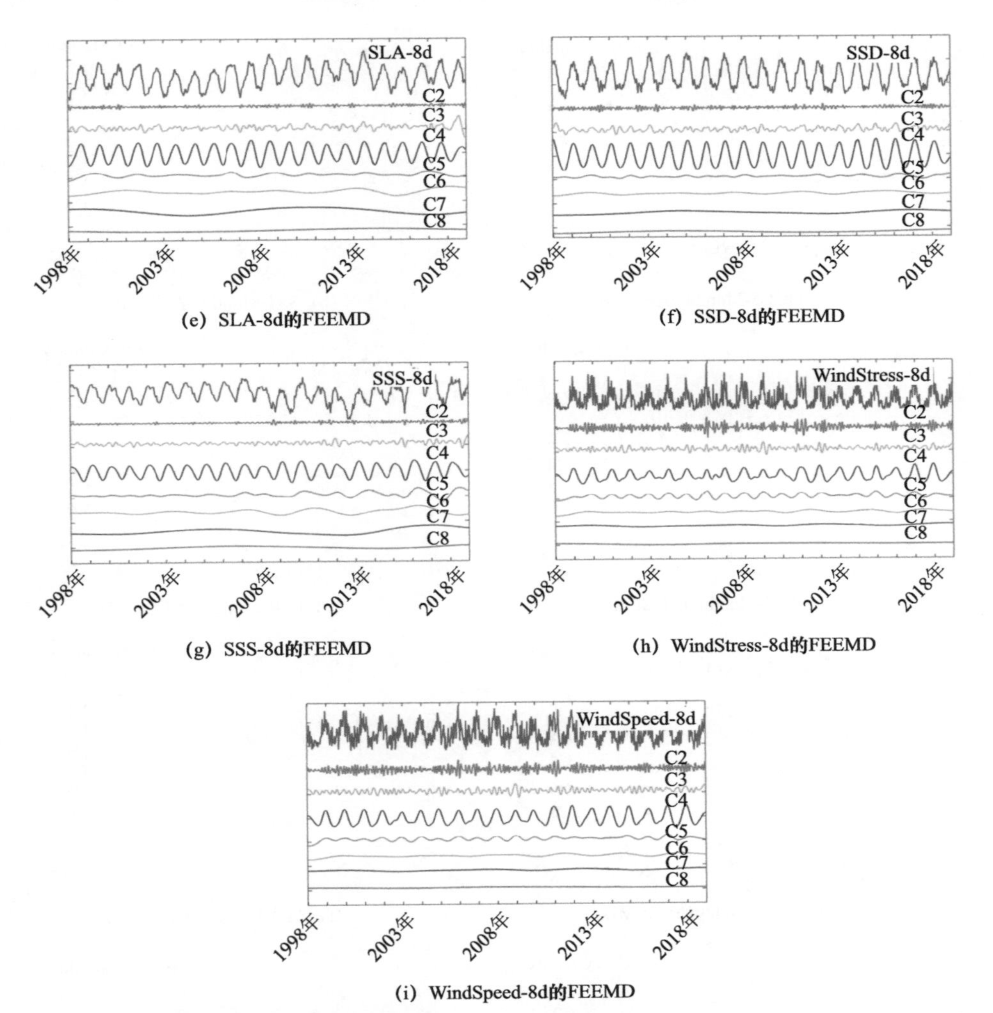

(e) SLA-8d的FEEMD

(f) SSD-8d的FEEMD

(g) SSS-8d的FEEMD

(h) WindStress-8d的FEEMD

(i) WindSpeed-8d的FEEMD

注:(a)为 NE 区域基于 8 天尺度的叶绿素 a 浓度产品的 FEEMD 结果,(b)~(i)分别为与(a)相同区域 8 天尺度的环境因子海表温度(SST)、混合层深度(MLD)、有效光合辐射(PAR)、海表面高度异常(SLA)、海表面密度(SSD)、海表面盐度(SSS)、风应力(WindStress)、风速(WindSpeed)的 FEEMD 结果。

图 5.3(续) NE 区域基于 8 天尺度数据的 FEEMD 结果

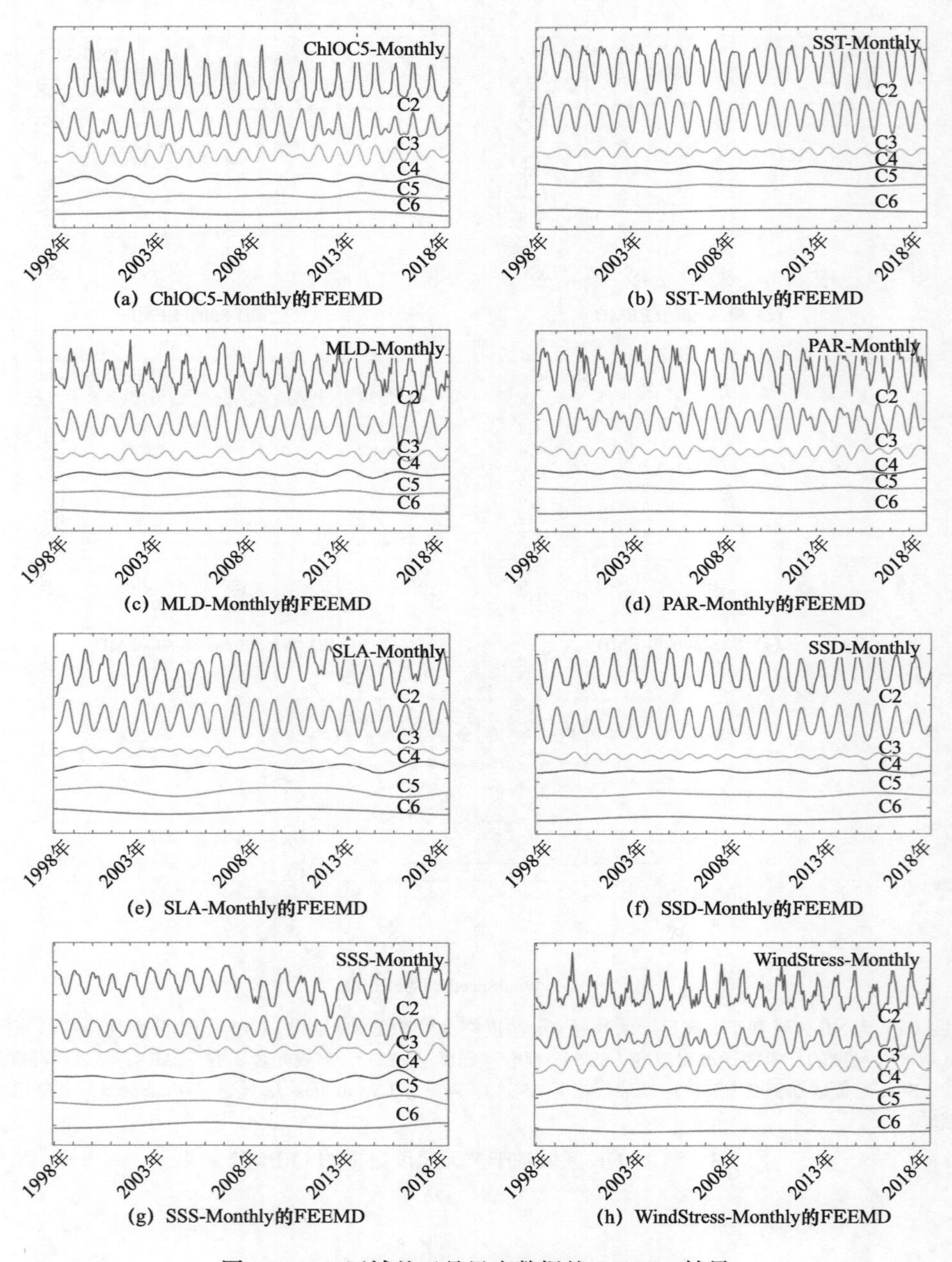

(a) ChlOC5-Monthly的FEEMD　(b) SST-Monthly的FEEMD

(c) MLD-Monthly的FEEMD　(d) PAR-Monthly的FEEMD

(e) SLA-Monthly的FEEMD　(f) SSD-Monthly的FEEMD

(g) SSS-Monthly的FEEMD　(h) WindStress-Monthly的FEEMD

图 5.4　NE 区域基于月尺度数据的 FEEMD 结果

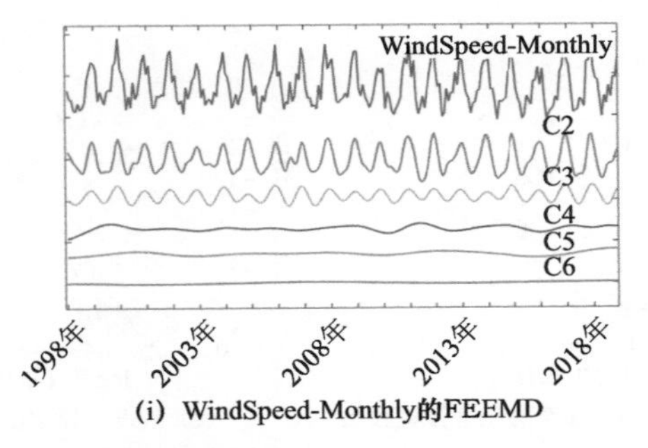

(i) WindSpeed-Monthly的FEEMD

注：（a）为 NE 区域基于原始月尺度叶绿素 a 浓度产品的 FEEMD 结果，（b）~（i）分别为与（a）相同区域的月尺度环境因子海表温度（SST）、混合层深度（MLD）、有效光合辐射（PAR）、海表面高度异常（SLA）、海表面密度（SSD）、海表面盐度（SSS）、风应力（WindStress）、风速（WindSpeed）的 FEEMD 结果。

图 5.4（续） NE 区域基于月尺度数据的 FEEMD 结果

5.1.3 FEEMD 数据分解结果的显著性检验

为了判断 FEEMD 分解出的各模态是噪声还是具有实际物理意义的量，用模态平均周期与能量关系分布特征来进行显著性检验。如果各个结果是在 95% 的置信线以上，则认为是具有实际物理意义的量；如果在 95% 的置信线以下，则认为是噪声。在置信线的位置越靠上，则信号越具有实际的物理意义。

图 5.5 所示即为基于 NE-8d 数据的 FEEMD 方法分解出的各个模态的显著性检验结果。图 5.6 所示即为基于 NE-Monthly 数据的 FEEMD 方法分解出的各个模态的显著性检验结果。为节省篇幅，未展示 EV-8d 和 EV-Monthly 的显著性检验结果。

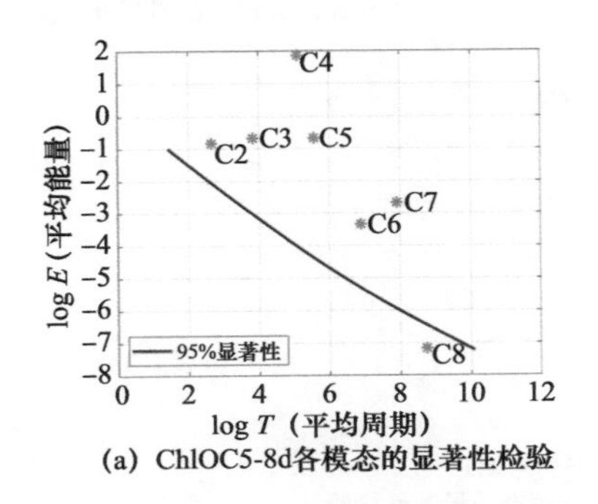

(a) ChlOC5-8d各模态的显著性检验

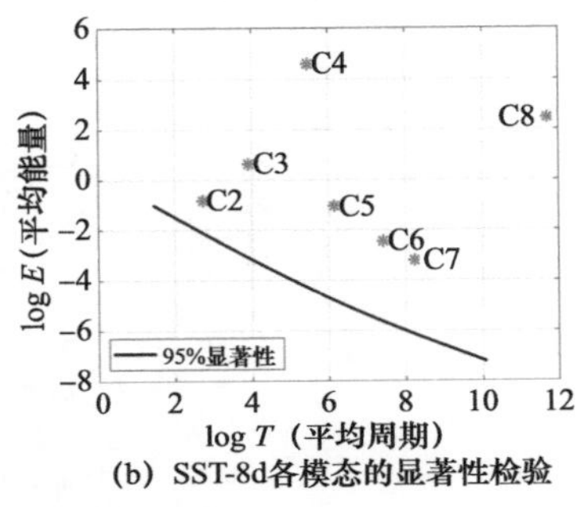

(b) SST-8d各模态的显著性检验

图 5.5 NE 区域基于 8 天尺度数据 FEEMD 的各个模态的显著性检验

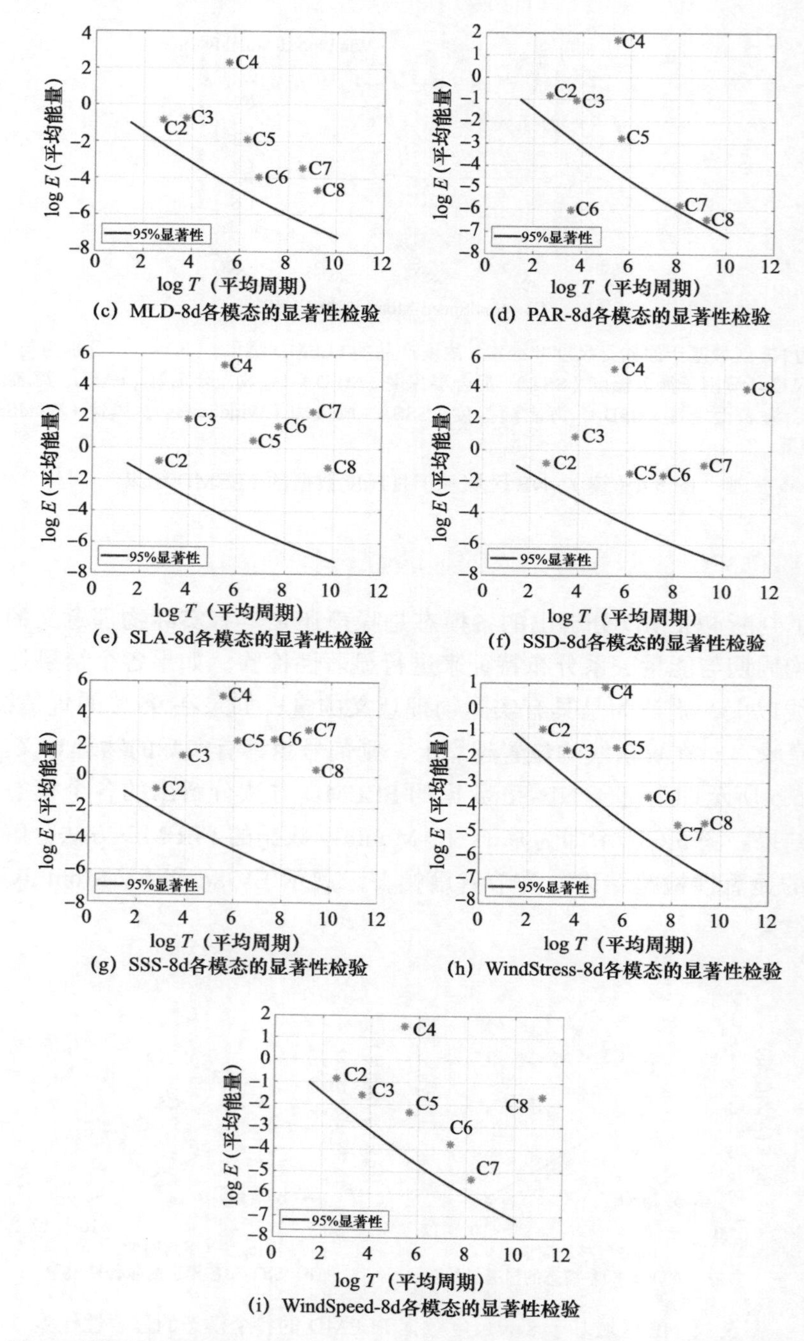

(c) MLD-8d各模态的显著性检验

(d) PAR-8d各模态的显著性检验

(e) SLA-8d各模态的显著性检验

(f) SSD-8d各模态的显著性检验

(g) SSS-8d各模态的显著性检验

(h) WindStress-8d各模态的显著性检验

(i) WindSpeed-8d各模态的显著性检验

图 5.5（续） NE 区域基于 8 天尺度数据 FEEMD 的各个模态的显著性检验

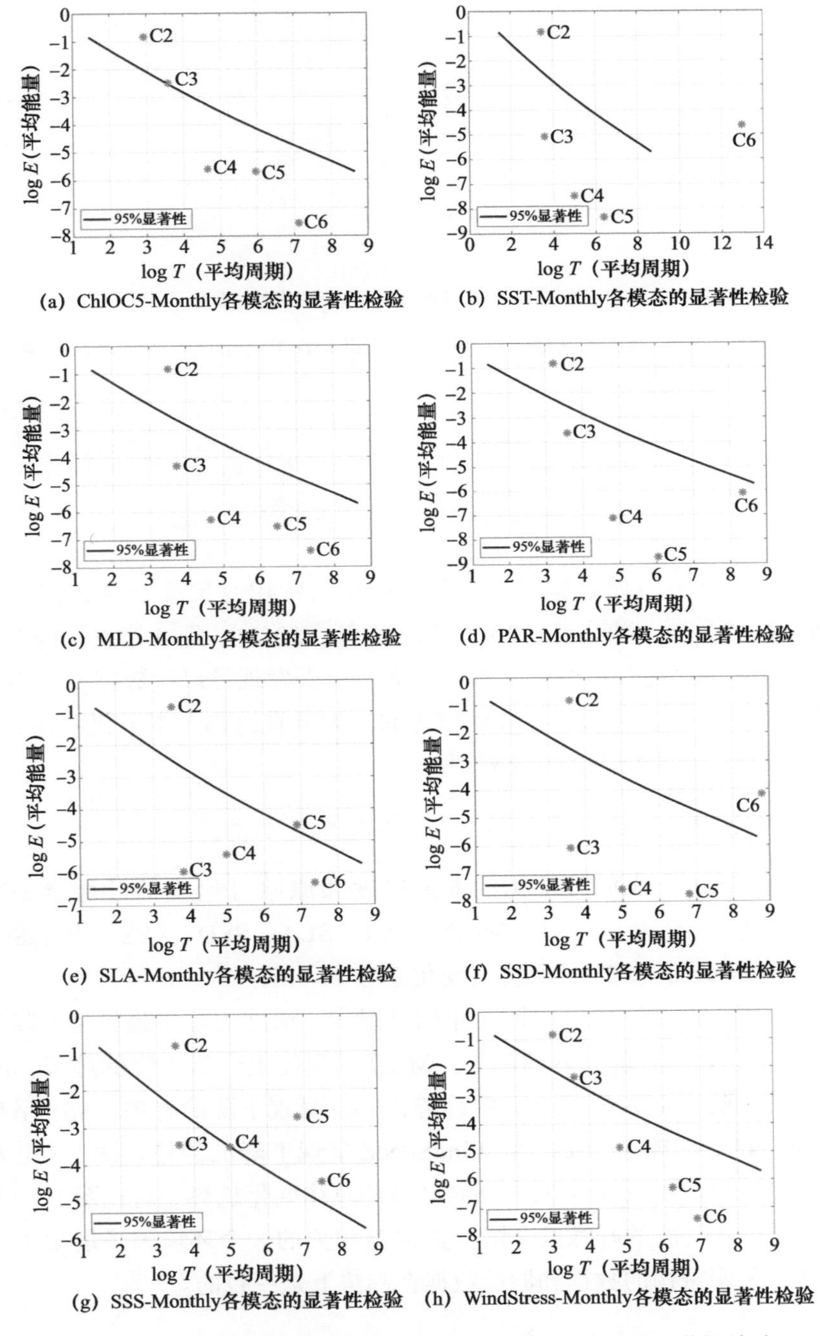

(a) ChlOC5-Monthly各模态的显著性检验 (b) SST-Monthly各模态的显著性检验

(c) MLD-Monthly各模态的显著性检验 (d) PAR-Monthly各模态的显著性检验

(e) SLA-Monthly各模态的显著性检验 (f) SSD-Monthly各模态的显著性检验

(g) SSS-Monthly各模态的显著性检验 (h) WindStress-Monthly各模态的显著性检验

图 5.6 NE 区域基于月尺度数据 FEEMD 的各个模态的显著性检验

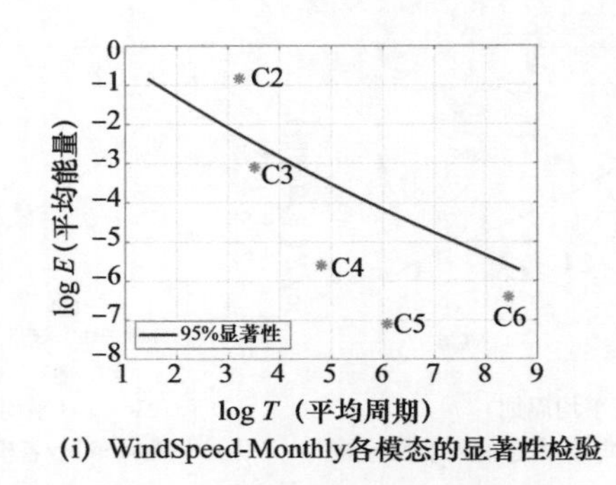

(i) WindSpeed-Monthly各模态的显著性检验

图 5.6（续） NE 区域基于月尺度数据 FEEMD 的各个模态的显著性检验

§5.2 不同时间尺度数据的趋势周期和显著模态的方差贡献对比

已有的长时间序列数据时空变化研究中，常用月尺度合成数据进行分析（郭海峡 等，2016；刘昕 等，2012；闫桐 等，2011）。第 4 章重构的 8 天尺度的数据相较于月尺度合成数据，有何异同？能否发现月尺度数据发现不了的新现象或者规律？这些问题是本节要讨论的。为节省篇幅，本节仅利用 NE 区域不同时间尺度的数据结果进行比较研究。

5.2.1 NE 区域 8 天尺度与月尺度总体趋势的比较

图 5.7 和图 5.8 分别为重构的 8 天尺度和原始月尺度的叶绿素 a 浓度数据与相关的环境因子 SST、MLD、PAR、SLA、SSD、SSS、WindStress 和 WindSpeed 在 NE 区域 21 年尺度的变化趋势。

从图 5.7 可知，在 NE 区域 21 年的叶绿素 a 浓度的总体趋势是下降的，与之相对应的 SST 是呈现上升的趋势，MLD 呈现先上升后下降的趋势，PAR 也呈现下降的趋势，SLA 呈现上升的趋势，SSD 呈现下降的趋势，SSS 呈现先下降后上升的趋势，WindStress 和 WindSpeed 呈现下降的趋势。图 5.8 是基于原始的月尺度卫星数据反映的 21 年 NE 区域的总体变化趋势。对比图 5.7 和图 5.8 可知，8 天和月尺度的叶绿素 a 浓度数据与相关的 8 个环境因子展现了相似的变化趋势，表明重构的数据和原始数据在趋势上是一致的。

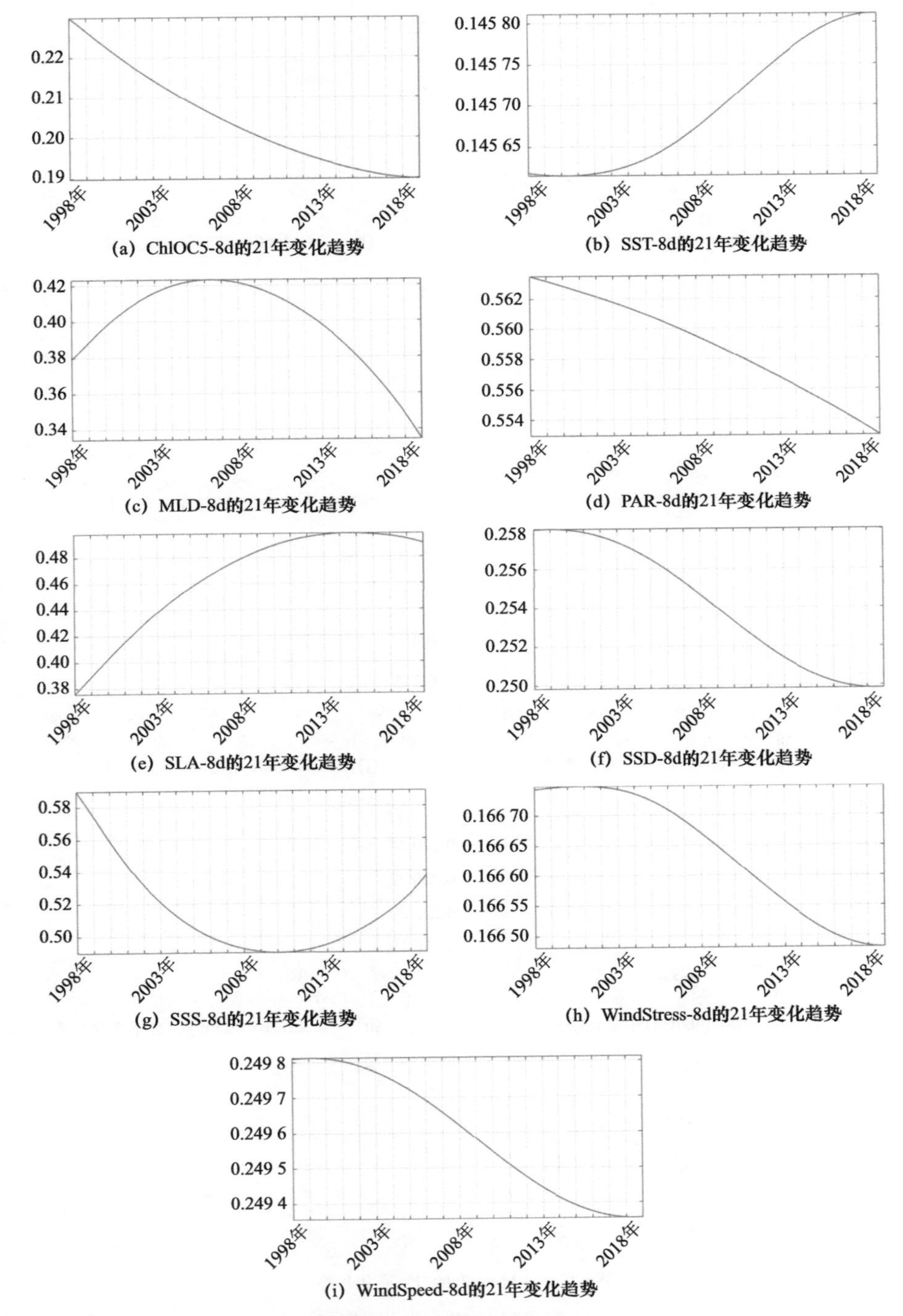

注：原始数据已做归一化处理，经过加噪声和FEEMD变为无量纲。

图5.7　基于8天尺度数据分解出的21年NE区域的总体趋势

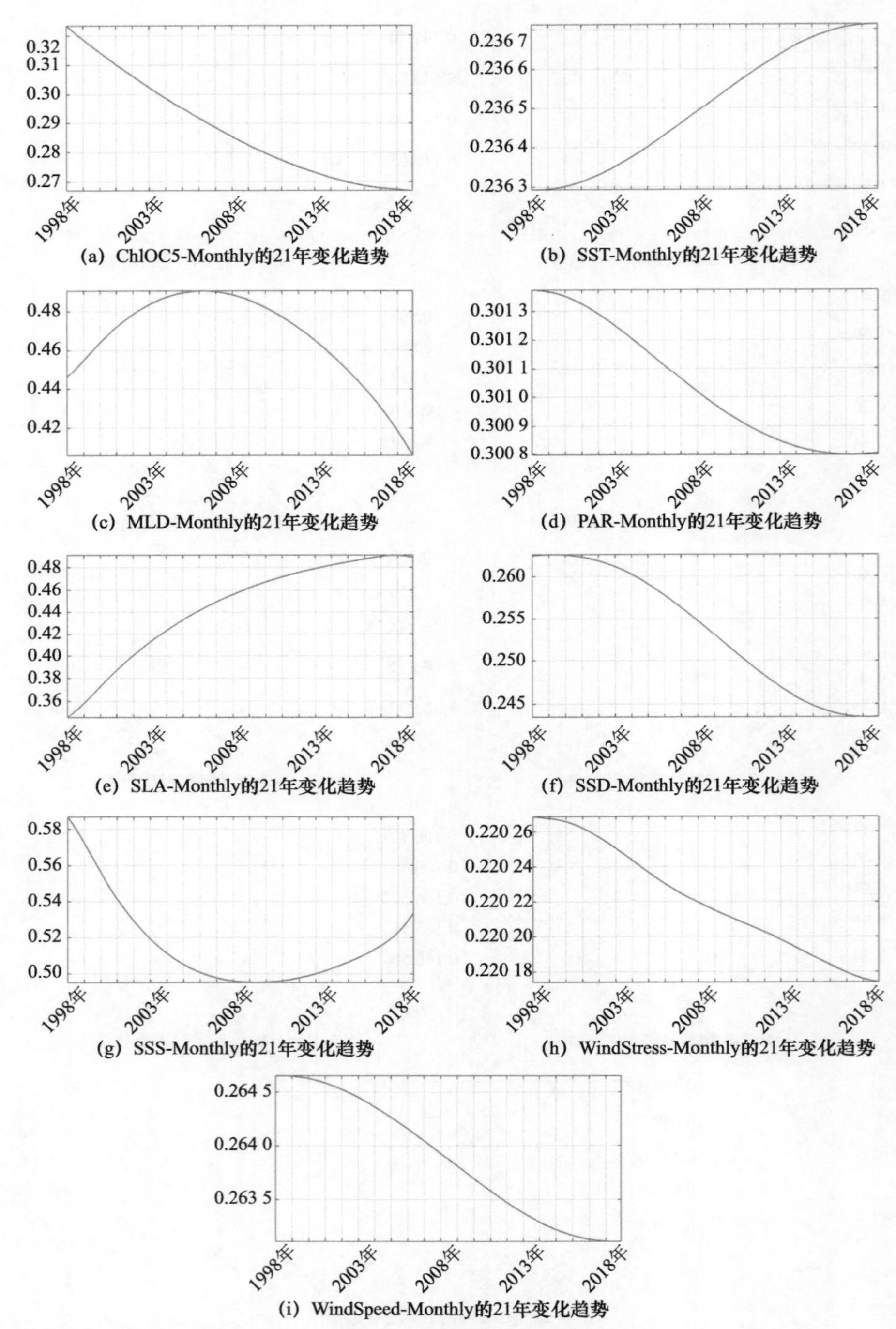

注：原始数据已做归一化处理，经过加噪声和 FEEMD 变为无量纲。

图 5.8 基于月尺度数据分解出的 21 年 NE 区域的总体趋势

5.2.2 8 天尺度与月尺度数据分解出的周期对比

为进一步比较 8 天尺度与月尺度的数据结果，利用经过显著性检验的模态来计算显著模态周期和其方差贡献等。计算周期的方法主要有两种，分别是基于瞬时频率和基于零点数的方案。利用瞬时频率方案计算平均周期时，容易出现异常值。通过研究发现，出现异常值是因为出现了负的瞬时频率，而零点数方案则可以有效地避免此种情况的发生，因此本书采用零点数方案来计算显著模态的平均周期。

图 5.9（a）为 NE 区域重构的 8 天尺度的 ChlOC5 叶绿素 a 浓度数据分解出的显著模态的平均周期，C7 模态为平均 63 个月的周期，C6 模态为 31.5 个月的周期，C4 和 C5 模态为准年周期，C3 为季节周期、半年周期，C2 为月尺度的周期。综合图 5.9（b）至图 5.9（i）中的所有与 ChlOC5 相关的 8 天尺度环境因子可知，基于 8 天尺度的数据可分解出准年周期的模态（C4 模态），也可分解出年际（C5、C6 模态）和年代际周期的模态（C8、C7 模态），更为重要的是，基于 8 天尺度的数据可以分解出季节尺度（C3 模态）甚至是月尺度（C2 模态）的周期。图 5.10 为各环境因子显著模态的方差贡献。由图 5.10（a）至图 5.10（i）可知，C4 模态的方差贡献最大，对于 ChlOC5 因子 C2 ~ C4 模态累计贡献了所有模态的总方差的 83.40% [图 5.10（a）], SST 的 C2 ~ C4 模态累计贡献了总方差的 96.99% [图 5.10（b）], MLD 的 C2 ~ C4 模态累计贡献了总方差的 90.80% [图 5.10（c）], PAR 的 C2 ~ C4 模态累计贡献了总方差的 95.60% [图 5.10（d）]; SLA、SSD、SSS、WindStress 和 WindSpeed 这些因子的 C2 ~ C4 模态累计的方差贡献分别为 79.10%、96.30%、63.40%、85.30% 和 92.50% [图 5.10（e）至图 5.10（i）]。

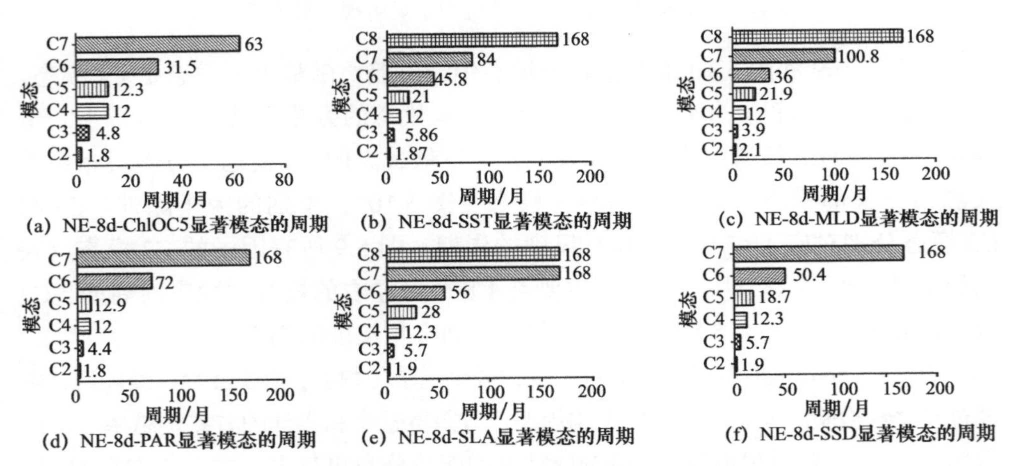

(a) NE-8d-ChlOC5显著模态的周期　(b) NE-8d-SST显著模态的周期　(c) NE-8d-MLD显著模态的周期

(d) NE-8d-PAR显著模态的周期　(e) NE-8d-SLA显著模态的周期　(f) NE-8d-SSD显著模态的周期

图 5.9　NE 区域 8 天尺度各环境因子显著模态的周期

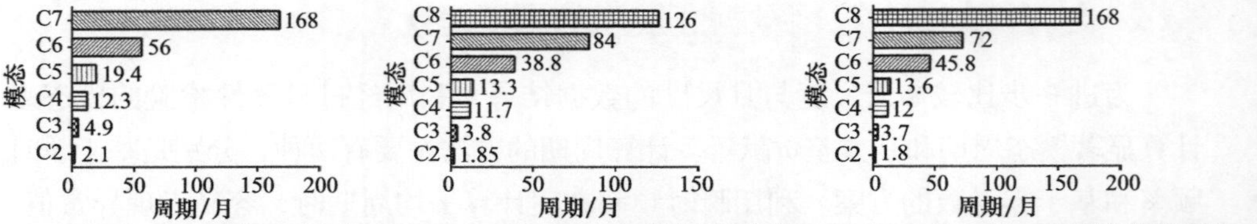

(g) NE-8d-SSS显著模态的周期 (h) NE-8d-WindStress显著模态的周期 (i) NE-8d-WindSpeed显著模态的周期

图 5.9（续） NE 区域 8 天尺度各环境因子显著模态的周期

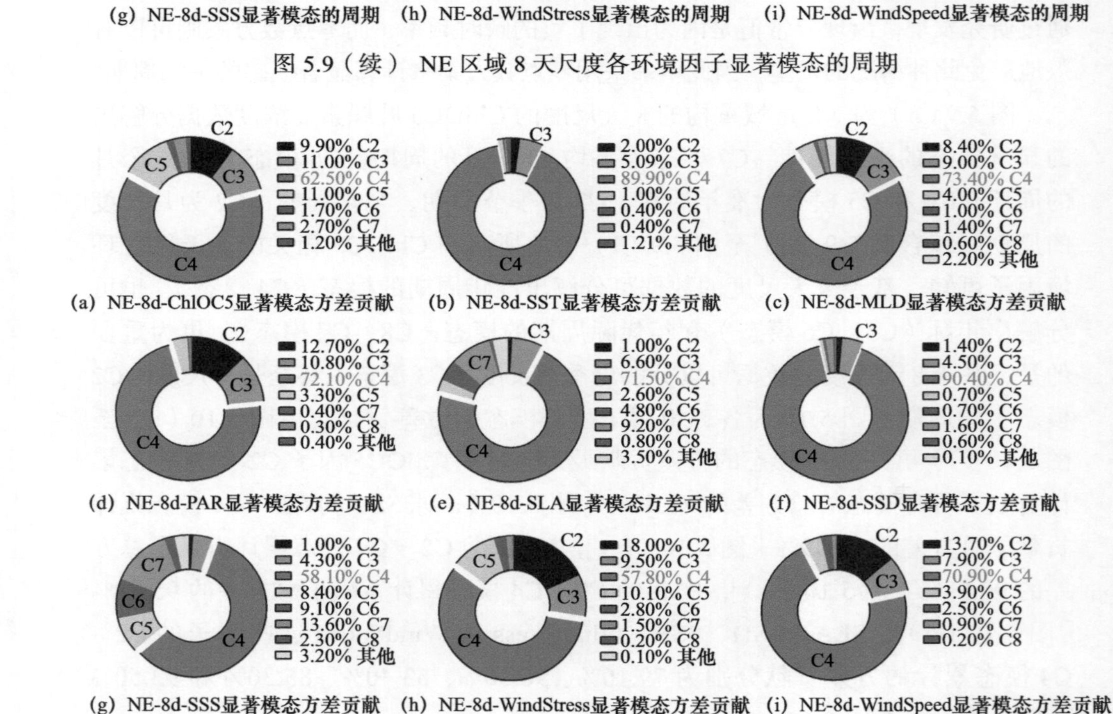

(a) NE-8d-ChlOC5显著模态方差贡献 (b) NE-8d-SST显著模态方差贡献 (c) NE-8d-MLD显著模态方差贡献

(d) NE-8d-PAR显著模态方差贡献 (e) NE-8d-SLA显著模态方差贡献 (f) NE-8d-SSD显著模态方差贡献

(g) NE-8d-SSS显著模态方差贡献 (h) NE-8d-WindStress显著模态方差贡献 (i) NE-8d-WindSpeed显著模态方差贡献

图 5.10 NE 区域 8 天尺度各环境因子显著模态的方差贡献

综合图 5.9 和图 5.10 来看，各个模态中，方差贡献最大的模态是 C4 模态。C4 模态主要体现的是年尺度的变化趋势，C4 模态的方差贡献在 57% 以上，最高在 90% 左右。值得注意的是，除了方差贡献最大的 C4 模态，方差贡献第二大和第三大的模态一般为 C3 和 C2 模态（图 5.10），个别的因子除外。C3 和 C2 模态分别对应于季节尺度和月尺度的周期。图 5.9 所有因子的 C2 模态反映的周期从 1.8 ~ 2.1 个月不等，但主要是 1.8 个月左右的短时间频率的周期，C3 模态反映的是从 3.7 ~ 5.86 个月的季节尺度和半年尺度的周期。

表 5.1 是 NE 区域基于原始的月尺度的各个因子的数据，在 FEEMD 处理后，由经过显著性检验的模态所计算的平均周期、方差贡献率和累计的方差贡献率。可以看出，NE 区域的月尺度数据 FEEMD 结果的能量分布更集中，主要集中在 C2 模

态上，NE 区域的 ChlOC5 月尺度数据的 C2 模态方差贡献率达到 70.5%，C2 和 C3 模态的累计方差贡献率达到了 93.2%，ChlOC5 月尺度数据主要呈现出年尺度的周期。此外，月尺度数据 SST、MLD、PAR、SSD、WindSpeed 环境因子中通过显著性检验的模态为 C2 模态，周期分别为 12、12、11.7、12.3、11.5 个月，C2 模态的方差贡献率分别为 94.7%、86.0%、86.4%、95.2%、78.4%。除了这些环境因子外，其他环境因子中通过显著性检验的不止一个模态。SLA 月尺度数据的 C2 和 C5 模态通过了显著性检验，C2 模态反映了显著的年周期变化情况，C5 模态反映了显著的 168 个月的年代际的变化情况，C2 模态的方差贡献为 81.6%，C2 和 C5 模态累积的方差贡献为 87.9%。SSS 月尺度数据的显著模态有 C2、C4、C5 和 C6 模态，周期分别为 12.3、45.8、100.8 和 168 个月，显著模态的方差贡献率最大的是 C2 模态，为 58.2%，几个显著模态累积的方差贡献率为 87.3%。WindStress 月尺度数据的显著模态是 C2 和 C3 模态，其周期可看作准年周期，累计方差贡献率达到 92.1%。NE 区域月尺度数据的 ChlOC5 和各环境因子数据的分解结果可以反映出该区域显著的年周期的变化情况以及年际的变化情况。

表 5.1　NE 区域月尺度各因子数据显著模态的周期及方差贡献

数据	模态	平均周期 / 月	方差贡献率 / %	累计方差贡献率 / %
ChlOC5	C2	12	70.5	70.5
	C3	12.3	22.7	93.2
SST	C2	12	94.7	94.7
MLD	C2	12	86.0	86.0
PAR	C2	11.7	86.4	86.4
SLA	C2	12	81.6	81.6
	C5	168	6.3	87.9
SSD	C2	12.3	95.2	95.2
SSS	C2	12.3	58.2	58.2
	C4	45.8	9.0	67.2
	C5	100.8	15.4	82.6
	C6	168	4.7	87.3
WindStress	C2	11.5	68.3	68.3
	C3	12.6	23.8	92.1
WindSpeed	C2	11.5	78.4	78.4

综合来看，NE区域的8天尺度和月尺度的FEEMD的分解结果都可将该区域最显著的年尺度的周期信息表现出来，此外两者都分解出年际和年代际的周期。然而两者又有不同，8天尺度周期的重构结果，可分解出显著的半年尺度的变化周期、季节尺度的周期和月尺度的变化周期，这是月尺度周期的数据所无法做到的。另外，基于FEEMD的8天尺度数据能分解出从短到长的不同周期，而月尺度数据的FEEMD结果主要以准年周期为主。

§5.3 对比区域叶绿素a浓度的主要影响因子比较分析

根据以往的研究和本书第3章的研究发现，南海的EV和NE区域周期性地出现叶绿素a浓度的极值，那么出现这种现象的影响因素是否相同？以往的研究中，对于南海某一个区域的叶绿素a浓度时空变化及其趋势驱动因素的研究，主要集中于某些小区域，较少在区域之间进行对比研究。本节从两个区域的周期、方差贡献、驱动因素等方面进行对比研究，以发现其驱动因素和影响因素的异同。

5.3.1 EV区域与NE区域周期及方差贡献对比分析

EV区域（图5.11）和NE区域（图5.9）8天尺度数据基于FEEMD的各个显著模态的周期有相似之处，除了ChlOC5数据之外，基本都分解出显著的C8模态，该模态代表了显著的年代际（126、168个月）的周期；EV和NE区域也分解出了时间尺度不等的年际（2年、3年、4年、5年和6年）尺度的周期，以及年尺度、半年尺度、季节尺度和月尺度的周期。方差贡献方面，一般情况下，两者的C2～C4模态的方差贡献量占了所有模态的绝大部分，其中多以C4模态代表的年尺度的周期所占的方差贡献更大（图5.12和图5.10）。

除了以上分析的两个区域在周期和方差贡献上的相同点，两者也存在一些不同之处。综合图5.9和图5.11来看，虽然是基于同一套数据计算的，然而区域不同，计算出的周期有所差别。对于EV和NE区域的ChlOC5数据，C2模态反映1.8个月的周期，C3模态反映5个月周期，C5反映准年周期，C6反映2.5年的周期；两者的差别体现在C4模态和C7模态。对于C4模态来说，EV区域更倾向于表现9个月左右的年内的周期，而NE区域更倾向于表现年周期；对于C7模态来说，NE区域反映5年周期的模态而EV区域反映的是7年周期的模态。差别较大的还有SLA、WindStress和WindSpeed，这些因子的差别主

要体现在：对于C4模态，NE区域主要体现为年尺度周期，而EV区域主要体现为年内尺度的周期；对于C3模态，NE区域主要体现的是季节尺度的周期，而EV区域主要体现为准半年尺度的周期。SST、PAR、SSD和SSS在两个区域略有不同，但大致上差别不大。MLD因子的情况与其他因子的情况不同：对于C2（2个月周期）、C4（12个月周期）和C6（3年周期）模态来说，EV区域和NE区域两者相似，区别在C3、C5和C7模态；EV区域C3模态反映的是半年周期，而NE区域的C3模态反映的是季节周期（4个月）；NE区域的C5模态反映的是准2年周期，而EV区域的C5模态反映的是准年周期；NE区域的C7模态反映的是8.5年周期，而EV区域反映的是6年周期。

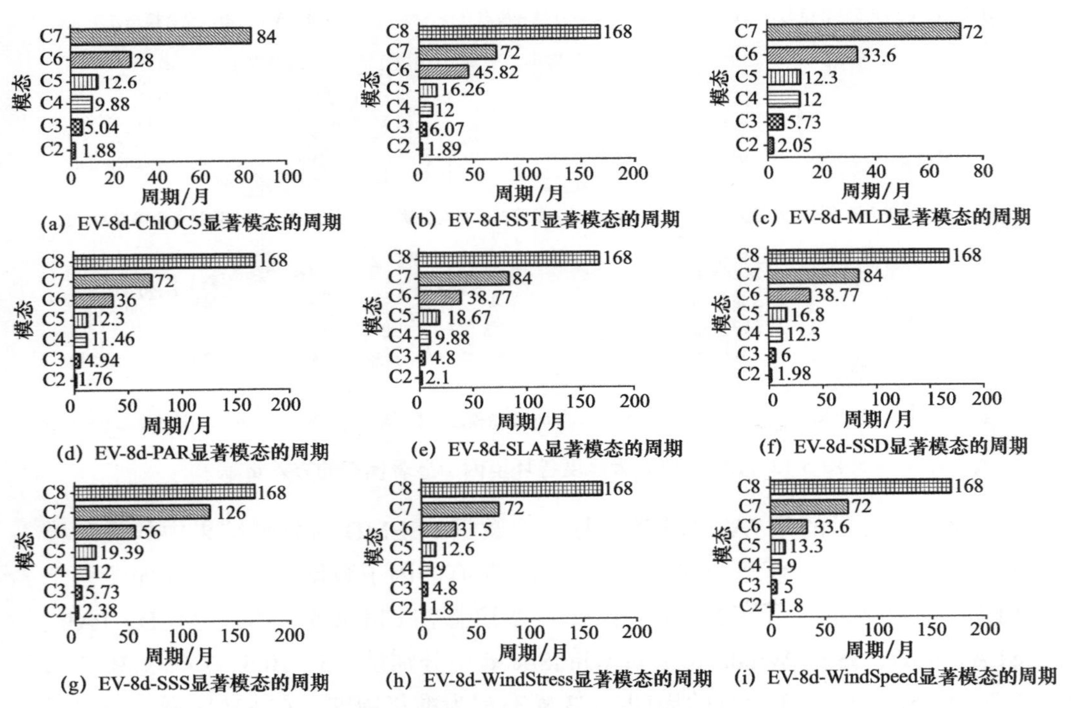

图5.11　EV区域8天尺度各环境因子显著模态的周期

综合图5.10和图5.12，NE和EV区域各个模态的方差贡献有相似之处，即最主要的3个方差贡献模态集中于C2～C4模态，其中在大多数情况，C4模态贡献了大部分的方差。但是EV和NE区域也有不同之处。在NE区域，方差贡献最大的集中在C4模态，且C4模态贡献了绝大多数的方差；但在EV区域，贡献最大的方差分布于C2模态（ChlOC5）或C3模态（WindStress和WindSpeed因子）或C4模态（其他因子）。并且，EV区域的方差分布不像NE区域那么集中于 C4 模态（年尺度周期），而是在 C3 模态（半年或季节尺度周期）或者 C2 模态（月尺度）也有相当分量的分布，例如 PAR 在 C2 ~ C4 模态的方差贡献分别为 15.23%、17.64% 和 48.60%；EV 区域的 WindStress 和 WindSpeed 的 C2 ~ C4 模态的方差贡献分别为 22.10%、31.40%、29.70% 和 21.30%、37.70%、29.00%；其他环境因子在 C3 模态有 13.70% ~ 38.70% 不等的方差贡献。

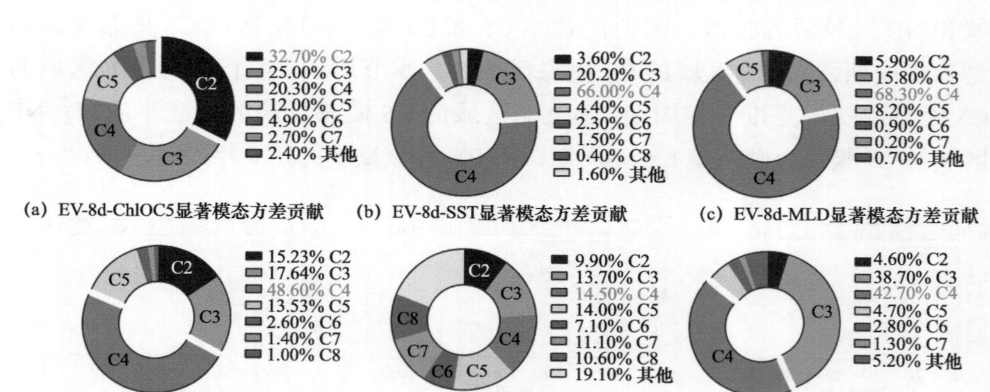

(a) EV-8d-ChlOC5显著模态方差贡献　(b) EV-8d-SST显著模态方差贡献　(c) EV-8d-MLD显著模态方差贡献

(d) EV-8d-PAR显著模态方差贡献　(e) EV-8d-SLA显著模态方差贡献　(f) EV-8d-SSD显著模态方差贡献

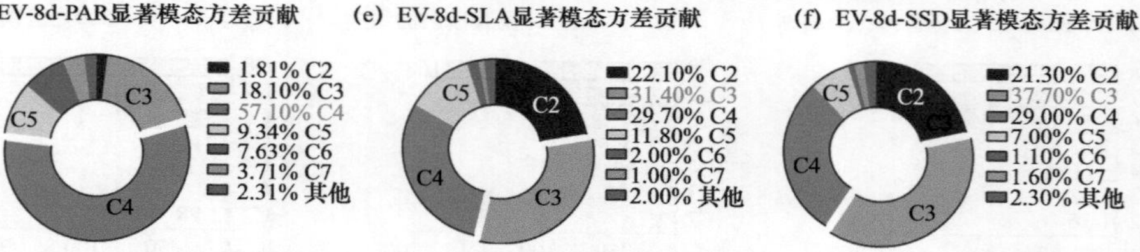

(g) EV-8d-SSS显著模态方差贡献　(h) EV-8d-WindStress显著模态方差贡献　(i) EV-8d-WindSpeed显著模态方差贡献

图 5.12　EV 区域 8 天尺度各环境因子显著模态的方差贡献

表 5.2 展示的是 EV 区域基于月尺度数据 FEEMD 的分解结果中的显著模态的平均周期和该模态的方差贡献。几乎所有的因子数据中都分解出至少两个模态，几乎都包含了 C2 和 C3 模态。C2 模态在 ChlOC5、SST、MLD、PAR、SLA、SSD、SSS、WindStress 和 WindSpeed 中分别是 7.5、10.5、7.4、9.3、7.3、8.7、11.5、6.6、6.3 个月的周期，C3 模态都为准年周期。在 EV 区域，方差贡献最大的最显著模态一般都为 C2 模态，而 C2 模态反映的是年内尺度的周期，这与 NE 区域 C2 模态反映准年周期是不同的。

表 5.1 和表 5.2 分别为 NE 和 EV 区域基于月尺度数据进行 FEEMD 后的显著模态，以及所计算的显著模态周期和方差贡献。NE 区域的 ChlOC5 和相关环境因子主要集中于 C2 模态，主要展现年尺度的周期信号，而 EV 区域主要展现从半年到准年尺度的周期的信号。

表 5.2　EV 区域月尺度各因子数据显著模态的周期及方差贡献

数据	模态	平均周期 / 月	方差贡献率 /%	累计方差贡献率 /%
ChlOC5	C2	7.5	53.2	53.2
	C3	13.6	24.6	77.8
	C5	63	11.1	88.9
SST	C2	10.5	69.2	69.2
	C3	12.6	20.8	90.0
MLD	C2	7.4	37.8	37.8
	C3	13.6	26.0	63.8
	C4	29.7	13.8	77.6
	C5	72	7.1	84.7
	C6	168	8.1	92.8
PAR	C2	9.3	56.1	56.1
	C3	12.3	35.6	91.7
SLA	C2	7.3	17.0	17.0
	C3	15.3	19.4	36.4
	C4	33.6	11.1	47.5
	C5	84	13.0	60.5
	C6	168	14.2	74.7
SSD	C2	8.7	54.9	54.9
	C3	12.3	24.1	79.0
	C6	168	1.0	80.0
SSS	C2	11.5	62.1	62.1
	C4	42	8.9	71.0
	C5	84	7.1	78.1
	C6	168	6.5	84.6
WindStress	C2	6.6	51.1	51.1
	C3	12.6	39.3	90.4
WindSpeed	C2	6.3	53.5	53.5
	C3	12.6	35.5	89.0

5.3.2　显著模态的模态相位、相位移量方差的计算

为了研究南海不同区域叶绿素 a 浓度极值与环境因子间的关系，前面讨论了 EV 和 NE 区域的 ChlOC5 和相关环境因子在显著模态的周期和方差贡献上的异同。两个区域虽有共同之处，但也在有些方面差异比较大。究竟是何种驱动因素驱动和导致了这种差异呢？这是本小节将要讨论的问题。

希尔伯特变换（Hilbert transform，HT）可以将模态的振幅和相位描述为时间函数，以此求出通过显著性检验具有实际物理意义模态的瞬时频率，据此建立起同时具备时间、频率和能量三要素的分布图来描述该模态的信号。两个物理变量信号之间的同步化程度是通过计算两个相似时间频率模态在每一个相同时间点上两者的局部相位的差来实现的。希尔伯特变换可以灵敏地捕捉到模态局部相位的变化，如果相位差是常数则表明两个序列信号之间有共同的驱动机制，或者两个序列信号之间存在一种机制性的动力学关系（闫桐 等，2011）。基于此，根据 FEEMD 分解出的显著的模态，在相同的季节或者年尺度的驱动作用下，两个序列模态信号有可能显示出相似的变化特点。图 5.13 所示为 ChlOC5 的 C2 ~ C7 模态和 SST 的 C2 ~ C7 模态在 21 年间的变化情况的比较，可见两个因子之间存在一定的关系。

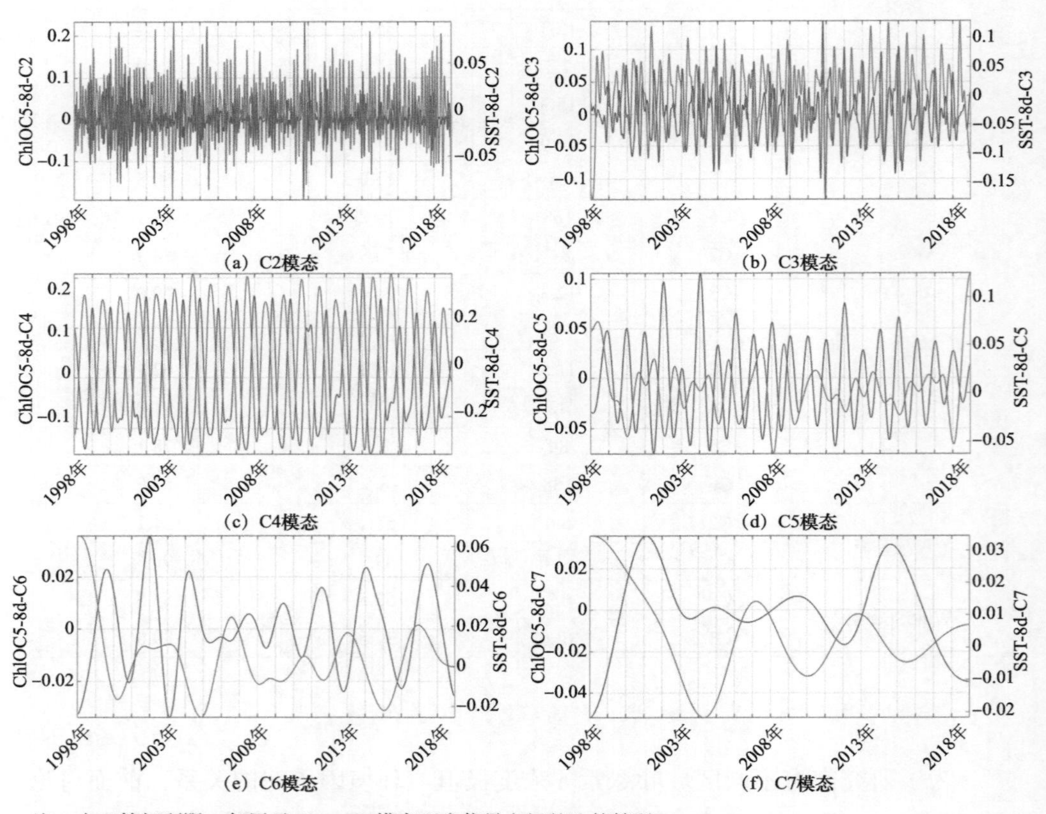

(a) C2模态　(b) C3模态　(c) C4模态　(d) C5模态　(e) C6模态　(f) C7模态

注：由于篇幅所限，仅展示 C2 ~ C7 模态两个信号之间的比较情况。

图 5.13　基于 8 天尺度重构的 ChlOC5 数据与环境因子 SST 的显著模态比较

为了进一步研究和探讨环境变量对叶绿素 a 浓度极大值的影响，需要比较研究 EV 和 NE 区域的 ChlOC5 与环境因子显著模态的相位，以及相位之间的相位差，用以判断两者之间是否存在相互驱动关系（Solé et al，2007；陈小燕，2013；闫桐 等，2011）。如何计算两个序列信号之间的相位差？首先，要将叶绿素 a 浓度某个显著模态的时间序列数据作为 $X(t)$，其他 8 个环境因子与 ChlOC5 相对应显著模态的时间序列数据作为 $Y(t)$，经过希尔伯特－黄变换（Hilbert-Huang transform，HHT) 处理后得到它们的复数模态表示形式如下

$$X(t)=\mathrm{Re}\left(\sum_{n=1}^{n}a_n^X(t)\mathrm{e}^{\mathrm{i}\theta_n^X(t)}\right)+r^X(t) \tag{5.7}$$

$$Y(t)=\mathrm{Re}\left(\sum_{m=1}^{m}a_m^Y(t)\mathrm{e}^{\mathrm{i}\theta_m^Y(t)}\right)+r^Y(t) \tag{5.8}$$

式（5.7）和式（5.8）中，Re 为取复数的实部，a 表示信号的瞬时频率，θ 表示瞬时相位，r 为趋势项。X 和 Y 两个复数的模态分别为两个序列的模态分布（图 5.13），即

$$C_n^X(t)=a_n^X(t)\mathrm{e}^{\mathrm{i}\theta_n^X(t)} \tag{5.9}$$

$$C_m^Y(t)=a_m^Y(t)\mathrm{e}^{\mathrm{i}\theta_m^Y(t)} \tag{5.10}$$

则两个复数模态之间存在如下关系

$$\mathrm{e}^{\mathrm{i}\Delta\theta_{nm}(t)}=\frac{C_n^X(t)\left(C_m^Y(t)\right)^*}{|C_n^X(t)|\ |C_m^Y(t)|} \tag{5.11}$$

式中，$\Delta\theta_{nm}(t)=\theta_n^X(t)-\theta_m^Y(t)$，$*$ 代表共轭复数。由此可推导出其相位差 $\Delta\theta_{nm}$，图 5.14 即为示例的相位差。

图 5.14 计算了 ChlOC5 和 SST 的 C2 ~ C7 所有显著模态的相位的差，可见在不同的模态上，两者存在一定的相位上的差，在 C4 ~ C7 模态，这种相位的差表现得尤其明显。该如何定量描述相位差或相位移量？两个复数模态的实际相位移量 δ_{nm} 为

$$\delta_{nm}(t)=\cos\left(\Delta\theta_{nm}(t)\right)=\mathrm{Re}\left(\mathrm{e}^{\mathrm{i}\Delta\theta_{nm}(t)}\right) \tag{5.12}$$

式中，δ_{nm} 即为 ChlOC5 的某个模态与相关环境因子对应模态之间的相位移量。若两个时间序列信号同相位，则 $\delta_{nm}(t)=1$；若两个时间序列信号反相位，则 $\delta_{nm}(t)=-1$；若两个时间序列信号正交延迟，则 $\delta_{nm}(t)=0$。图 5.15 即为 NE 区域基于 8 天尺度数据分解的 C2 模态计算的 ChlOC5 与相关环境因子之间在 21 年尺度的时间序列中的相位移量的变化曲线。

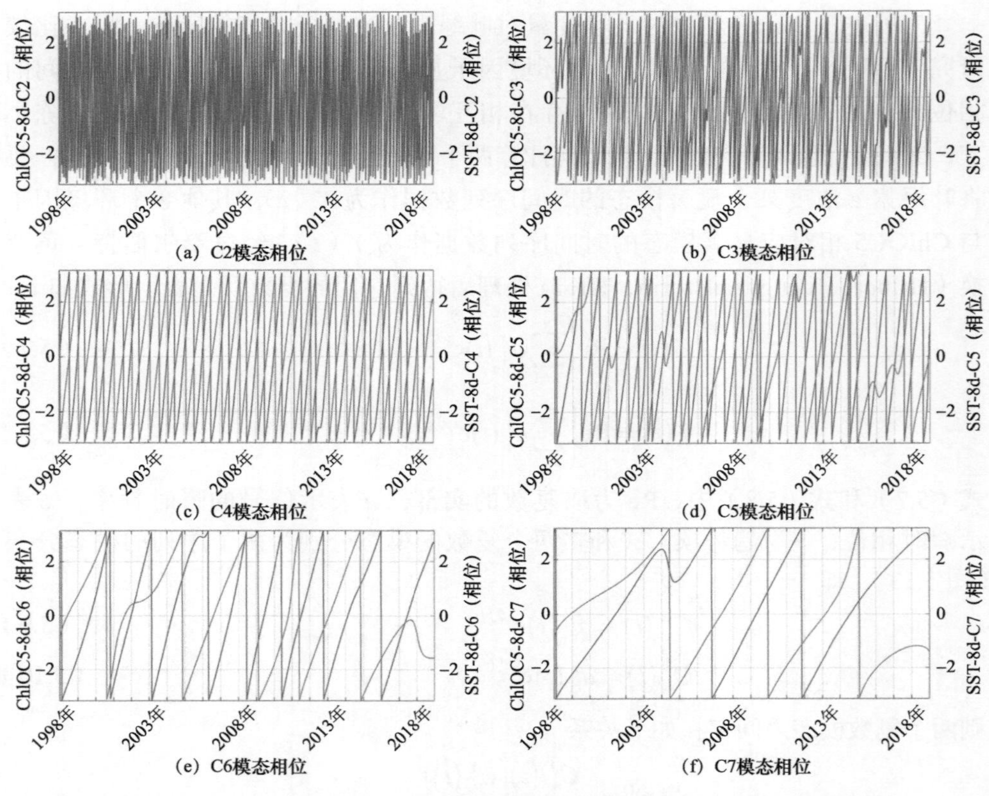

（a）C2模态相位　（b）C3模态相位

（c）C4模态相位　（d）C5模态相位

（e）C6模态相位　（f）C7模态相位

图 5.14　基于 8 天尺度重构的 ChlOC5 数据与环境因子 SST 的显著模态的相位比较

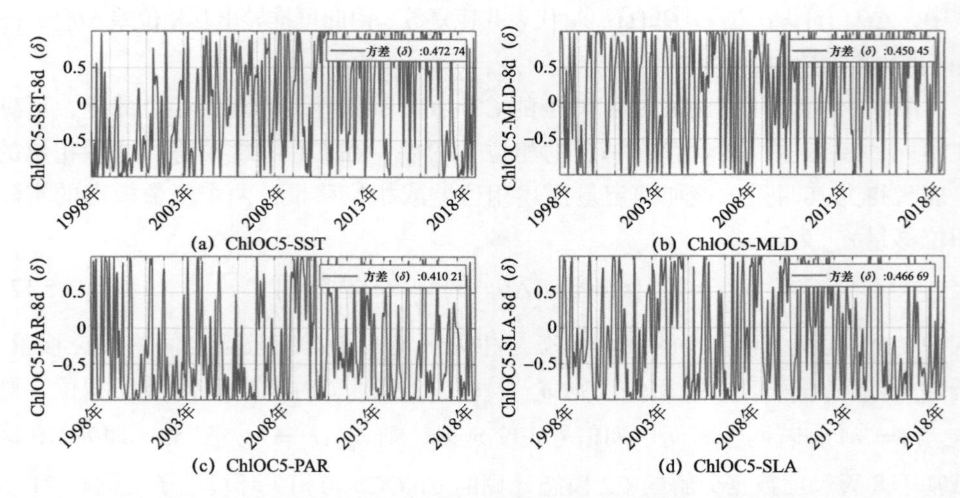

(a) ChlOC5-SST　(b) ChlOC5-MLD

(c) ChlOC5-PAR　(d) ChlOC5-SLA

图 5.15　NE 区域基于 8 天尺度重构的 ChlOC5 数据与相关环境因子在 C2 模态的相位移量及其方差

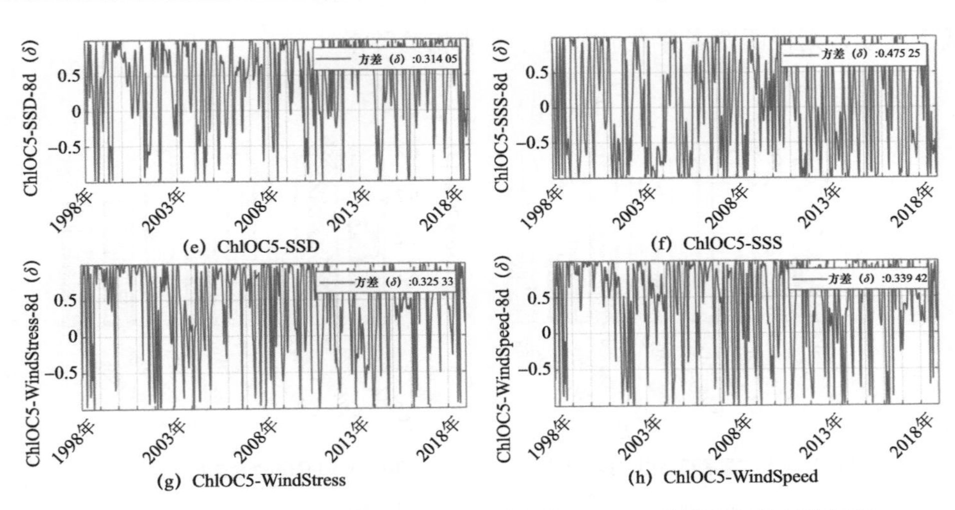

(e) ChlOC5-SSD　　(f) ChlOC5-SSS

(g) ChlOC5-WindStress　　(h) ChlOC5-WindSpeed

图 5.15（续） NE 区域基于 8 天尺度重构的 ChlOC5 数据与相关环境因子在 C2 模态的相位移量及其方差

图 5.15 中可用相位移量方差 δ 来衡量 ChlOC5 和相关环境因子两模态信号相位移同步化程度的高低以及其稳定性状况，以此来判断两者的驱动关系。δ 为 0 时，意味着相位移量为常数（图 5.14 中模态 C4 的相位移量虽不是常数但却相当规律），而在大多数情况下，不同环境因子与 ChlOC5 之间存在较大差别，因此两者具有不同的局地频率，两者的相位差是变化的（如图 5.14 的 C5、C6 和 C7 模态的相位差所示），这将导致一个比较大的相位移量方差 δ（δ 的最大值为 1）。要判定两个变量信号之间是否相关，需要对相位移量方差 δ 设定一个阈值：如果相位移量方差低于这个阈值，则两者之间存在关系；如果相位移量方差大于该阈值，则两者关系不大。阈值的设定是探索性的，并没有统一的标准，以往的研究者选用的阈值多为 0.35 或 0.4（陈小燕，2013；闫桐 等，2011）。在本书中设定动态阈值：若相位移量方差小于 0.4，则两者相关；若相位移量方差小于 0.35，则两者显著相关。

由于在 5.2 节讨论了 8 天尺度数据相较于月尺度数据所具备的诸多优势，因此，本节主要基于 8 天尺度数据 FEEMD 的显著模态计算其相位移量方差，来判断不同区域的叶绿素 a 浓度数据 ChlOC5 和其他 8 个环境因子间的关系。图 5.16 和图 5.17 为 EV 和 NE 区域 ChlOC5 与环境因子在 C2 ~ C7 不同的显著模态之间的相位移量方差。每个子图的 x 轴为叶绿素 a 浓度数据 ChlOC5 与不同环境因子在不同显著模态的相位移量方差，y 轴的相位移量方差黑线 0.4 和红线 0.35 为阈值。若 δ 值低于黑线，则说明两者存在相关或驱动关系；若 δ 值低于红线，则说明两者存在显著的驱动或相关关系。

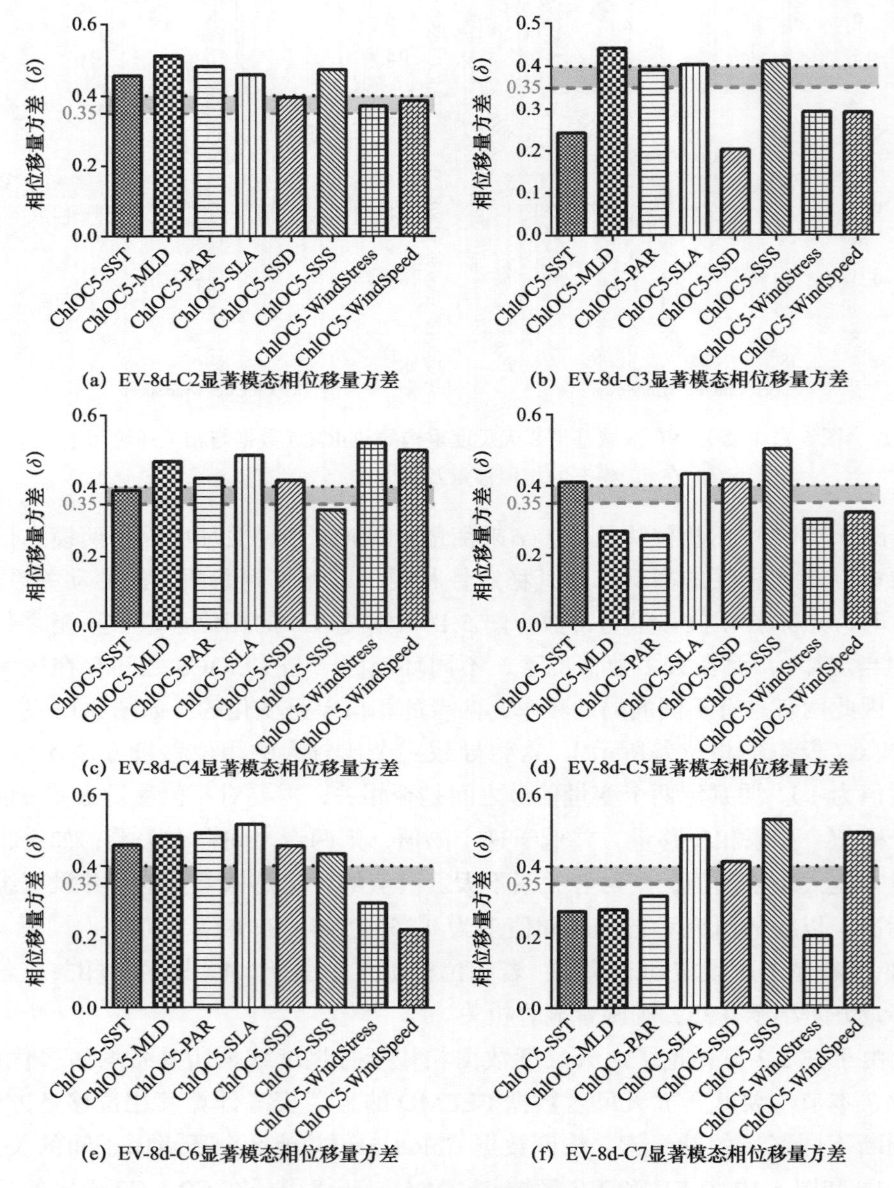

(a) EV-8d-C2显著模态相位移量方差　(b) EV-8d-C3显著模态相位移量方差

(c) EV-8d-C4显著模态相位移量方差　(d) EV-8d-C5显著模态相位移量方差

(e) EV-8d-C6显著模态相位移量方差　(f) EV-8d-C7显著模态相位移量方差

图 5.16　EV 区域 8 天尺度各个显著模态 ChlOC5 数据与相关环境因子的相位移量方差比较

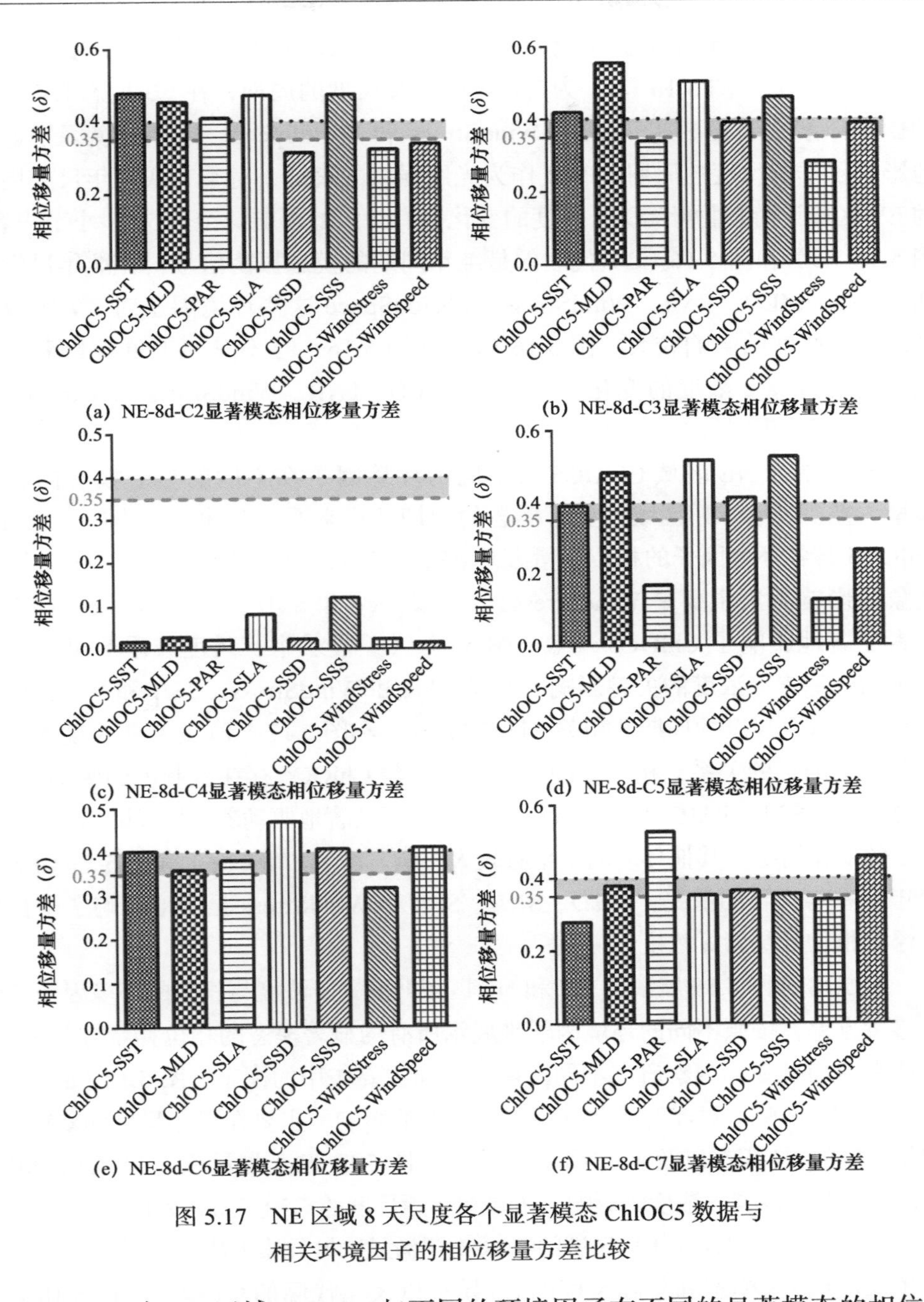

图 5.17 NE 区域 8 天尺度各个显著模态 ChlOC5 数据与相关环境因子的相位移量方差比较

图 5.16 为 EV 区域 ChlOC5 与不同的环境因子在不同的显著模态的相位移量方差。C2 为月尺度周期，如图 5.16（a）所示，ChlOC5 与环境因子 SSD、WindStress 和 WindSpeed 的相位移量方差 δ 小于 0.4，则在该事件尺度，这 3 个

环境因子对 EV 区域的浮游植物叶绿素 a 浓度 ChlOC5 的影响比较大，其中风应力的影响最大。图 5.16（b）为 EV 区域季节尺度的周期，在 C3 模态 EV 区域的影响因素主要是 SST、SSD、WindStress 和 WindSpeed，这些环境因子显著地影响了季节尺度的周期；PAR 作为光照强度的表征，对季节或半年尺度周期的 EV 区域浮游植物叶绿素 a 浓度的变化也有一定的影响。结合 5.3.1 小节内容，图 5.16（c）和图 5.16（d）代表的是准年周期的模态振荡信号，在准年尺度周期，SST、MLD、PAR、WindStress 和 WindSpeed 这些环境因子对 EV 区域的叶绿素 a 浓度的影响较大。图 5.16（e）和图 5.16（f）代表的是在年际和多年尺度的叶绿素 a 浓度的变化中，SST、MLD、PAR、WindStress 和 WindSpeed 是关键的影响因素。

图 5.17 为 NE 区域 ChlOC5 与不同的环境因子在不同的显著模态的相位移量方差。结合 NE 区域各显著模态的周期计算来看，C2 模态［图 5.17（a）］ChlOC5 与各环境因子的相位移量方差 δ 的值显示，对于月尺度的叶绿素 a 浓度现象的影响因素主要是 WindStress、WindSpeed 和 SSD，在 NE 区域，这 3 个因素显著地影响了 ChlOC5 现象。图 5.17（b）显示半年尺度或季节尺度的浮游植物叶绿素 a 浓度的关键影响因素是 PAR 和 WindStress，SSD 和 WindSpeed 也与季节或月尺度的周期性相关。图 5.17（c）和图 5.17（d）是准年尺度周期与相关环境因子的关系，相当多的环境因子都与 ChlOC5 存在机制上的驱动关系，综合来看，SST、PAR、WindStress 这几个因素显著地驱动着 NE 区域年叶绿素 a 浓度的变化情况，其他环境因子也有较大影响。图 5.17 的（e）和图 5.17（f）代表年际和年代际的情况，MLD、SLA、SSS 和 WindStress 显著地影响了中长期的浮游植物叶绿素 a 浓度。

图 5.18 和图 5.19 展示了 EV 和 NE 区域叶绿素 a 浓度与相关的环境因子的相位移量方差，按照不同的环境因子来展示所有的显著模态的相位移量方差情况，以此来更加直观地观察研究不同环境因子起主要作用的模态。图 5.18（a）展示了 EV 区域的 SST 对浮游植物叶绿素 a 浓度的影响，主要在半年尺度的 C3 模态和年尺度的 C4 模态以及年代际的 C7 模态。图 5.18（b）展示了 EV 区域的 MLD 对浮游植物叶绿素 a 浓度的影响，主要在年际尺度的 C5 模态以及年代际的 C7 模态。图 5.18（c）展示了 EV 区域的 PAR 对浮游植物叶绿素 a 浓度的影响，主要在半年尺度的 C3 模态和年际尺度的 C5 模态以及年代际的 C7 模态。图 5.18（d）展示了 EV 区域的 SLA 对浮游植物叶绿素 a 浓度的影响，主要在半年尺度的 C3 模态可能有一定的影响，其他的因素都不存在驱动关系。图 5.18（e）展示了 EV 区域的 SSD 对浮游植物叶绿素 a 浓度的影响，主要在半年尺度的 C3 模态和月

尺度的C2模态。图5.18（f）展示了EV区域的SSS对浮游植物叶绿素a浓度的影响，主要在年尺度的C4模态。图5.18（g）展示了EV区域的WindStress对叶绿素a浓度的影响，除了年尺度的C4模态外，ChlOC5与WindStress在EV区域的其他模态均有显著的关系，无论是在较短的月尺度、季节尺度还是年尺度和多年尺度的周期模态。图5.18（h）展示了EV区域的WindSpeed对浮游植物叶绿素a浓度的影响，主要作用在月尺度的C2模态、半年尺度的C3模态、年际尺度的C5模态以及多年尺度的C6模态。

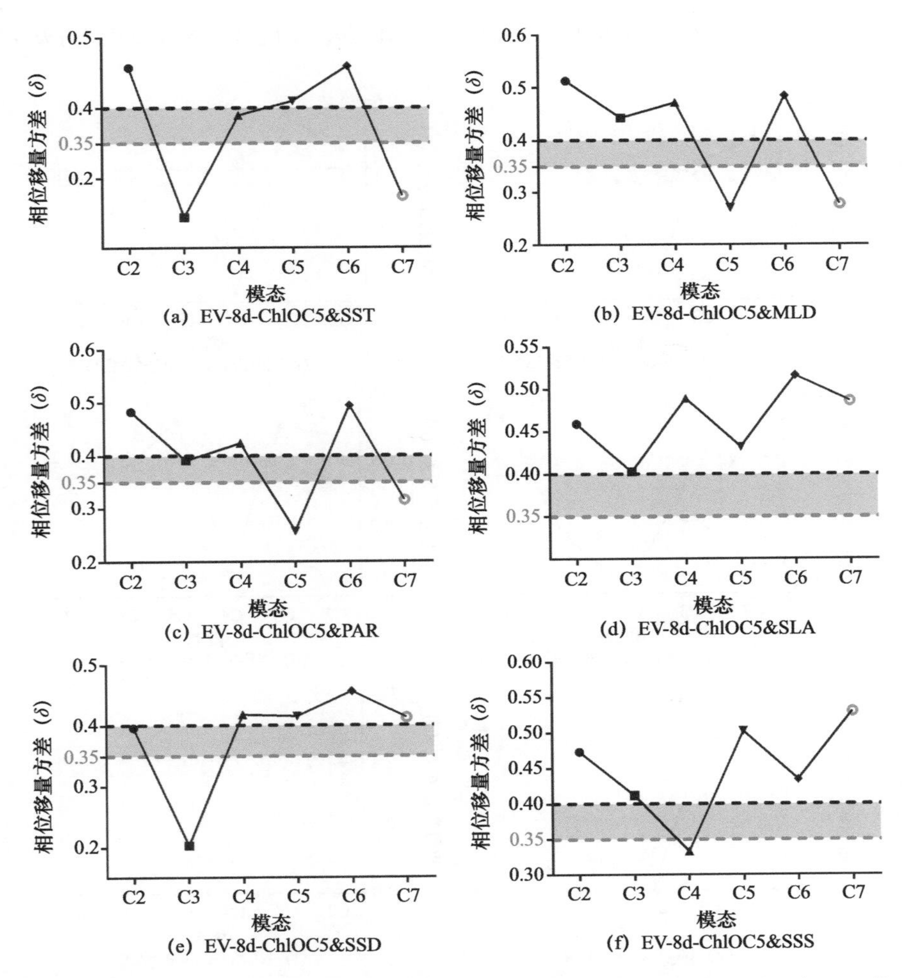

图5.18　EV区域8天尺度ChlOC5数据与环境因子的显著模态相位移量方差比较

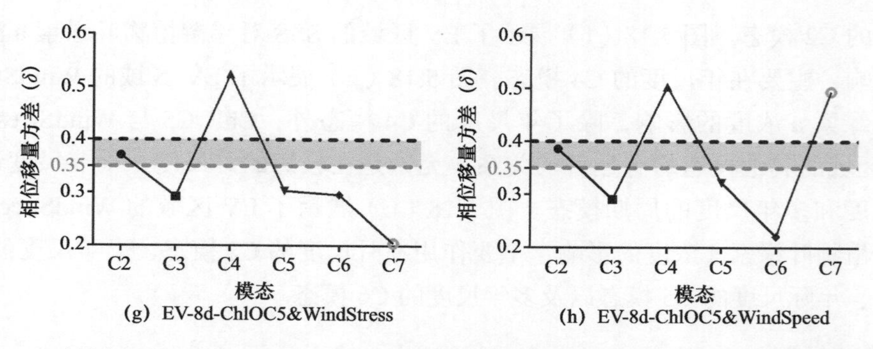

(g) EV-8d-ChlOC5&WindStress (h) EV-8d-ChlOC5&WindSpeed

图 5.18（续） EV 区域 8 天尺度 ChlOC5 数据与环境因子的显著模态相位移量方差比较

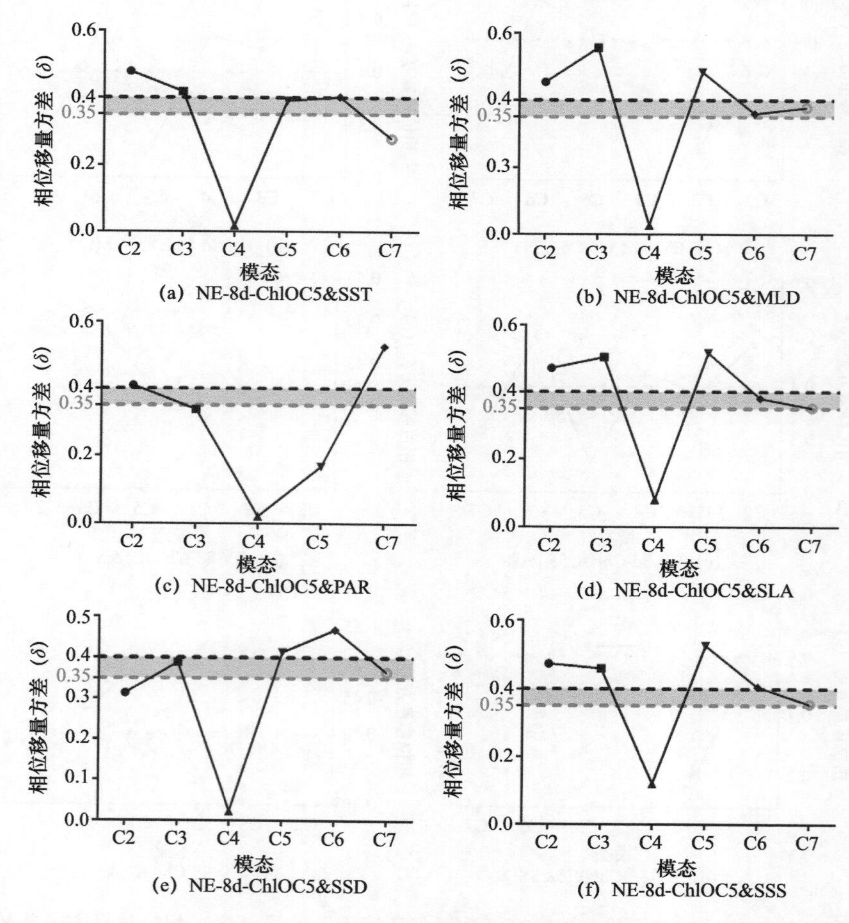

(a) NE-8d-ChlOC5&SST (b) NE-8d-ChlOC5&MLD

(c) NE-8d-ChlOC5&PAR (d) NE-8d-ChlOC5&SLA

(e) NE-8d-ChlOC5&SSD (f) NE-8d-ChlOC5&SSS

图 5.19 NE 区域 8 天尺度 ChlOC5 数据与环境因子的显著模态相位移量方差比较

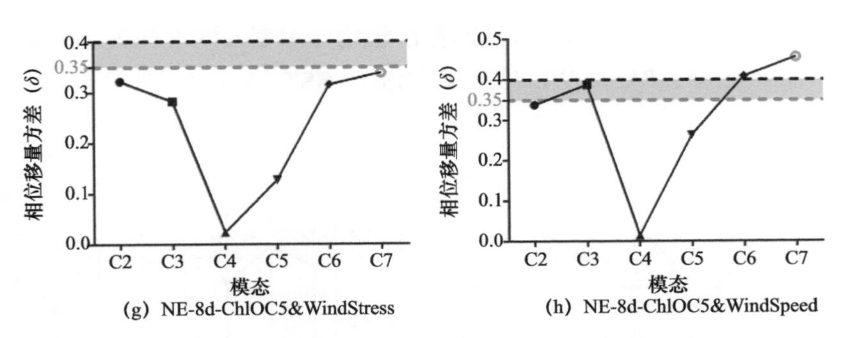

图 5.19（续） NE 区域 8 天尺度 ChlOC5 数据与环境因子的显著模态相位移量方差比较

图 5.19（a）展示了 NE 区域的 SST 对浮游植物叶绿素 a 浓度的影响，主要在年尺度的 C4 模态和年代际尺度的 C7 模态有显著影响，在年际尺度（C5 模态）和多年尺度（C6 模态）也有一定的影响。图 5.19（b）展示了 NE 区域的 MLD 对叶绿素 a 浓度的影响，主要在年尺度（C4 模态）以及多年年代际尺度（C6 和 C7 模态）。图 5.19（c）展示了 NE 区域的 PAR 对浮游植物叶绿素 a 浓度的影响，主要在半年尺度的 C3 模态、年尺度的 C4 模态和年际尺度的 C5 模态。图 5.19（d）展示了 NE 区域的 SLA 对浮游植物叶绿素 a 浓度的影响，主要在年尺度的 C4 模态和多年尺度的模态（C6 和 C7 模态）。图 5.19（e）展示了 NE 区域的 SSD 对浮游植物叶绿素 a 浓度的影响，主要在短周期的月尺度、半年尺度和年尺度的模态（C2、C3 和 C4 模态）。图 5.19（f）展示了 NE 区域的 SSS 对浮游植物叶绿素 a 浓度的影响，主要在年尺度的 C4 模态和年代际的 C7 模态。图 5.19（g）展示了 NE 区域的 WindStress 对浮游植物叶绿素 a 浓度的影响，ChlOC5 与 WindStress 在 NE 区域的各模态均有显著的关系，无论是在较短的月尺度、季节尺度还是年尺度和多年尺度的周期模态。图 5.19（h）展示了 NE 区域的 WindSpeed 对浮游植物叶绿素 a 浓度的影响，主要作用在 C2、C4、C5 这三个模态，其中 C2 模态反映的 2 月周期尺度和 C4、C5 模态反映的 1 年周期尺度最为显著。

综合并对比图 5.18 和图 5.19 的情况可知，在 EV 和 NE 区域 WindStress 都是最为关键的影响因子，其在不同的时间尺度和不同的区域，都对浮游植物叶绿素 a 浓度起到关键的驱动作用；WindSpeed 和 SSD 也是重要的影响因子，这两个因子主要作用于短周期的现象，SST 和 PAR 也对 EV 和 NE 区域有不同程度的影响。图 5.20（a）和图 5.20（b）分别为 EV 和 NE 区域所有显著模态相位移量方差的平均。综合所有的显著模态的相位移量方差来看，EV 区域的浮游植物叶绿素 a 浓度的关键的影响因子按照其影响大小排序分别为 WindStress、

WindSpeed、SST、SSD；NE 区域的浮游植物叶绿素 a 浓度的关键的影响因子排序为 WindStress、PAR、WindSpeed、SSD、SST。

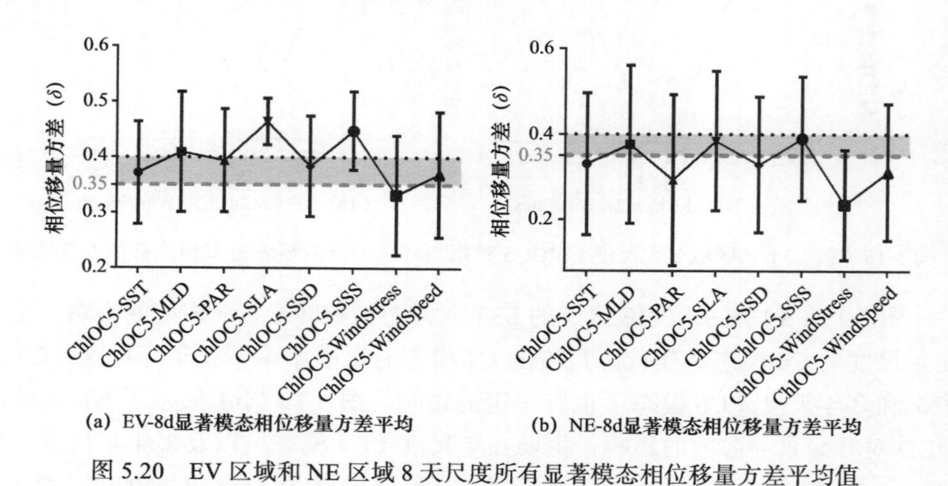

(a) EV-8d显著模态相位移量方差平均　　(b) NE-8d显著模态相位移量方差平均

图 5.20　EV 区域和 NE 区域 8 天尺度所有显著模态相位移量方差平均值

5.3.3　短时间周期关键影响因子分析

对于浮游植物与环境因子间的动力学驱动关系研究，前人已有的研究多是基于月尺度合成数据进行的，所涉及的多是年尺度、年际尺度、多年尺度和年代际尺度浮游植物与环境因子和气候因子之间的关系。由于数据的限制，较少有短周期时间序列叶绿素 a 浓度数据与环境因子之间的驱动关系研究。因此，基于 8 天尺度重构的叶绿素 a 浓度数据，经过 FEEMD，并对各分解模态做显著性检验，对通过显著性检验具有实际物理意义的模态计算周期和相位移及相位移量方差。基于短周期的叶绿素 a 浓度数据与环境因子之间的相位移量方差，来讨论短时间周期环境因子对浮游植物叶绿素 a 浓度的影响。

图 5.21（a）和图 5.21（b）为 EV 和 NE 区域高频短周期模态（C2 和 C3 模态）的平均值，图 5.21（c）和图 5.21（d）为 EV 和 NE 区域在月尺度的 C2 模态上各个因子的相位移量方差，图 5.21（e）和图 5.21（f）为 EV 和 NE 区域在季节或半年尺度的 C3 模态上各个因子的相位移量方差。图 5.21（c）中，对 EV 区域 C2 模态（平均周期 1.8 个月）的浮游植物叶绿素 a 浓度的变化相关的环境因子影响值较大的分别为 WindStress、WindSpeed 和 SSD；图 5.21（d）所示的 NE 区域，与 C2 模态浮游植物叶绿素 a 浓度变化相关的环境因子影响值较大的分别为 SSD、WindStress 和 WindSpeed；图 5.21（e）中，对 EV 区域 C3 模态（季节尺度或半年尺度）的浮游植物叶绿素 a 浓度的变化相关的环境因

子影响值较大的分别为 SSD、SST、WindStress 和 WindSpeed；图 5.21（f）所示的 NE 区域，与 C3 模态浮游植物叶绿素 a 浓度变化相关的环境因子影响值较大的分别为 WindStress、PAR、SSD 和 WindSpeed。图 5.21（a）和图 5.21（b）为 EV 和 NE 区域高频（C2 和 C3）模态平均，从平均值可知，对 EV 区域浮游植物叶绿素 a 浓度的变化，影响较大的相关的环境因子分别为 SSD、WindStress、WindSpeed 和 SST；对 NE 区域浮游植物叶绿素 a 浓度的变化，相关的环境因子按影响大小排列分别为 WindStress、SSD、WindSpeed 和 PAR。

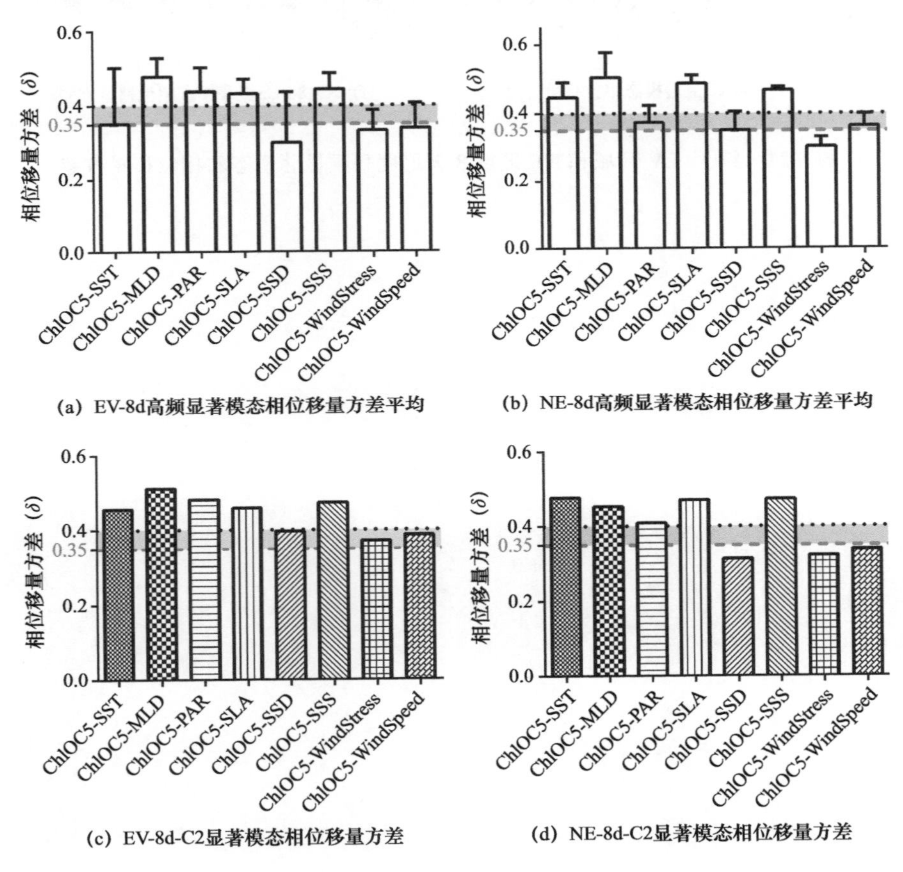

图 5.21　EV 区域和 NE 区域 8 天尺度高频显著模态的相位移量方差

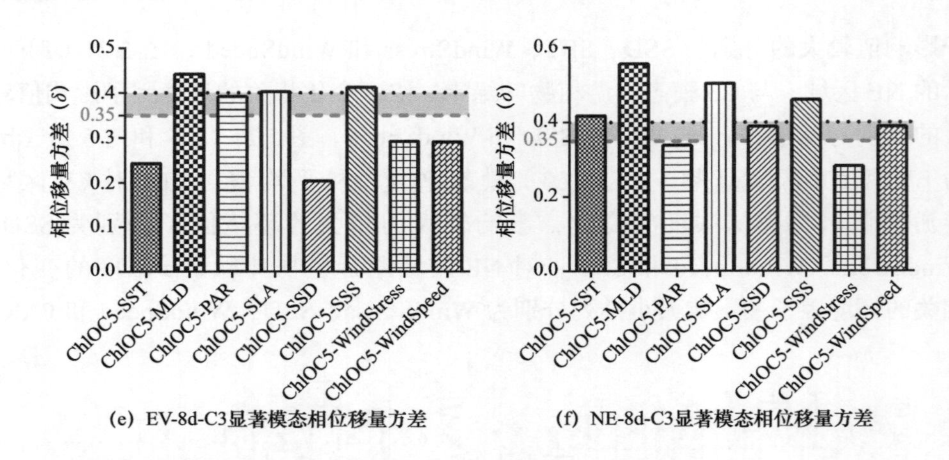

(e) EV-8d-C3显著模态相位移量方差

(f) NE-8d-C3显著模态相位移量方差

图 5.21（续） EV 区域和 NE 区域 8 天尺度高频显著模态的相位移量方差

第6章　日尺度中小空间范围叶绿素a浓度数据重构

中小时间尺度物理过程持续时间较短，空间范围较小，月尺度和8天尺度合成数据无法捕捉到短时尺度海洋物理环境要素对浮游植物的影响，而且25 km分辨率数据无法在较小的河口近岸或涡旋区域获取足够的空间信息，重构的8天尺度数据和月尺度数据无法捕捉到快速生消的涡旋、上升流和气旋台风过境过程中叶绿素a浓度时空变化的信息。因此，中小尺度物理强迫对浮游植物（以叶绿素a浓度为表征）的影响研究，需要较高的空间分辨率和较高的时间分辨率的数据。然而，在这些区域，因为大部分的叶绿素a浓度数据受到云以及特定算法的影响严重，日尺度的高分辨率的数据具有较大面积的缺失，数据缺失和数据时空不连续严重制约了短时间尺度的物理过程与浮游植物变化的响应研究。

因此，海洋叶绿素a浓度数据重构研究一方面应着眼于大尺度长时间序列云覆盖影响较大区域的数据重构，另一方面，更为重要的是应该着眼于日尺度中小空间范围的数据重构（De Montera et al，2011；Jouini et al，2013；Pottier et al，2008）。第4章在大空间范围云覆盖较严重的区域成功进行了21年8天尺度叶绿素a浓度的数据重构研究。基于此，本章拟在南海及其邻近海域进行日尺度中小空间范围的缺失数据重构研究。日尺度中小空间范围数据重构有其特殊性，因为：①日尺度重构无法参照月尺度合成和8天尺度合成的叶绿素数据那样从历史数据中寻找规律；②日尺度叶绿素a浓度数据的缺失情况更为严重，利用传统DINEOF方法和NARX-DINEOF方法会引入较大误差；③日尺度中小空间范围叶绿素a浓度数据的影响因子多样，与环境因子的关系更为密切，仅靠单一叶绿素变量无法从自身获取足够的信息用于重构。

日尺度中小空间范围数据重构研究中，针对海表温度缺失数据进行重构的研究较多，方法主要有深度学习和多变量经验正交函数分解插值（multivariate data interpolating empirical orthogonal function，MV-DINEOF）组合重构方法

（Alvera-Azcárate et al，2009；Xiao et al，2019）。实验结果表明，MV-DINEOF方法运行简单，效果好，既能从时间维上获取信息，又能从不同变量的空间维上获取参考信息来恢复和增强数据。

本书针对日尺度数据重构的特殊性，拟将在日尺度小范围海表温度（SST）数据重构中使用的方法应用到日尺度小范围叶绿素a浓度数据重构研究中。叶绿素a浓度数据是对多个环境因子的综合反映，因此其重构比SST重构的挑战更大。本章主要在以下三个区域开展研究：①在长江口、杭州湾和苏北浅滩数据极端匮乏区利用4 km分辨率的叶绿素a浓度数据进行多因子融合重构和MV-DINEOF方法构建；②在南海的短时涡旋上升流区利用9 km分辨率的叶绿素a浓度数据进行MV-DINEOF重构；③基于9 km分辨率的叶绿素a浓度数据，利用MV-DINEOF方法重构孟加拉湾一次短时的热带气旋过境前后时间序列的叶绿素a浓度的时空分布。用三个实例来完善MV-DINEOF方法和重构日尺度小区域范围的叶绿素a浓度数据，三个区域位置分布如图6.1所示。此外，还将本书MV-DINEOF方法重构的结果与其他相似数据重构方法的结果在空间分布上比较，并进一步利用实测的Bio-Argo叶绿素a浓度值对原始卫星数据和重构后的卫星数据进行绝对精度评估，以进一步评价该方法。结果如下。

（1）在东海近岸的杭州湾、长江口和苏北浅滩区域，结合Chl2和ChlOC5叶绿素a浓度数据各自算法和数据上的优点，避免各自缺点，进行两套4km空间分辨率的叶绿素a浓度日尺度数据的融合重构。结果发现，两个因子融合重构能显著提高该区域的数据覆盖度，日尺度Chl2数据覆盖度由重构前的16%提高至重构后的82%，日尺度ChlOC5数据覆盖度由重构前的28.6%提高至重构后的83.2%，可见两种数据能相互结合，充分发挥各自的优势。该日尺度数据重构方法虽然在一些区域无数据，但证明了多因子组合重构方法的可行性。

（2）基于第5章分析的影响短时间尺度叶绿素a浓度数据的环境因子WindStress、WindSpeed、SSD、SST和PAR数据，并结合对叶绿素a浓度数据空间分布影响较大的SSH和SSS因子发展了MV-DINEOF方法，并对9 km空间分辨率的日尺度ChlOC5数据进行重构。重构结果发现数据的空间分布合理，细节信息清晰，数据覆盖度由重构前的28.6%提高至重构后的99.94%。

（3）为进一步验证MV-DINEOF数据重构方法，利用该方法对短时间中小空间区域的南海中北部涡旋上升流事例和孟加拉湾一次典型的热带气旋过境事件进行日尺度叶绿素a浓度数据重构。结果发现，MV-DINEOF方法能将缺失的数据完整重构出来，并且局部细节性的空间信息完备。此外，该方法还将涡旋上升流区域以及热带气旋过境前后时间序列的叶绿素a浓度的消长过程完整准确地呈现出来。

（4）在重构数据的空间分布上，将 MV-DINEOF 重构结果与其他常用的数据重构方法的结果进行对比，发现空间分布上 MV-DINEOF 重构方法的结果最优。利用 Bio-Argo 实测的叶绿素 a 浓度数据对重构数据和原始数据进行绝对精度评价，结果发现，MV-DINEOF 方法重构结果的精度最高，原始数据的绝对精度次之，BAR 方法重构结果的绝对精度第三，传统单因子 DINEOF 方法重构的结果最差。

总之，MV-DINEOF 方法在三个实验区的日尺度不同空间分辨率的叶绿素 a 浓度数据的重构中都取得了较好的结果，可为其他区域的日尺度中小空间范围叶绿素 a 浓度数据的重构提供借鉴，也能为后续短时间中小空间尺度的环境因子变动事件对海洋浮游植物的影响研究提供支撑。MV-DINEOF 方法也存在一定的局限：①此种方法只适用于中小区域尺度重构，在大区域重构中使用此种方法则会引入较大误差，因影响叶绿素 a 浓度的环境因子较复杂，就目前研究的局限性难以完全将所有对叶绿素 a 浓度有影响的环境因子信号全部涵盖进重构模型中；②对于数据极端缺乏、时序有效数据空间覆盖度过小或无有效值的日尺度叶绿素 a 浓度数据重构的情况，仅依靠环境因子重构会出现较大误差和失败。未来，随着海洋生态数值模拟技术的发展，有望解决日尺度缺失数据重构问题。

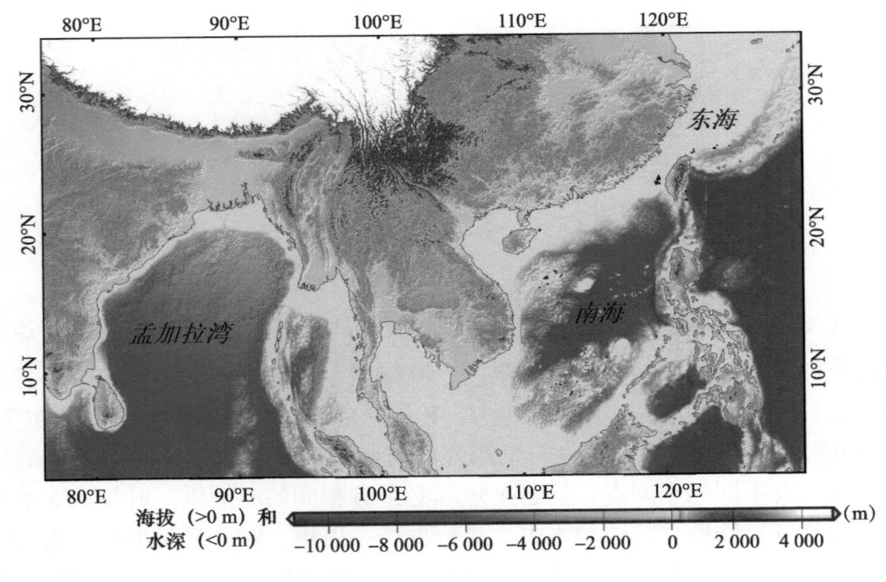

图 6.1 研究区域

§6.1 多环境因子融合重构叶绿素 a 浓度日尺度数据方法

Alvera-Azcárate 等（2009）首次在墨西哥湾近岸区域将单变量的 DINEOF 扩展为多变量 DINEOF（MV-DINEOF）方法，利用该方法结合了海表温度、叶绿素 a 浓度值和风场三个变量来重构缺失的海表温度数据。结果发现，相较于单变量的 DINEOF，MV-DINEOF 与实测数据相比有更高的精确度。究其原因，是因为：①该方法具有原始的单变量 DINEOF 的自适应和不需要任何变量相关性先验值的优点；②重构过程中，同一变量不同时刻的相关性和不同变量之间同一时刻的相关性信息都被采集；③某一时刻的变量缺失值可以由相邻时刻的值来恢复，也可以由同一时刻相邻因子的信号来恢复和增强（郭俊如，2014）。MV-DINEOF 方法的数学表达式为

$$\boldsymbol{X}_e=\begin{bmatrix} \boldsymbol{X}_1 & \boldsymbol{X}_2 & \cdots & \boldsymbol{X}_{N-2l} \\ \boldsymbol{X}_{1+l} & \boldsymbol{X}_{2+l} & \cdots & \boldsymbol{X}_{N-l} \\ \boldsymbol{X}_{1+2l} & \boldsymbol{X}_{2+2l} & \cdots & \boldsymbol{X}_{N} \\ \vdots & \vdots & & \vdots \\ \boldsymbol{Y}_1 & \boldsymbol{Y}_2 & \cdots & \boldsymbol{Y}_{N-2l} \\ \boldsymbol{Y}_{1+l} & \boldsymbol{Y}_{2+l} & \cdots & \boldsymbol{Y}_{N-l} \\ \boldsymbol{Y}_{1+2l} & \boldsymbol{Y}_{2+2l} & \cdots & \boldsymbol{Y}_{N} \\ \vdots & \vdots & & \vdots \\ \boldsymbol{Z}_1 & \boldsymbol{Z}_2 & \cdots & \boldsymbol{Z}_{N-2l} \\ \boldsymbol{Z}_{1+l} & \boldsymbol{Z}_{2+l} & \cdots & \boldsymbol{Z}_{N-l} \\ \boldsymbol{Z}_{1+2l} & \boldsymbol{Z}_{2+2l} & \cdots & \boldsymbol{Z}_{N} \\ \vdots & \vdots & & \vdots \end{bmatrix} \tag{6.1}$$

式中，$\boldsymbol{X}_t$、$\boldsymbol{X}_{t+l}$、$\boldsymbol{X}_{t+2l}$ 是 $\boldsymbol{X}$ 矩阵在 t 时刻、$t+l$ 时刻和 $t+2l$ 时刻包含 $\boldsymbol{X}$ 矩阵所有空间点的时间序列列向量。海表温度、叶绿素、风场这三个不同的因子各个子矩阵 $\boldsymbol{X}$、$\boldsymbol{Y}$ 和 $\boldsymbol{Z}$ 的大小为：$\boldsymbol{X}$ 是 $M\times N$，$\boldsymbol{Y}$ 是 $P\times N$，$\boldsymbol{Z}$ 是 $T\times N$。M、P、T 为 $\boldsymbol{X}$、$\boldsymbol{Y}$、$\boldsymbol{Z}$ 矩阵的空间维信息，N 为每个矩阵的时间维信息。每个矩阵有相同的空间点，也可以有不同的空间点，但各个矩阵必须有相同的时间维。叶绿素 a 浓度数据的重构有其特殊性，具体到本书，应根据这一思想，结合日尺度叶绿素 a 浓度数据重构的实际，来对该方法进行简单的修正，以适用于日尺度中小空间范围的数据重构研究。

§6.2 日尺度近岸河口区多参数叶绿素 a 浓度数据重构

6.2.1 南海及邻近海域日尺度叶绿素 a 浓度产品的数据覆盖度

图 6.2 展示了不同算法下日尺度不同叶绿素 a 浓度产品 Chl1-AVW、Chl1-GSM、Chl2 和 ChlOC5 在 40° E ~ 125° E、10° N ~ 30° N 区域逐个像元长时间序列平均的有效数据覆盖度。其中，Chl1-AVW、Chl1-GSM 和 ChlOC5 为 1998—2018 年这 21 年时间序列每天的有效数据覆盖度均值的空间分布，Chl2 为 2002—2012 年这 11 年时间序列每天的有效数据覆盖度均值的空间分布。

图 6.2（a）和图 6.2（b）中 Chl1 产品的数据覆盖度在 15% 左右，在一些近岸小范围区域可达 35%；图 6.2（c）中的 Chl2 产品数据除了在近岸区域数据覆盖度为 20% 左右外，在其他大片的区域数据覆盖度都在 10% 左右；图 6.2（d）中 ChlOC5 产品日尺度数据在大面积范围的数据覆盖度为 30% 左右，ChlOC5 产品在数据覆盖度上远胜于其他几种产品。其中，对比比较明显的是图 6.2（a）和图 6.2（b）的 Chl1-AVW 和 Chl1-GSM 产品在杭州湾、苏北浅滩、长江口的大面积无有效数据覆盖的区域。比较特殊的是 Chl2 产品，在近岸区域尤其是高浑浊水体区域数据覆盖度较高、精度较高（Doerffer et al，2007）。Chl2 产品数据覆盖度相对较高，而 Chl1 产品和 ChlOC5 产品数据覆盖度较低的区域在近岸的区域，如在波斯湾、阿拉伯海北部、孟加拉湾、渤海、黄海区域（苏北浅滩）、杭州湾、珠江口、南海中西部都有体现。虽然第 3 章的研究表明，ChlOC5 产品相较于 Chl1-AVW 和 Chl1-GSM 产品，在绝对精度和数据覆盖度上都有优势，但是在杭州湾、长江口和苏北浅滩区域,ChlOC5 产品的数据覆盖度也较低。

Chl1-AVW 产品和 Chl1-GSM 产品主要基于 OC4 算法来反演，ChlOC5 产品使用的 OC5 算法将 412 nm 和 555 nm 通道的波段结合起来，对 OC4 算法在近岸区域存在反演结果比实际结果高的问题进行矫正。其中 555 nm 通道主要用于揭示和修正悬浮物对 OC4 算法波段比值的影响，412 nm 波段主要用于修正和调整 OC4 算法中黄色物质和大气过矫正的影响。OC5 算法的基本表达式为

$$c_{OC5} = c - 0.18 \times (c - 0.55)^2 \tag{6.2}$$

式中，c_{OC5} 即 OC5 算法反演的叶绿素 a 浓度，c 用式（2.1）计算，OC4 参数如表 2.1 所示。从图 6.2（d）和式（6.2）可以看出，ChlOC5 产品是对 Chl1 产品的优化改进，c 用式（2.1）计算，因此 Chl1-AVW、Chl1-GSM 和 ChlOC5 可以看

作一种产品。由第 3 章的研究可知，ChlOC5 产品在几乎所有水体类型都有不错的数据覆盖度和绝对精度，但统计发现唯独在长江口、杭州湾、苏北浅滩区域有不少的数据缺失和误差。而 Chl2 产品的反演算法专为高浑浊水体区域设定，因而在高浑浊水体区域的数据覆盖度较高。两种算法的日尺度叶绿素 a 浓度产品都有较大面积的缺失。因此，在第 4 章中用到的方法由于日尺度数据的缺失过于严重，无法将其应用到该区域的日尺度的数据重构中。因为数据缺失严重，BAR 重构方法无足够样本会引入较大误差；而对于 DINEOF 方法，如果数据覆盖度低于 5%～10%，DINEOF 重构的结果是平均值，无法反映时间序列的变化情况。因此，日尺度重构无法使用第 4 章 8 天尺度重构数据的方法。因而使用 MV-DINEOF 重构的方法，来结合 ChlOC5 和 Chl2 产品各自的优势，在东海数据极端匮乏的杭州湾、长江口和苏北浅滩区域进行日尺度数据重构研究。

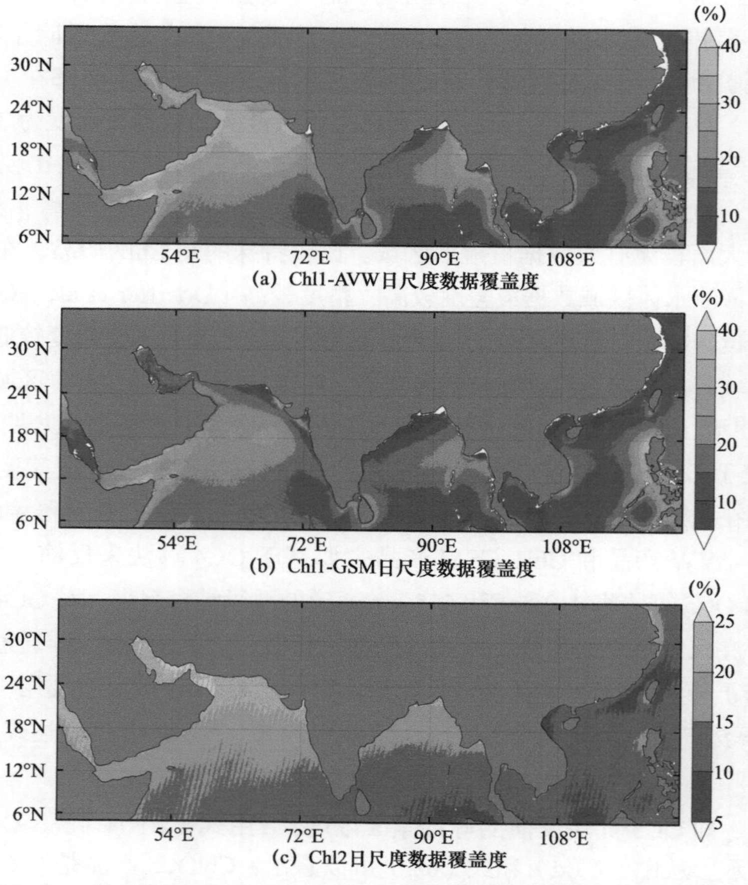

(a) Chl1-AVW日尺度数据覆盖度

(b) Chl1-GSM日尺度数据覆盖度

(c) Chl2日尺度数据覆盖度

图 6.2　不同算法下长时间序列日尺度产品平均的有效数据覆盖度分布

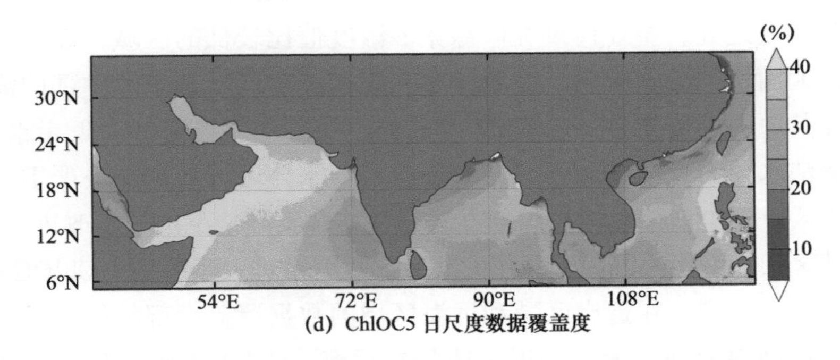

(d) ChlOC5 日尺度数据覆盖度

图 6.2（续） 不同算法下长时间序列日尺度产品平均的有效数据覆盖度分布

6.2.2 ChlOC5 和 Chl2 产品的融合重构

选取区域为 118° E ~ 126° E、24° N ~ 35° N、空间分辨率为 4 km、时间为 305 天 10 个月的 Chl2 和 ChlOC5 数据来进行 MV-DINEOF 多源重构。本小节使用的融合重构 Chl2 和 ChlOC5 数据的方法表达式见式（6.1）。

具体到本书，M 和 P 都为 118° E ~ 130° E 和 24° N ~ 36° N 覆盖的范围，约为 288 × 288 个空间维像元（4 km 分辨率），N 为 305 期时间维数据，则两个产品数据都为 288 × 288 × 305 个像元的三维矩阵。但因为重点关注区域在杭州湾、长江口和苏北浅滩，因此本小节插图仅展示 118° E ~ 126° E 和 24° N ~ 35° N 覆盖的范围。

本书重构了 Chl2 和 ChlOC5 两种数据 305 天 10 个月的数据。为方便直观比较，选用连续 16 天（2003 年 10 月 1—16 日）的数据来展示数据重构前后的结果。图 6.3 和图 6.4 分别为数据重构前后日尺度的 Chl2 叶绿素 a 浓度产品。重构前，在东海有大面积的 Chl2 数据的缺失，甚至有些天，该区域完全无有效数据覆盖 [图 6.3（c）、图 6.3（f）、图 6.3（j）、图 6.3（m）、图 6.3（p）]，而在另外的情况，虽然有有效数据覆盖，但覆盖面积极小，严重影响数据发挥潜力。图 6.4 为数据重构后的结果，可见重构后，数据的覆盖面积得到了极大的提高，尤其是在杭州湾、长江口和苏北浅滩这一典型的数据极端匮乏区域，Chl2 重构的结果极大地提高了在这些区域的数据覆盖度。并且，从重构的空间分布结果来看，总体上重构的结果符合从近岸向远海逐渐降低的趋势。杭州湾的重构结果分布合理，并且在长江口有舌状的叶绿素 a 浓度极大值区域伸向远海；而在苏北浅滩区域，潮沟羽流的空间分布特征也得以完整地重构和恢复出来。总体来看，Chl2 产品的重构结果空间分布合理，空间上的局部细节信息丰富，在杭州湾、长江口和苏北浅滩区域的重构结果比较成功。然而，Chl2 产品也有一些不足之处，主要体现在叶绿素 a 浓度值比较低的区域，数据重构的结果存在较大面积的数据缺失，主要分布在黑潮经过区域和东海中部的清洁水体区域。究其原因，可能是：① Chl2 产品的反演算法主要是针对近岸水体区域，在远海清洁水体的反演结果不好；②远海清洁水体区域数据缺失严重，样本数据在这些区域极少；③重构使用的方法有待结合实际情况进一步改进。

针对这三个可能的原因，利用 ChlOC5 数据做进一步验证。ChlOC5 数据具有较大的动态范围，在近岸区域和远海区域的数据覆盖度都较好，且第 3 章的研究和验证结果表明，无论在近岸还是在远海，ChlOC5 产品都有较高的稳定性和绝对精度。此外，从图 6.5 可知，在远海区域，ChlOC5 的数据覆盖度也较高，样本数据相较于 Chl2 产品更为充足（图 6.3）。

图 6.6 为基于 ChlOC5 结合 Chl2 数据重构后的 ChlOC5 的结果，相较于图 6.5，图 6.6 中的数据覆盖度有较大面积的提高，尤其是在图 6.5（f）和图 6.5（m）中，有较大面积的数据缺失，而图 6.6（f）和图 6.6（m）显示，数据覆盖度得到了巨大的提高。在原始数据中，无有效数据覆盖的区域，借助不同时刻相邻时间序列的信息以及同一时刻其他变量的信息，恢复出了大面积的数据覆盖。数据覆盖分布合理，符合从近岸向远海递减的客观实际。ChlOC5 重构数据（图 6.6）相较于 Chl2 重构数据（图 6.4），在东海中部区域，有较大提高，ChlOC5 重构数据在该区域基本上无数据缺失的情况；在黑潮经过区域，叶绿素 a 浓度值比较低，虽然 ChlOC5 重构结果比 Chl2 重构结果的数据覆盖度有较大的提高，然而 ChlOC5 重构的结果在该区域也有较大面积的缺失［图 6.6（m）至图 6.6（p）］。

ChlOC5 和 Chl2 产品的融合重构方法能显著地提高数据的覆盖度，尤其是在关键的数据极端匮乏的高浑浊水体的杭州湾、长江口和苏北浅滩区域，数据重构的结果空间分布合理且完整，细节信息丰富，说明重构的结果在这些区域尚可；然而，在水体较清洁的黑潮流经区域，重构数据的缺失较大。由于 ChlOC5 产品的反演算法在近岸和远海都有较好的精度，且在远海清洁水体区域数据样本数据不存在极端匮乏的情况，因此，出现问题的原因可能是重构方法，有待结合实际情况进一步改进。

图 6.7 统计了重构前后该研究区域 305 天 10 个月的有效数据覆盖度情况。总体来看，在重构前，该区域 Chl2 产品的数据覆盖度比较低，有较多天该区域的数据覆盖度在 0 左右，平均来看，该区域 Chl2 产品的数据覆盖度为 16.2%。ChlOC5 产品的数据覆盖度情况变化比较大，有效数据覆盖度在 0 左右的情况比较少，且有些天该区域数据覆盖度在 60% 以上，从 305 期数据平均的结果来看，该区域 ChlOC5 产品重构前平均的数据覆盖度为 28.6%。重构后的数据覆

盖度得到了极大的提高，Chl2 产品的数据覆盖度由重构前的 16.2% 提高为重构后的 81.9%；ChlOC5 产品的数据覆盖度由重构前的 28.6% 提高为 83.2%。

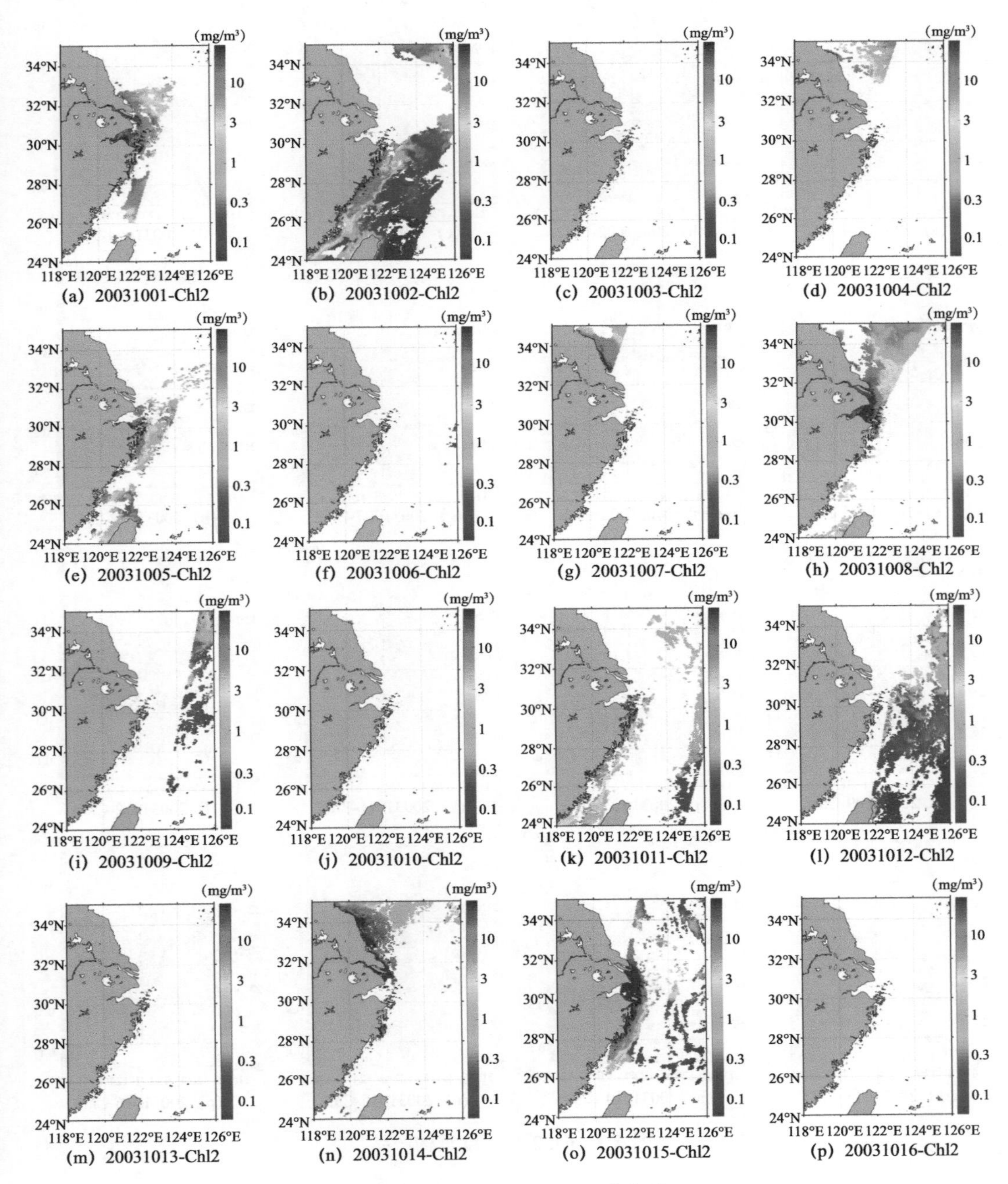

图 6.3 原始的 Chl2 日尺度产品

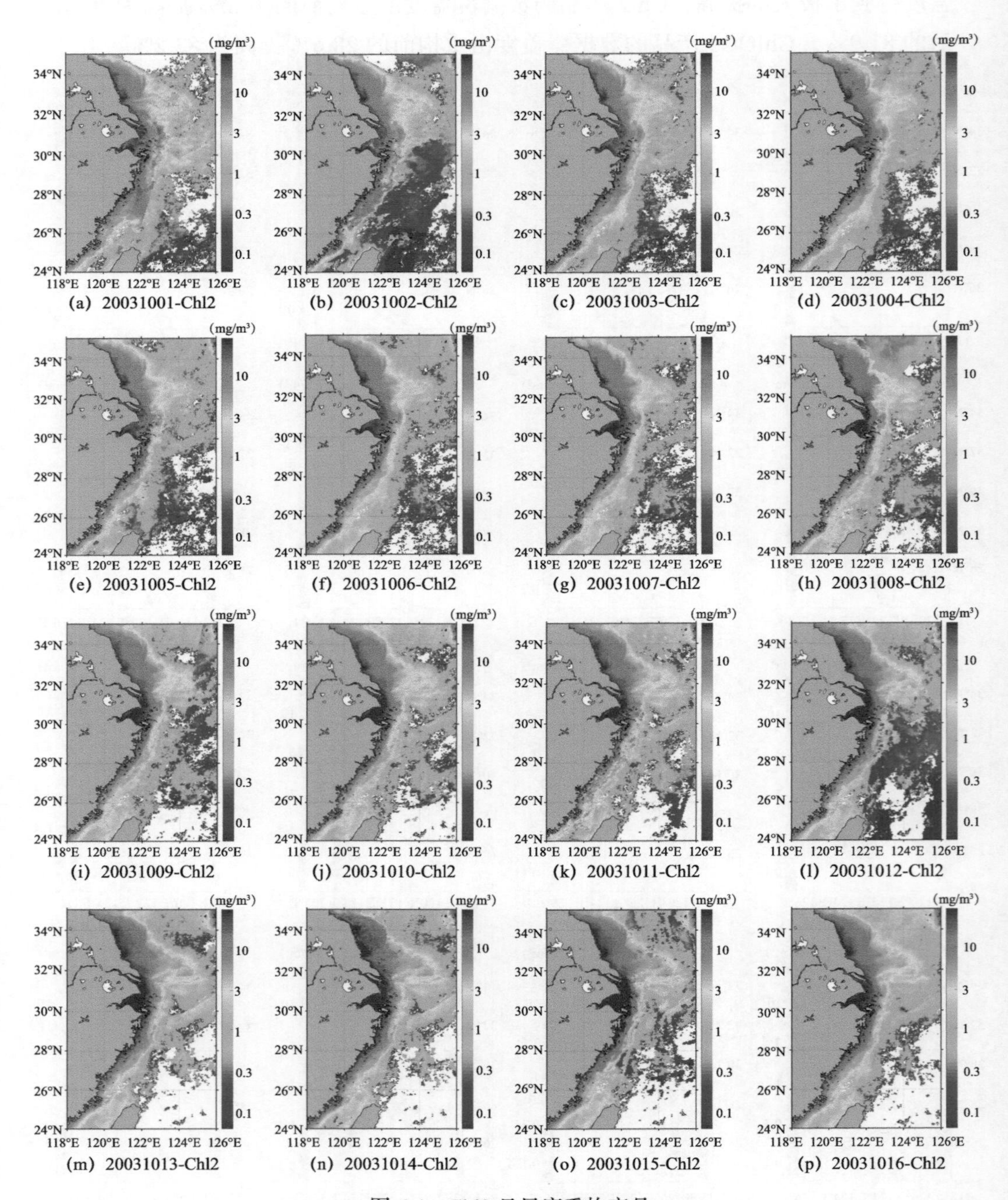

图 6.4 Chl2 日尺度重构产品

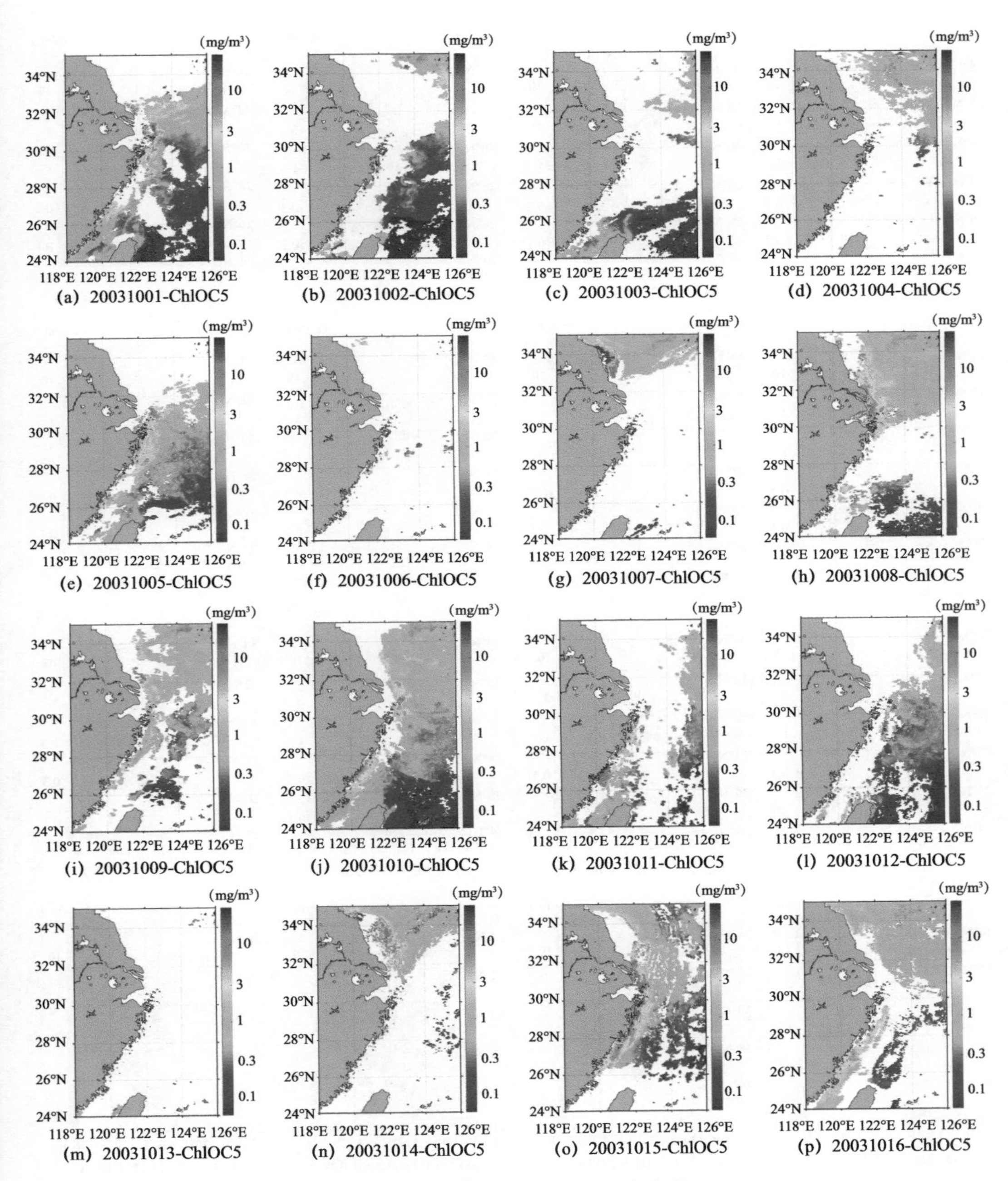

图 6.5 原始的 ChlOC5 日尺度产品

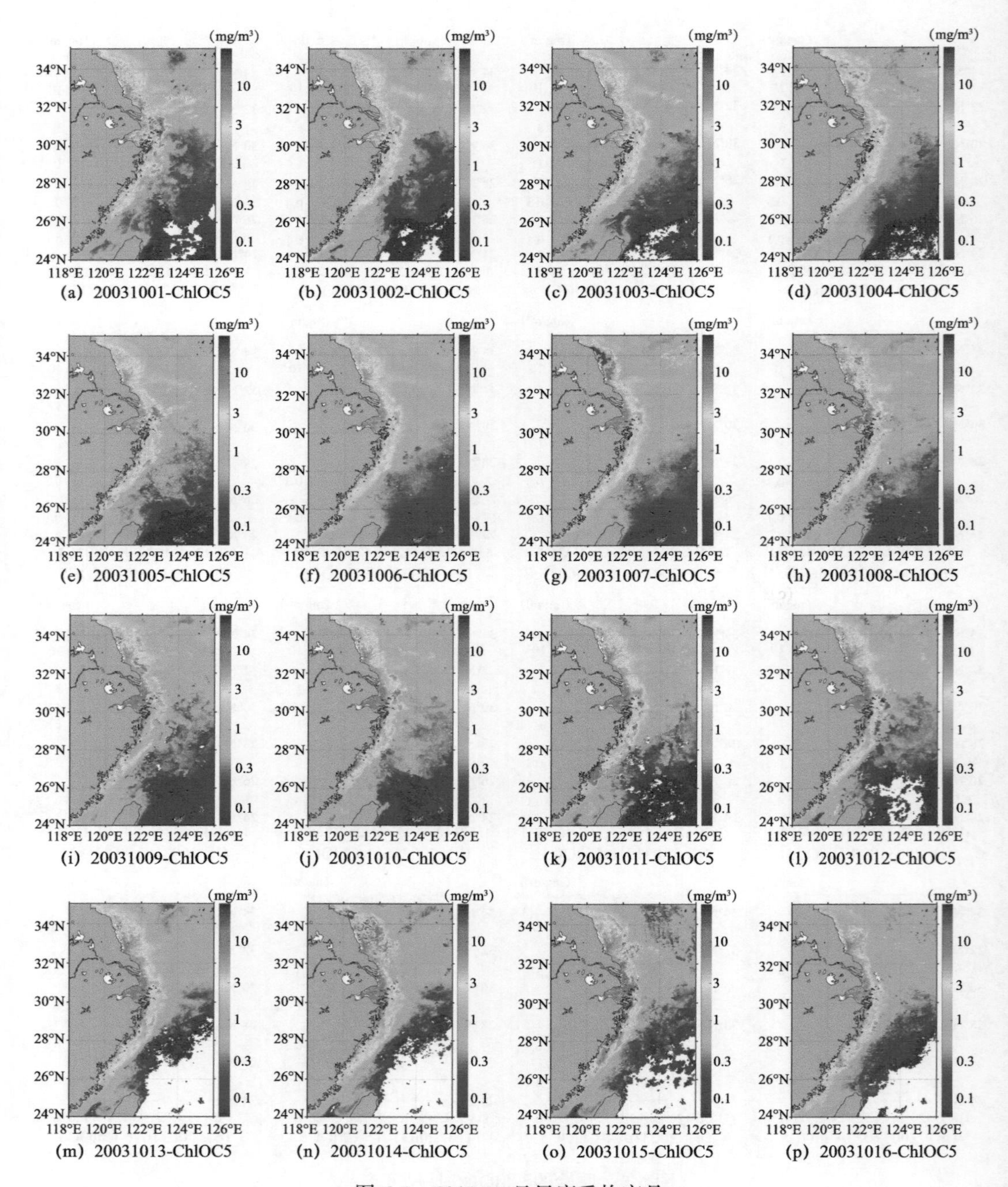

(a) 20031001-ChlOC5 (b) 20031002-ChlOC5 (c) 20031003-ChlOC5 (d) 20031004-ChlOC5
(e) 20031005-ChlOC5 (f) 20031006-ChlOC5 (g) 20031007-ChlOC5 (h) 20031008-ChlOC5
(i) 20031009-ChlOC5 (j) 20031010-ChlOC5 (k) 20031011-ChlOC5 (l) 20031012-ChlOC5
(m) 20031013-ChlOC5 (n) 20031014-ChlOC5 (o) 20031015-ChlOC5 (p) 20031016-ChlOC5

图 6.6 ChlOC5 日尺度重构产品

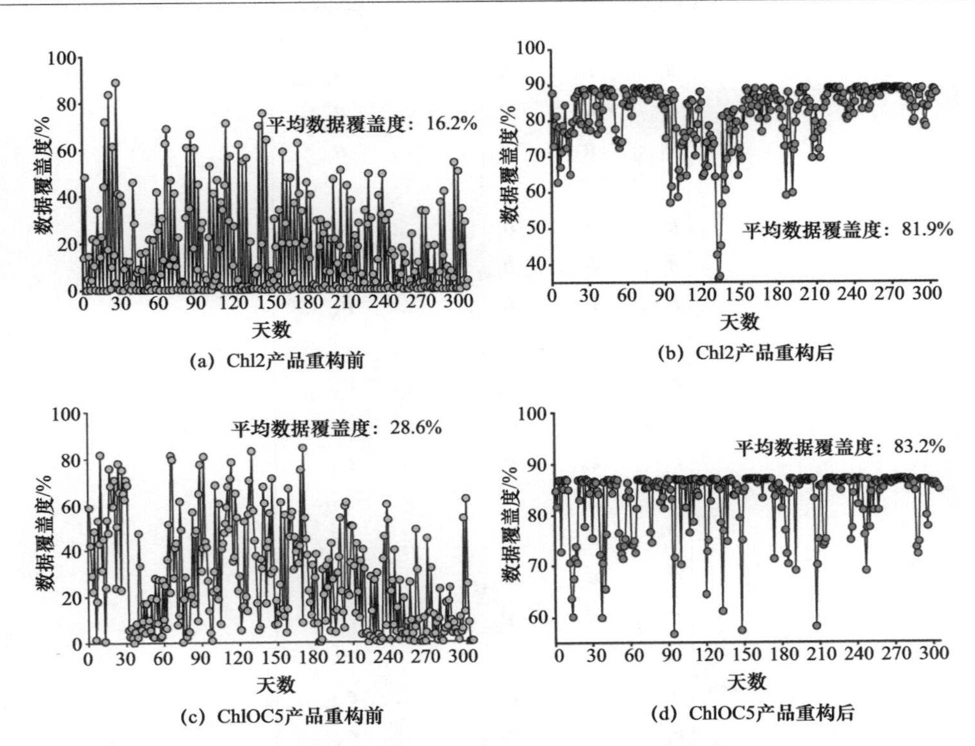

图 6.7　重构前后 Chl2 和 ChlOC5 日尺度产品平均数据覆盖度的对比

总体来看，ChlOC5 和 Chl2 产品的融合重构在杭州湾、长江口和苏北浅滩区域比较成功，在其他区域的重构结果有较大面积的缺失。这种问题很有可能是重构方法的不足造成的。因此，有必要对重构方法做进一步改进，以发展出适合该研究区域的日尺度数据重构方法。

6.2.3　日尺度数据 MV-DINEOF 重构方法

6.2.2 小节使用的重构方法虽然有缺陷，但也在部分重点区域重构出空间分布合理覆盖完整的数据，说明这种多因子重构的方法有较大的发展潜力。第 5 章基于重构 8 天尺度的叶绿素 a 浓度数据分析了其与相应的环境因子之间的关系，结果发现，影响不同周期的叶绿素 a 浓度变化的环境因子不同。本小节拟尝试利用影响短周期叶绿素 a 浓度时空变化的多个环境因子变量与叶绿素 a 浓度之间的关系，来进行 MV-DINEOF 重构日尺度叶绿素 a 浓度数据，MV-DINEOF 的基本数学表达式为

$$
X_e = \begin{bmatrix}
\boldsymbol{a}_1 & \boldsymbol{a}_2 & \boldsymbol{a}_3 & \cdots & \boldsymbol{a}_{N-2l} \\
\boldsymbol{a}_{1+l} & \boldsymbol{a}_{2+l} & \boldsymbol{a}_{3+l} & \cdots & \boldsymbol{a}_{N-l} \\
\boldsymbol{a}_{1+2l} & \boldsymbol{a}_{2+2l} & \boldsymbol{a}_{3+2l} & \cdots & \boldsymbol{a}_{N} \\
\vdots & \vdots & \vdots & & \vdots \\
\boldsymbol{b}_1 & \boldsymbol{b}_2 & \boldsymbol{b}_3 & \cdots & \boldsymbol{b}_{N-2l} \\
\boldsymbol{b}_{1+l} & \boldsymbol{b}_{2+l} & \boldsymbol{b}_{3+l} & \cdots & \boldsymbol{b}_{N-l} \\
\boldsymbol{b}_{1+2l} & \boldsymbol{b}_{2+2l} & \boldsymbol{b}_{3+2l} & \cdots & \boldsymbol{b}_{N} \\
\vdots & \vdots & \vdots & & \vdots \\
\boldsymbol{c}_1 & \boldsymbol{c}_2 & \boldsymbol{c}_3 & \cdots & \boldsymbol{c}_{N-2l} \\
\boldsymbol{c}_{1+l} & \boldsymbol{c}_{2+l} & \boldsymbol{c}_{3+l} & \cdots & \boldsymbol{c}_{N-l} \\
\boldsymbol{c}_{1+2l} & \boldsymbol{c}_{2+2l} & \boldsymbol{c}_{3+2l} & \cdots & \boldsymbol{c}_{N} \\
\vdots & \vdots & \vdots & & \vdots \\
\boldsymbol{d}_1 & \boldsymbol{d}_2 & \boldsymbol{d}_3 & \cdots & \boldsymbol{d}_{N-2l} \\
\boldsymbol{d}_{1+l} & \boldsymbol{d}_{2+l} & \boldsymbol{d}_{3+l} & \cdots & \boldsymbol{d}_{N-l} \\
\boldsymbol{d}_{1+2l} & \boldsymbol{d}_{2+2l} & \boldsymbol{d}_{3+2l} & \cdots & \boldsymbol{d}_{N} \\
\vdots & \vdots & \vdots & & \vdots \\
\boldsymbol{e}_1 & \boldsymbol{e}_2 & \boldsymbol{e}_3 & \cdots & \boldsymbol{e}_{N-2l} \\
\boldsymbol{e}_{1+l} & \boldsymbol{e}_{2+l} & \boldsymbol{e}_{3+l} & \cdots & \boldsymbol{e}_{N-l} \\
\boldsymbol{e}_{1+2l} & \boldsymbol{e}_{2+2l} & \boldsymbol{e}_{3+2l} & \cdots & \boldsymbol{e}_{N} \\
\vdots & \vdots & \vdots & & \vdots \\
\boldsymbol{f}_1 & \boldsymbol{f}_2 & \boldsymbol{f}_3 & \cdots & \boldsymbol{f}_{N-2l} \\
\boldsymbol{f}_{1+l} & \boldsymbol{f}_{2+l} & \boldsymbol{f}_{3+l} & \cdots & \boldsymbol{f}_{N-l} \\
\boldsymbol{f}_{1+2l} & \boldsymbol{f}_{2+2l} & \boldsymbol{f}_{3+2l} & \cdots & \boldsymbol{f}_{N} \\
\vdots & \vdots & \vdots & & \vdots \\
\boldsymbol{g}_1 & \boldsymbol{g}_2 & \boldsymbol{g}_3 & \cdots & \boldsymbol{g}_{N-2l} \\
\boldsymbol{g}_{1+l} & \boldsymbol{g}_{2+l} & \boldsymbol{g}_{3+l} & \cdots & \boldsymbol{g}_{N-l} \\
\boldsymbol{g}_{1+2l} & \boldsymbol{g}_{2+2l} & \boldsymbol{g}_{3+2l} & \cdots & \boldsymbol{g}_{N} \\
\vdots & \vdots & \vdots & & \vdots
\end{bmatrix} \tag{6.3}
$$

式中，$\boldsymbol{X}_e$ 为多变量组合重构矩阵，$\boldsymbol{a}_t$、$\boldsymbol{a}_{t+l}$、$\boldsymbol{a}_{t+2l}$ 是 $\boldsymbol{a}$ 矩阵在 t 时刻、$t+l$ 时刻和 $t+2l$ 时刻包含 $\boldsymbol{a}$ 矩阵所有空间点的时间序列列向量。矩阵 $\boldsymbol{a}$、$\boldsymbol{b}$、$\boldsymbol{c}$、$\boldsymbol{d}$、$\boldsymbol{e}$、$\boldsymbol{f}$、$\boldsymbol{g}$ 为叶绿素 a 浓度产品 ChlOC5 和相关的环境因子信息。叶绿素 a 浓度及相关环境因子的矩阵大小分别为：$\boldsymbol{a}$ 为 $M\times N$，$\boldsymbol{b}$ 为 $O\times N$，$\boldsymbol{c}$ 为 $P\times N$，$\boldsymbol{d}$ 为 $Q\times N$，$\boldsymbol{e}$ 为 $R\times N$，$\boldsymbol{f}$ 为 $S\times N$，$\boldsymbol{g}$ 为 $U\times N$。M、O、P、Q、R、S 和 U 分别为矩阵 $\boldsymbol{a}$、$\boldsymbol{b}$、$\boldsymbol{c}$、$\boldsymbol{d}$、$\boldsymbol{e}$、$\boldsymbol{f}$、$\boldsymbol{g}$ 空间维信息，N 为每个矩阵的时间维信息。具体到本书来说，空间矩阵中的 M、O、P、Q、R、S 和 U 分别为东西

118° E ~ 130° E 和南北 24° N ~ 36° N 覆盖的范围，约为 151 × 151 个空间维像元（为提升计算效率，重采样至 9 km 分辨率），N 为 31 期时间维数据，则 7 个变量产品的数据都为 151 × 151 × 31 个像元的三维矩阵。需要注意的是，空间矩阵 M、O、P、Q、R、S 和 U 的大小可以不同，但时间维个数必须相同，具体到本书，空间矩阵 M、O、P、Q、R、S 和 U 的大小是相等的，本小节插图仅展示东西 118° E ~ 126° E 和南北 24° N ~ 35° N 这一空间范围的数据重构前后结果。

由于在第 5 章通过 FEEMD 对 8 天尺度重构的叶绿素 a 浓度数据及环境因子间的关系进行研究发现，影响短时间周期浮游植物变化的关键显著影响因子有 WindStress、WindSpeed、SST、SSD、PAR。这几个影响因子的数据在本书第 2 章有详细介绍。其中，由于埃克曼抽吸速率是对风速和风应力的综合反映，埃克曼抽吸速率的计算步骤如下：

（1）首先利用经向和纬向风速计算风应力

$$\tau_x = \rho_a \times C_d \times \left(W_x + W_y\right)^{\frac{1}{2}} \times W_x \tag{6.4}$$

$$\tau_y = \rho_a \times C_d \times \left(W_x + W_y\right)^{\frac{1}{2}} \times W_y \tag{6.5}$$

（2）基于经度向和纬度向的风应力计算风应力旋度

$$Curl_z = \frac{\partial\left(\tau_y\right)}{\partial x} - \frac{\partial\left(\tau_x\right)}{\partial y} \tag{6.6}$$

（3）埃克曼垂向抽吸速度 ω_e 的计算如下

$$\omega_e = \frac{\partial\left(Curl_z\right)}{\rho_w \times f} \tag{6.7}$$

式（6.4）~ 式（6.7）中，τ_x 和 τ_y 代表的是经向和纬向风应力，单位为 $N \cdot m^{-2}$；空气密度 ρ_a 的取值为 1.22 $kg \cdot m^{-3}$；拖曳系数 C_d 的取值为 1.3×10^{-3}；W 为风速；海水的密度为 ρ_w，取值为 1.025×10^3 $kg \cdot m^{-3}$；f 为科氏力，$f = 2\,\Omega \sin\theta$，Ω 为地球自转角速度，取值为 7.292×10^{-5} $rad \cdot s^{-1}$，θ 为当地的纬度。

因此，为简便起见，本书使用埃克曼垂向抽吸速率来综合表征风速和风应力两个变量。第 4 章研究中发现（图 4.25），数据 SSS 和 SSH 对叶绿素 a 浓度的时空分布也有一定的影响，因此在 MV-DINEOF 重构中，也引入了 SSS 和 SSH 这两个变量（Jouini et al，2013）。式（6.3）矩阵中 ***a***、***b***、***c***、***d***、***e***、***f***、***g*** 分别为 ChlOC5 叶绿素 a 浓度数据、SST 数据、埃克曼垂向抽吸速率数据、SSD 数据、SSS 数据、SSH 数据和 PAR 数据 7 个变量用于缺失的日尺度 ChlOC5 叶绿素 a 浓度数据重构。

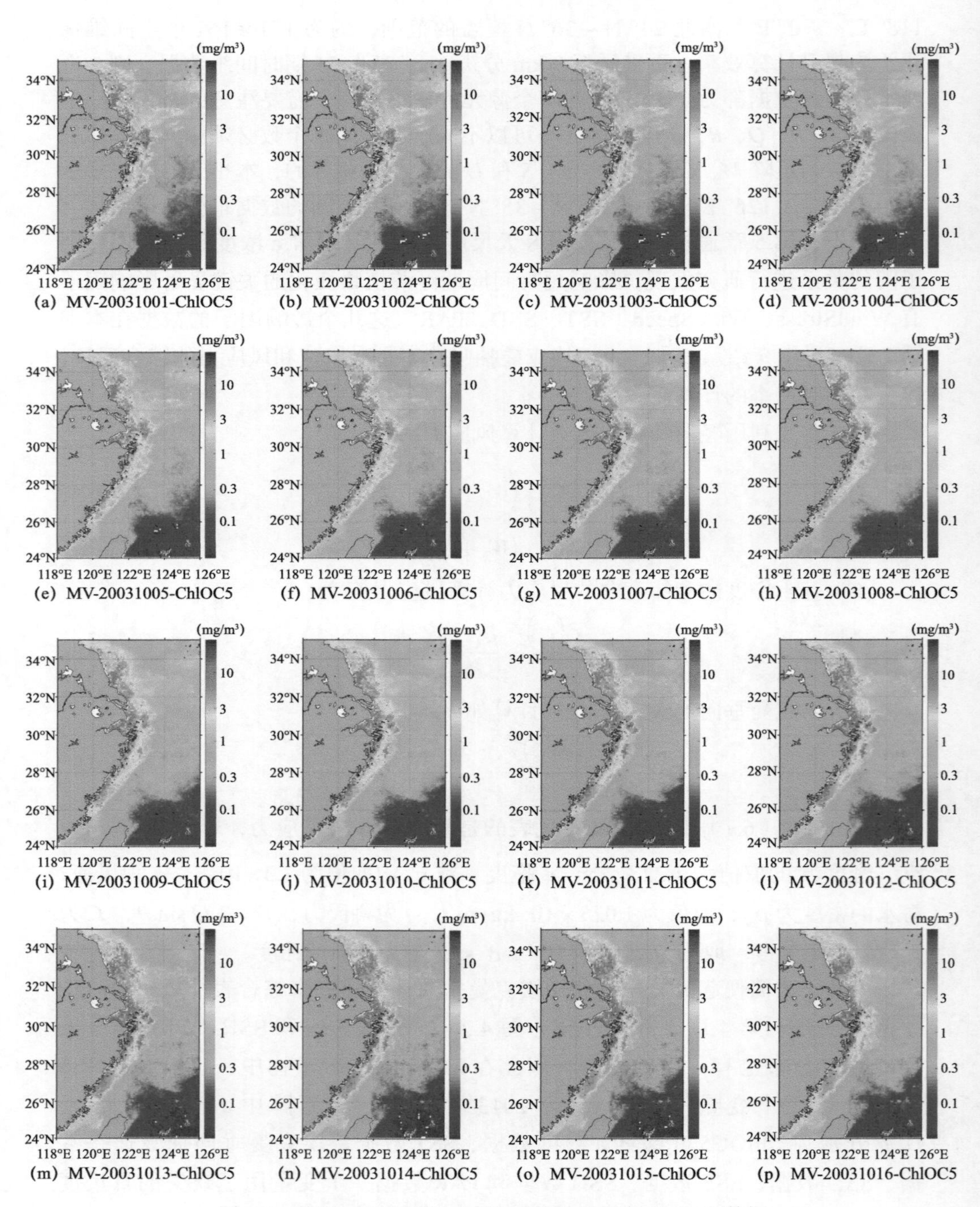

图 6.8　基于 MV-DINEOF 方法重构的日尺度 ChlOC5 数据

图 6.8 为基于日尺度 ChlOC5 叶绿素 a 浓度缺失数据和 6 个环境因子变量，利用 MV-DINEOF 方法重构的 2003 年 10 月 1—16 日的日尺度叶绿素 a 浓度数据。对比图 6.5 重构前的 2003 年 10 月 1—16 日的原始图像可以看到，原始图像中存在大面积的数据缺失［图 6.5（f）、图 6.5（g）、图 6.5（m）和图 6.5（n）］；重构后的数据空间分布符合从近岸向远海递减规律，杭州湾、长江口、苏北浅滩叶绿素 a 浓度较高，为 3 ~ 10 mg/m³，而台湾岛东部黑潮流经区域叶绿素 a 浓度较低，约为 0.1 mg/m³［图 6.8（f）、图 6.8（g）、图 6.8（m）和图 6.8（n）］。MV-DINEOF 方法重构的结果相较于图 6.4 和图 6.6 的结果，数据覆盖度由 80% 左右提高至 99.9% 左右，接近全覆盖（图 6.7、图 6.9）；并且图 6.4 和图 6.6 的重构结果在台湾岛以东叶绿素 a 浓度值较低的区域常有大面积缺失，图 6.9 中的 MV-DINEOF 方法重构的结果在该区域也有完整的数据分布。

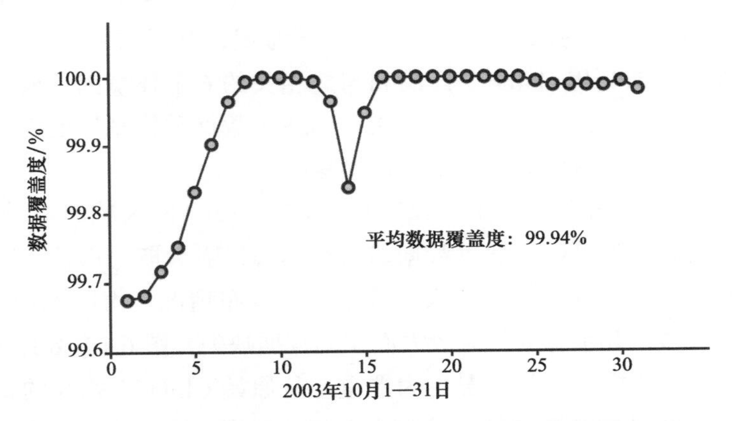

图 6.9　基于 MV-DINEOF 方法重构后的日尺度数据覆盖度

总体来看，日尺度 ChlOC5 叶绿素 a 浓度缺失数据的重构，利用多个与其密切相关的环境因子变量作为辅助，使其既可以从前后时刻的叶绿素 a 浓度数据中估算当前时刻的缺失数据，也能利用同一时刻多个与之密切相关的环境因子变量作为参考，通过已有数据叶绿素 a 浓度数据与环境因子变量之间建立的模型关系，来估算和重构缺失的叶绿素 a 浓度。重构的日尺度数据在河口海岸带区域值较高，在远海大洋区域值较低，既有叶绿素 a 浓度空间分布的完整信息，又能综合体现环境因子的影响，并且从时间序列的重构数据可以看到时间序列日尺度数据的动态变化情况。重构的数据，细节信息丰富，中小尺度的叶绿素 a 浓度时空变动信息呈现完整。以上结果说明 MV-DINEOF 方法具有较强的适用性。

§ 6.3 基于 MV-DINEOF 短时事件的日尺度 ChlOC5 数据重构

6.3.1 南海涡旋上升流日尺度数据重构

6.2.3 小节探讨了日尺度中小空间范围 MV-DINEOF 数据重构方法，并重构了东海处于河口海岸带和黑潮多重影响下的高动态水体区域的日尺度缺失数据，并对重构结果进行了对比评价，结果发现重构结果能较好地恢复日尺度数据的空间分布信息以及随时间变化的动态信息。为了进一步验证 MV-DINEOF 方法，在数据匮乏且影响因素多样的南海海域，动态地追踪涡旋上升流的变化情况，通过连续时间序列的重构结果来验证 MV-DINEOF 方法在南海海域的适用性，具有重要的意义。在南海中北部海域，基于式（6.3）表达的 MV-DINEOF 方法，拟利用 ChlOC5 产品和与之相关的 6 个环境因子变量（埃克曼垂向抽吸速率、SST、SSD、PAR、SSH、SSS）数据重构日尺度中小空间范围数据，以对涡旋上升流的时空动态进行追踪展示。

图 6.10 展示了南海 108° E ~ 123° E、10° N ~ 20° N 区域 2012 年 1 月的原始 ChlOC5 数据。为更好地展示数据的时空动态，隔天取一次值，隔天展现南海中北部区域 ChlOC5 叶绿素 a 浓度数据时空分布情况。由图 6.10 可以看出，在该时段的区域，几乎每天都有较大面积的数据缺失，图 6.10（d）、图 6.10（f）和图 6.10（m）数据缺失的情况更为严重。从原始 ChlOC5 残存的日尺度数据中可以看到，在吕宋岛西北部区域有大面积叶绿素 a 浓度值比较高的区域，尤其是图 6.10（a）中，可以看到该区域存在斑点状浮游植物叶绿素 a 浓度极值区分布。然而，由于日尺度数据的缺失，该细节信息的呈现并不完全。图 6.11 是图 6.10 相应区域和时段的 ChlOC5 数据的 MV-DINEOF 重构结果。从重构数据的结果来看，在吕宋岛西北部区域，有典型的浮游植物叶绿素 a 浓度极值现象分布，值在 2 mg/m^3 左右，且内核区域值较高，外围区域值较低［图 6.11（a）至图 6.11（e）］。此外，重构结果显示，在南海北部和北部湾，叶绿素 a 浓度值也相对较高，为 0.3 ~ 1 mg/m^3。并且，重构结果还显示，2012 年 1 月 1—29 日，该区域的浮游植物叶绿素 a 浓度极大值呈现衰减趋势，2012 年 1 月 1—11 日，该区域的叶绿素 a 浓度值由 2 mg/m^3 下降至 1 mg/m^3 左右，并在之后进一步下降，至 1 月 29 日前后，该区域浮游植物叶绿素 a 浓度值降为 0.3 mg/m^3 左右。此外，重构数据结果还显示，在南海中西部 111° E ~ 114° E、13° N ~ 15° N 区域，

呈现涡旋状浮游植物叶绿素 a 浓度值较高的区域 [图 6.11（a）至图 6.11（e）]，且该现象也处于快速的消退状态。由图 6.11（a）至图 6.11（c）可以看到该清晰的涡旋状叶绿素 a 浓度值较高现象，其值约为 0.3 mg/m³，图 6.11（f）至图 6.11（g）其值约为 0.1 mg/m³，该现象几乎消失不见。

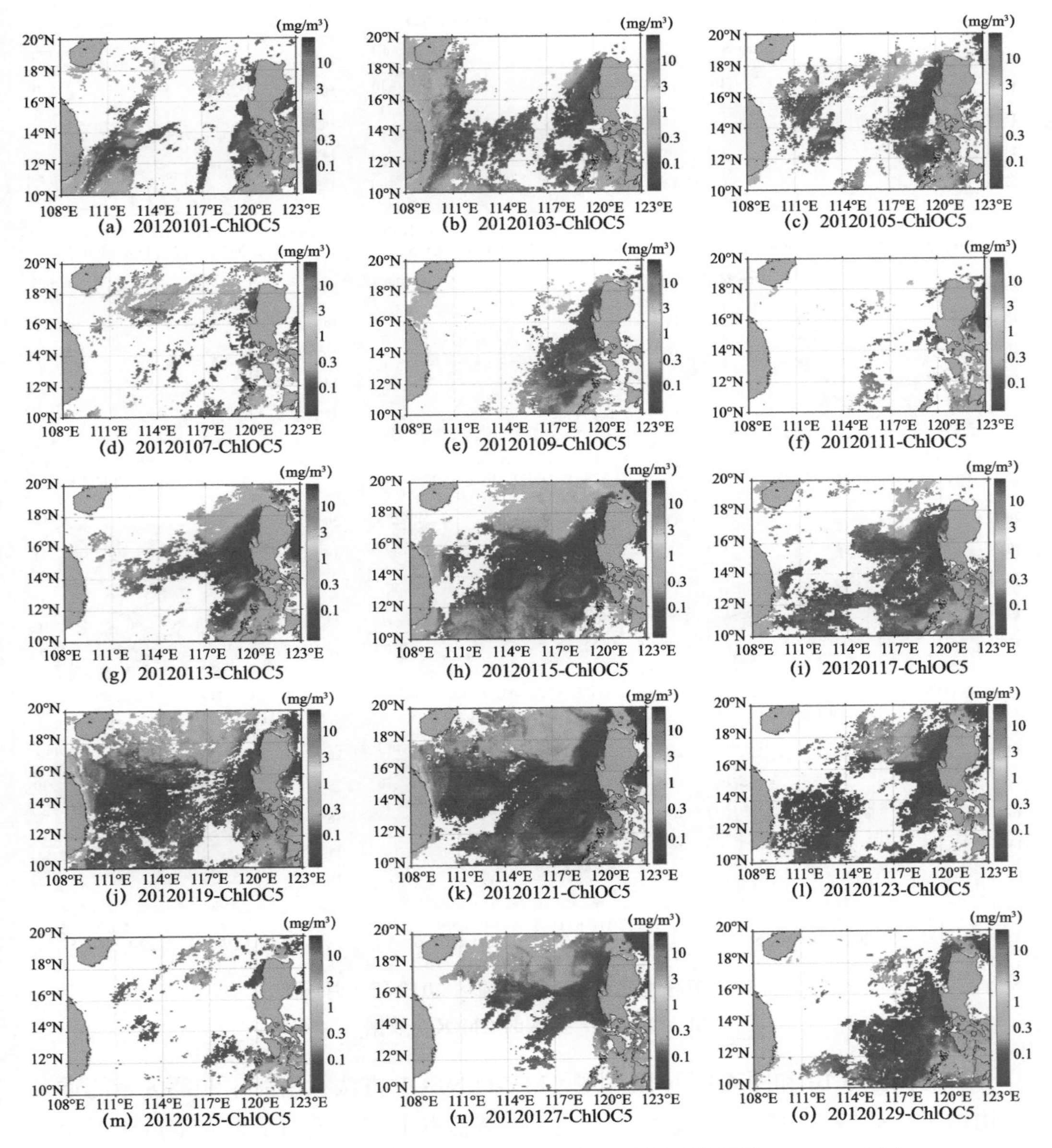

图 6.10　南海中北部涡旋上升流区 2012 年 1 月隔天的原始 ChlOC5 数据

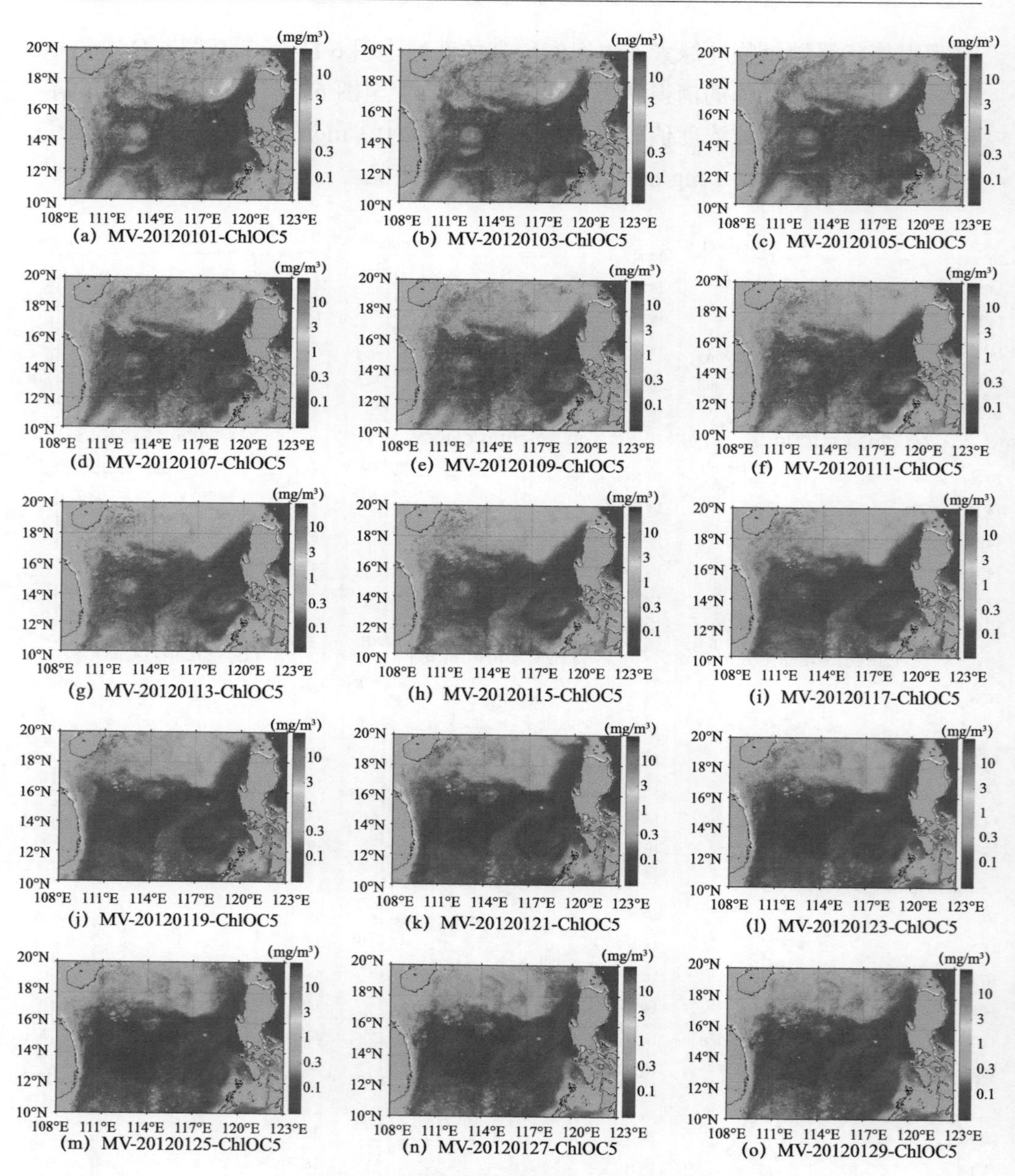

图 6.11 南海中北部涡旋上升流区 2012 年 1 月隔天的 MV-DINEOF 重构的 ChlOC5 数据

对比图 6.10 和图 6.11 可以发现，MV-DINEOF 方法在南海中北部区域的重构结果比较好，空间分布完整且合理，细节信息丰富。重构结果完整重构了原始数据中缺失的斑块状的叶绿素 a 浓度极大值分布情况，并且在长时间序列的动态监测中，追踪到该上升流区域叶绿素 a 浓度极值的消退过程。此外，重构结果还发现了在原始缺失数据中被忽略的涡旋状叶绿素 a 浓度极大值区域，并且观测到了从 2012 年 1 月 1—11 日，该涡旋状分布的叶绿素 a 浓度高值区域的快速消退。综合来看，MV-DINEOF 方法在南海中北部区域的日尺度数据重构中，有一定的应用价值，能进一步发挥日尺度缺失数据的应用潜力。

6.3.2 热带气旋 Hudhud 过境前后日尺度数据重构

2014 年 10 月 6 日，热带气旋 Hudhud 生成于孟加拉湾东部的安达曼海海域（图 6.12）（Chacko，2017），并自安达曼海经安达曼群岛向孟加拉湾方向前进，此时海表风速约为 50 km/h；10 月 8 日，Hunhud 于安达曼群岛区域增强为气旋风暴，并于 10 月 9 日在孟加拉湾中部进一步增强为强气旋风暴，此时海表风速达 100 km/h 左右；10 月 10—12 日，Hunhud 迅速发展为 4 级风暴（最高等级为 5 级），海表风速超过了 180 km/h；10 月 13 日，特强气旋风暴 Hudhud 登陆印度半岛，造成 68 人死亡，经济损失达 110 亿美元以上（李大伟，2016；刘玮，2015）。

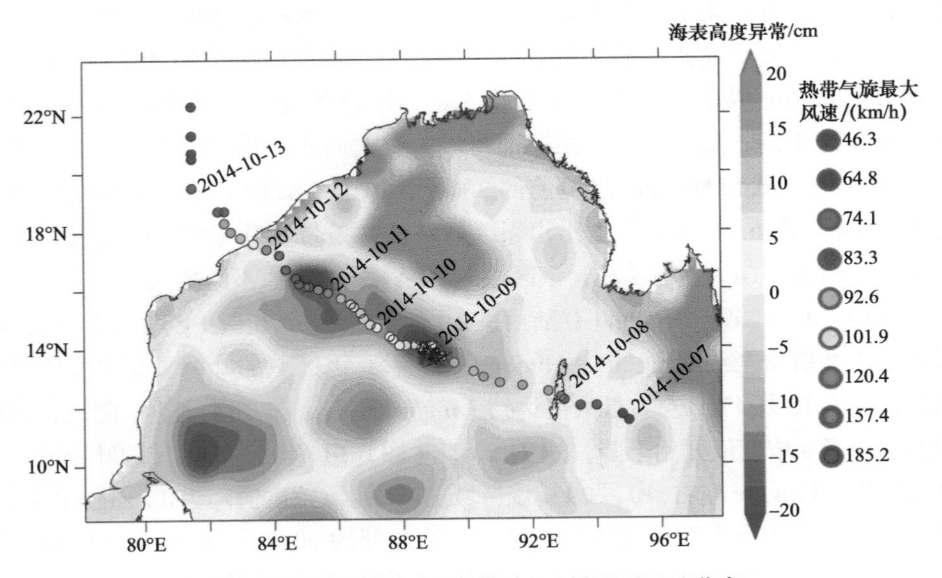

图 6.12 特强气旋风暴 Hudhud 的路径和风速分布

特强气旋风暴 Hudhud 过境携带大量的云，造成日尺度叶绿素 a 浓度数据大面积缺失。热带风暴或台风的持续时间都比较短，一般都在一周以内，传统的 8 天尺度和月尺度合成叶绿素 a 浓度数据无法呈现强热带风暴过境过程中和过境前后区域的叶绿素 a 浓度数据的时空分布情况，日尺度叶绿素 a 浓度数据重构有利于呈现短时气旋和台风过境叶绿素 a 浓度的时空格局。对孟加拉湾区域的特强气旋风暴 Hudhud 过境过程和过境前后的叶绿素 a 浓度数据重构，有利于进一步检验 MV-DINEOF 重构方法。本节基于式（6.3）表达的 MV-DINEOF 方法，拟利用孟加拉湾与 ChlOC5 产品相关的埃克曼垂向抽吸速率、SST、SSD、PAR、SSH、SSS 这 6 个环境因子数据作为变量，输入式（6.3）所示的矩阵中，来重构日尺度中小空间范围缺失的叶绿素 a 浓度数据。

图 6.13 为 2014 年 10 月 1—30 日（隔天展示数据）特强气旋风暴 Hudhud 过境中及过境前后日尺度 ChlOC5 叶绿素 a 浓度数据的空间分布。过境前的 2014 年 10 月 1—5 日［图 6.13（a）至图 6.13（c）］，日尺度数据缺失面积较大；Hudhud 过境的 10 月 7—13 日［图 6.13（d）至图 6.13（g）］，数据的缺失情况更为严重，大片区域无有效数据覆盖；Hudhud 过境后的图 6.13（h）至图 6.13（o），除图 6.13（m）数据覆盖面积较大外，其他时间都有较大面积的数据缺失，不利于对热带气旋过境后叶绿素 a 浓度数据变化的认识。

图 6.14 为基于 MV-DINEOF 方法重构后的日尺度叶绿素 a 浓度数据。首先，从整体的空间分布来看，重构数据完全重构出了大面积的数据缺失情况，重构结果完整，未见缺测点；整体的重构结果在河口海带区域值高于 1 mg/m³，甚至达到 3 mg/m³ 以上；远海大片海域的重构结果值为 0.1 ~ 0.3 mg/m³。其次，在孟加拉湾中部、安达曼群岛西北部海域，有大面积条带状叶绿素 a 浓度极大值区域。该区域在 Hudhud 过境前的 2014 年 10 月 1 日的叶绿素 a 浓度值约为 0.25 mg/m³［图 6.14（a）］，仅比相邻区域略高，条带状叶绿素 a 浓度极值区域特征并不明显；10 月 3—7 日，该区域的叶绿素 a 浓度值不断增大［图 6.14（b）至图 6.14（d）］；截至 Hudhud 登陆后的 10 月 13 日［图 6.14（g）］，该区域的叶绿素 a 浓度值增至约 2 mg/m³；Hudhud 过境后，该区域的叶绿素 a 浓度值继续增加，并于 10 月 17 日左右最大值达到 3 mg/m³ 左右［图 6.14（i）］；随后，该区域的叶绿素 a 浓度值开始下降，10 月 23 日［图 6.14（l）］，该区域的叶绿素 a 浓度值降为 0.3 mg/m³ 左右，10 月 29 日该区域的叶绿素 a 浓度值降为 0.2 mg/m³ 左右。最后，基于重构数据图还发现，在孟加拉湾北部约 90° E、18° N 附近区域，有一个圆形的叶绿素 a 浓度值较低的区域从 10 月 1 日开始逐渐形成［图 6.14（a）至图 6.14（f）］，10 月 15—19 日，该环状叶绿素 a 浓度值较低区域的结构比较明显，边缘位置的叶绿素 a 浓度值为 0.1 mg/m³ 左右，中心略高，为 0.2 ~ 0.3 mg/m³［图 6.14（h）至图 6.14（j）］，该环状叶绿素 a 浓度值较低区域一直持续至 10 月 29 日［图 6.14（o）］。

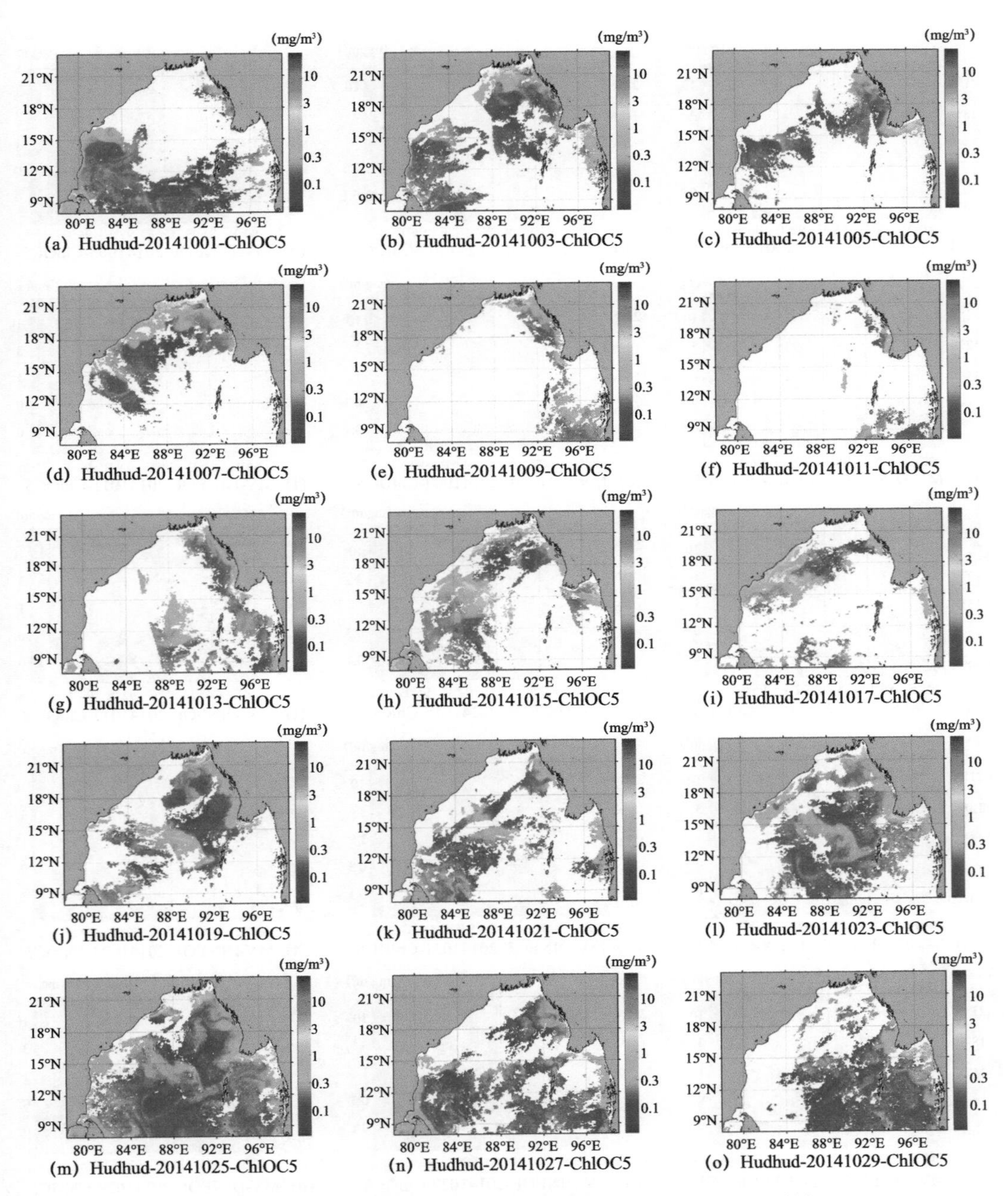

图 6.13 特强气旋风暴 Hudhud 过境前后的日尺度 ChlOC5 数据

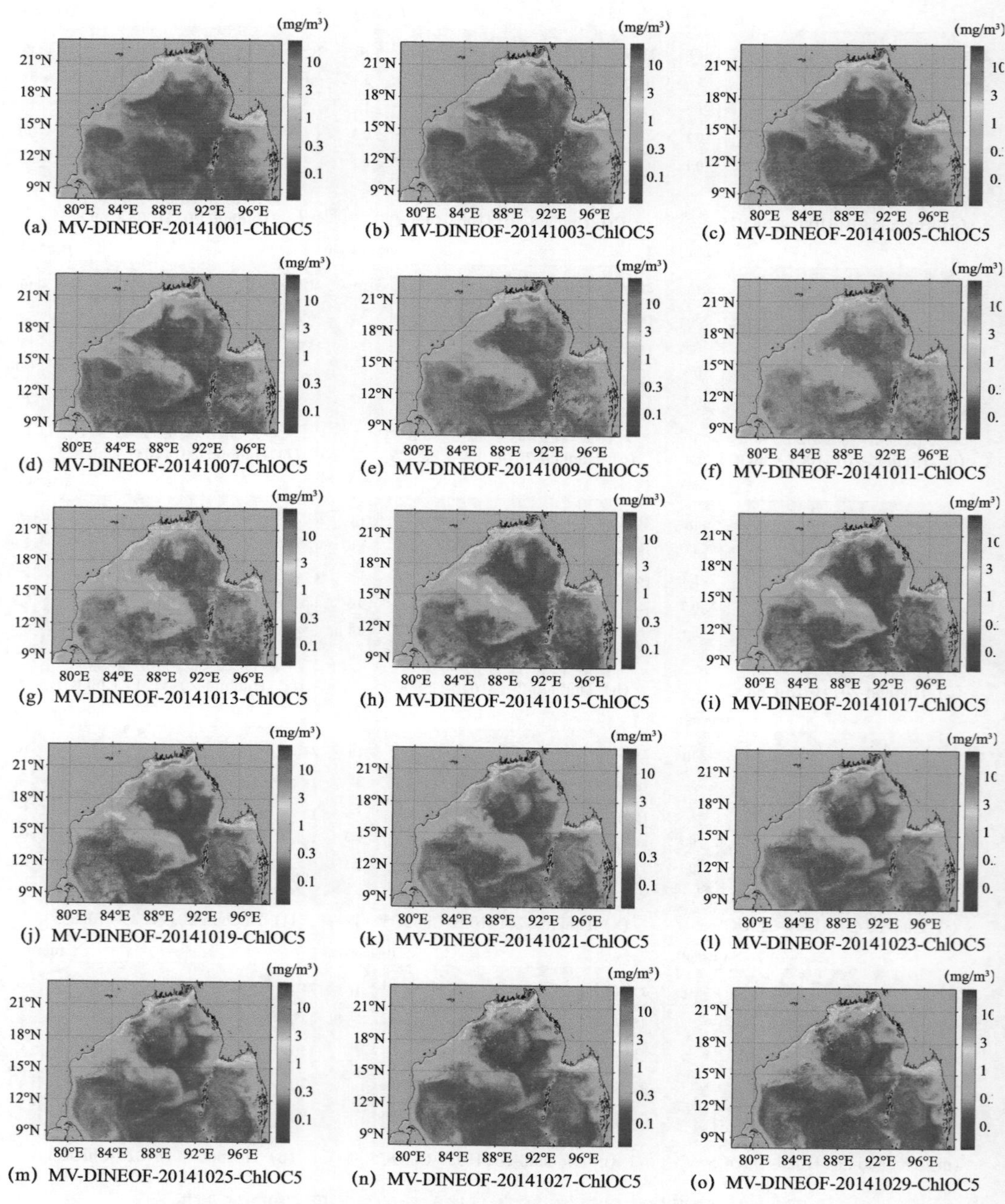

图 6.14 特强气旋风暴 Hudhud 过境前后的日尺度 ChlOC5 数据 MV-DINEOF 重构结果

图 6.13 和图 6.14 的结果对比说明，利用 MV-DINEOF 方法重构特强气旋风暴 Hudhud 过境前后的日尺度短时小区域缺失数据取得了较好的结果，不仅时间序列的缺失数据得到了完整重构，局部的台风过境过程中和过境前后的叶绿素 a 浓度值信息也得到了完整的重构，且在原始数据中被缺失数据掩盖的环状叶绿素 a 浓度数据值较低区域的生成和消退的过程也被完整呈现。特强气旋风暴 Hudhud 过境前后日尺度数据的成功重构进一步验证了 MV-DINEOF 日尺度小区域叶绿素 a 浓度数据重构方法的适用性。

§ 6.4 对日尺度中小空间范围重构结果的验证

为了进一步检验日尺度小区域叶绿素 a 浓度数据重构方法 MV-DINEOF，拟利用其他相似的数据重构方法与 MV-DINEOF 数据重构方法在空间分布上的结果以及与 Bio-Argo 实测叶绿素 a 浓度数据绝对值结果的比较，来进一步对比验证该重构方法。

6.4.1 不同重构算法的空间分布对比验证

图 6.15 为基于传统的单因子 DINEOF 数据重构方法重构的特强气旋风暴 Hudhud 过境前后日尺度 ChlOC5 数据的重构结果。首先，传统的 DINEOF 数据重构方法重构的结果，存在不同程度的重构失败无数据问题［图 6.15（b）至图 6.15（e）、图 6.15（h）和图 6.15（i）］；其次，传统 DINEOF 方法重构的日尺度数据存在错误，在 2014 年 10 月 1 日［图 6.15（a）］，此时原本在孟加拉湾中部安达曼群岛西北部尚未出现叶绿素 a 浓度数据增大的情况，然而重构的结果却出现了叶绿素 a 浓度数据值增大至 0.3 mg/m³ 左右的情况；最后，日尺度数据的大面积缺失，造成了 DINEOF 重构结果更多呈现为已有像元的平均，而非反映数据的时空变化及生消状况，表现为图 6.15（k）至图 6.15（o）的结果在空间上几乎无变化，无叶绿素 a 浓度值的消长变动过程。比较图 6.14 和图 6.15 的结果，可以看出 MV-DINEOF 重构比 DINEOF 单因子重构具有更好的适用性。

图 6.16 为基于第 4 章使用的双向自回归数据重构法（BAR）重构的日尺度缺失数据。BAR 重构方法主要针对像元的时间维和空间维来进行重构，囿于日尺度数据大面积长时间的缺失，导致 BAR 重构无法获取足够的样本来进行自回归建模，因此日尺度数据的重构结果就会出现以下情况：①重构失败无有效数据［图 6.16（a）、图 6.16（e）、图 6.16（j）和图 6.16（o）］；②出现像元间过渡不自然的噪点；③ BAR 重构结果无法反映日尺度数据时间序列的变化信息和叶绿素 a 浓度数据的消长信息。

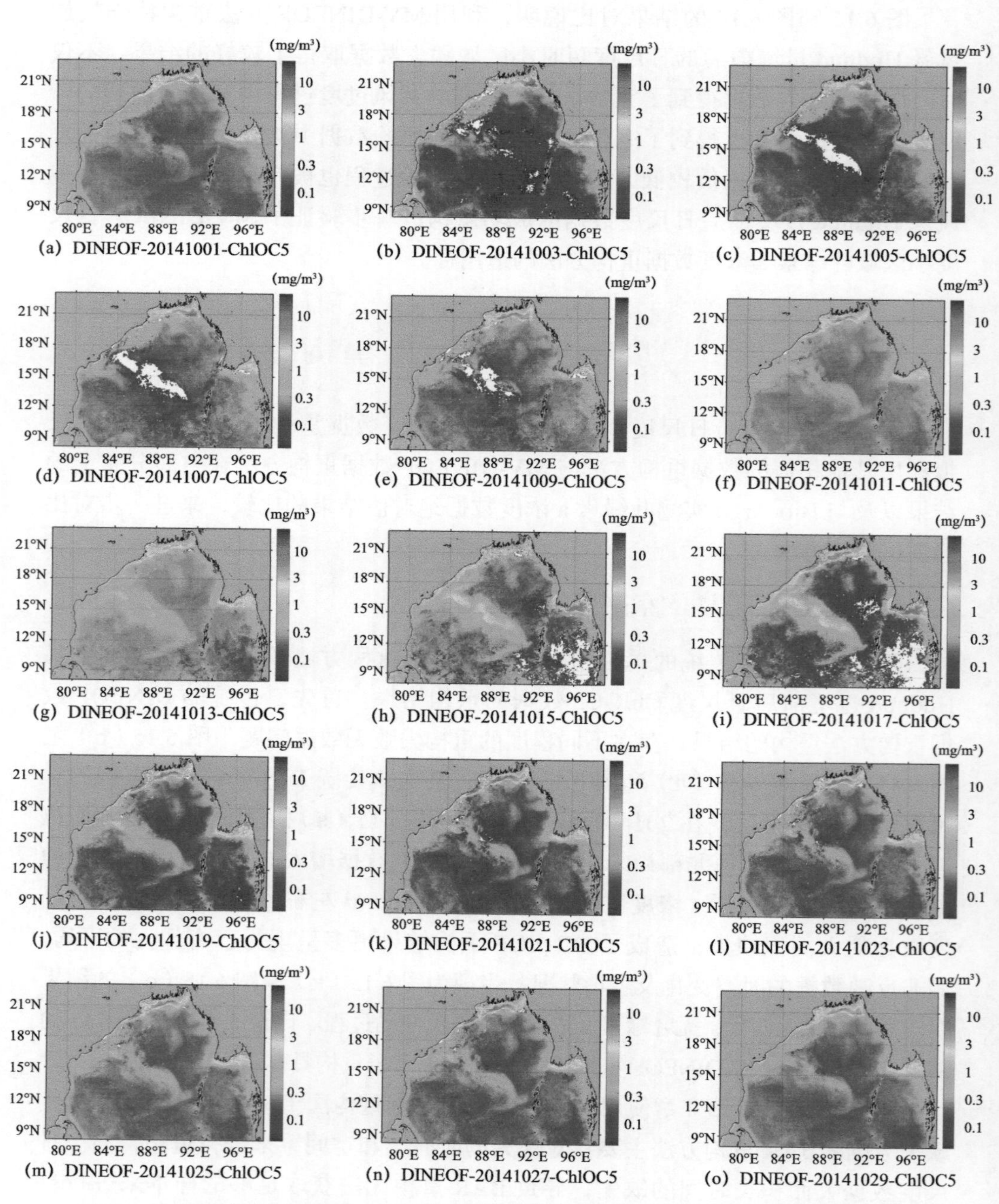

(a) DINEOF-20141001-ChlOC5 (b) DINEOF-20141003-ChlOC5 (c) DINEOF-20141005-ChlOC5

(d) DINEOF-20141007-ChlOC5 (e) DINEOF-20141009-ChlOC5 (f) DINEOF-20141011-ChlOC5

(g) DINEOF-20141013-ChlOC5 (h) DINEOF-20141015-ChlOC5 (i) DINEOF-20141017-ChlOC5

(j) DINEOF-20141019-ChlOC5 (k) DINEOF-20141021-ChlOC5 (l) DINEOF-20141023-ChlOC5

(m) DINEOF-20141025-ChlOC5 (n) DINEOF-20141027-ChlOC5 (o) DINEOF-20141029-ChlOC5

图 6.15 特强气旋风暴 Hudhud 过境前后的日尺度 ChlOC5 数据 DINEOF 重构结果

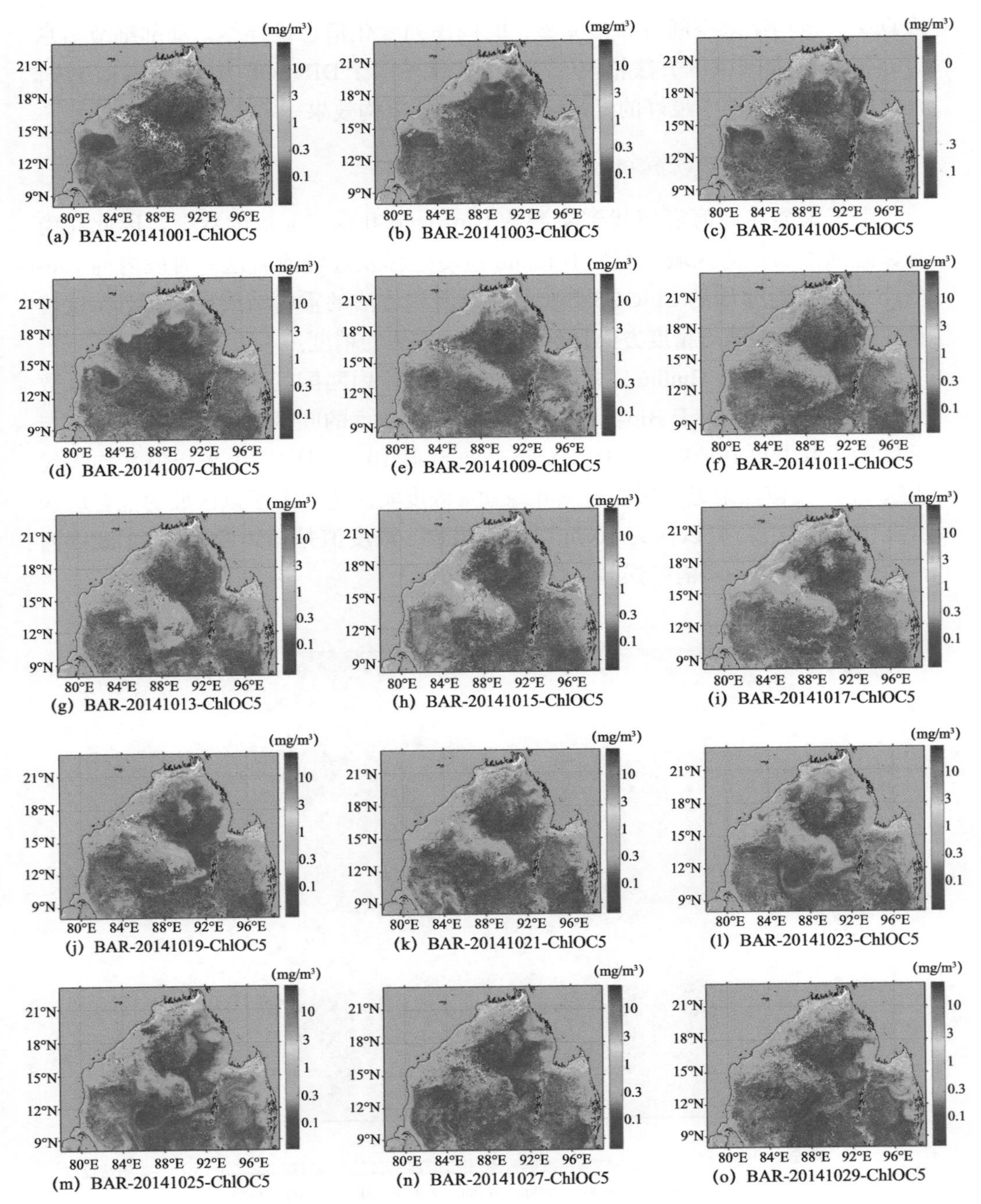

图 6.16 特强气旋风暴 Hudhud 过境前后的日尺度 ChlOC5 数据 BAR 重构结果

综合比较图 6.13 至图 6.16 发现，MV-DINEOF 方法在空间分布上最符合物理意义，重构结果空间分布最完整，时间序列变化信息最详尽，局部细节信息最完备。MV-DINEOF 方法相较于常用的传统单因子 DINEOF 方法和 BAR 方法，在空间分布上取得了最好的日尺度小区域数据重构效果。

6.4.2 绝对值的对比验证

由于未能在南海海域找到实测的 Bio-Argo 叶绿素 a 浓度数据，因此在南海邻近的孟加拉湾区域，利用 Hudhud 过境过程及过境前后这一时段内的 Bio-Argo 数据来对原始的 ChlOC5 数据及不同重构方法的重构结果进行绝对精度检验，以进一步在绝对精度方面评价不同重构方法的精度。

图 6.17 即为与 Hudhud 过境前后这一时间段内匹配到的 17 个 Bio-Argo 数据站位点的分布。由于 Bio-Argo 测定的是不同深度的叶绿素 a 浓度值，为了与卫星遥感数据更好地匹配，Bio-Argo 数据选取 10 m 以内多个采样值平均来代表这 17 个站位点附近表层的遥感叶绿素 a 浓度实测值（由于该区域的混合层深度在 10 m 以上，可以认为 10 m 以内叶绿素 a 浓度值是相等的，取 10 m 以内平均值有利于进一步消除误差，保证数据精度）。

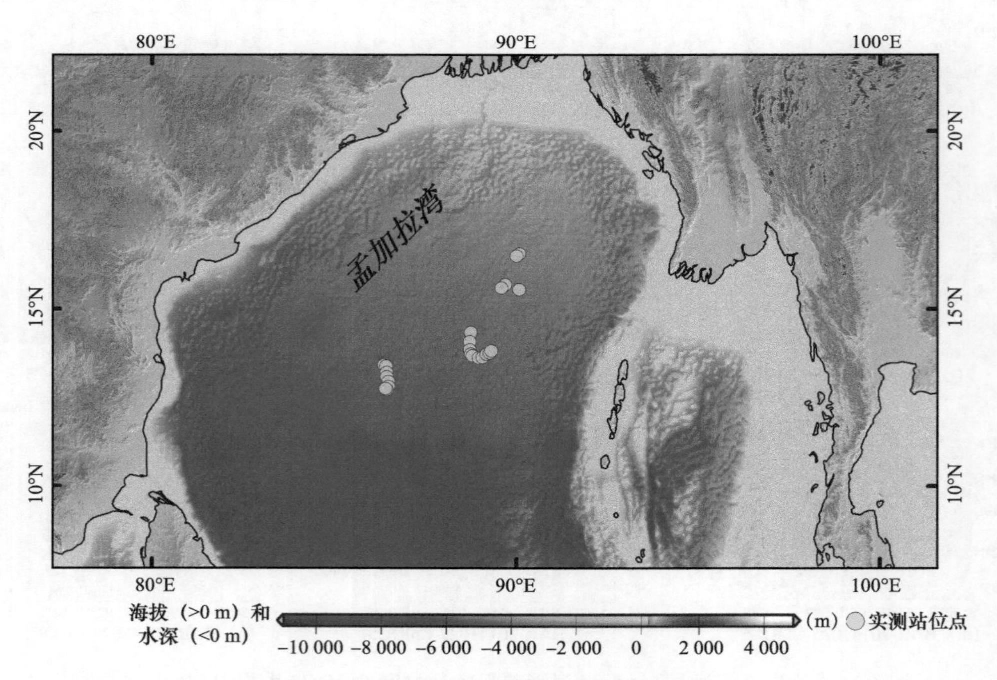

图 6.17 Bio-Argo 实测叶绿素 a 浓度数据点的分布

在图 6.18 中，需要注意的是，由于原始的日尺度数据有较大面积的缺失，Bio-Argo 值与遥感卫星反演的叶绿素 a 浓度值仅有 5 个数据点匹配，无法建立有说服力的模型来验证精度，因此将缺失数据点 ±1 天内能匹配到的数据代替当前缺失值，如果 ±1 天内未匹配到有效数据点，则将该点标记为无数据，最终原始数据可匹配到 12 个数据点［图 6.18（a）］，传统的 DINEOF 重构方法可匹配到 14 个数据点，BAR 和 MV-DINEOF 方法可匹配到全部 17 个数据点。由于数据的限制，未能匹配到更多点以使结果更具说服力，但超过 10 个点的实测数据可以对遥感和重构数据进行初步的评价。

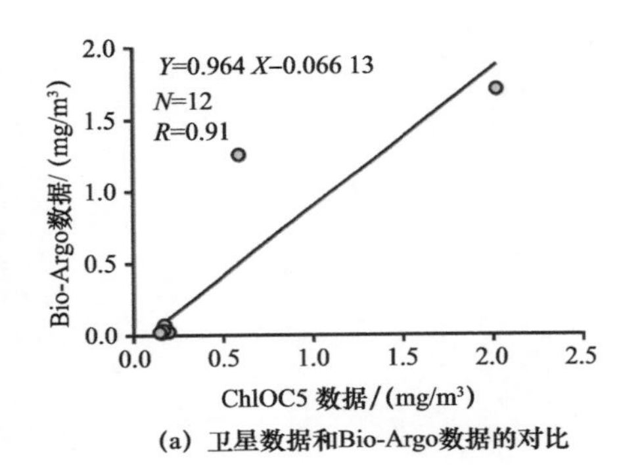

(a) 卫星数据和Bio-Argo数据的对比

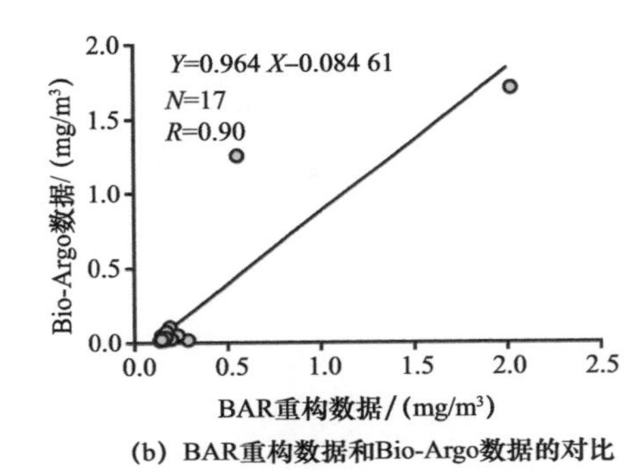

(b) BAR重构数据和Bio-Argo数据的对比

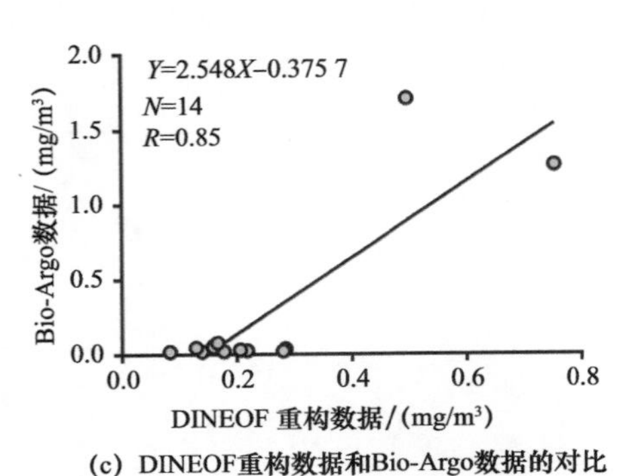

(c) DINEOF重构数据和Bio-Argo数据的对比

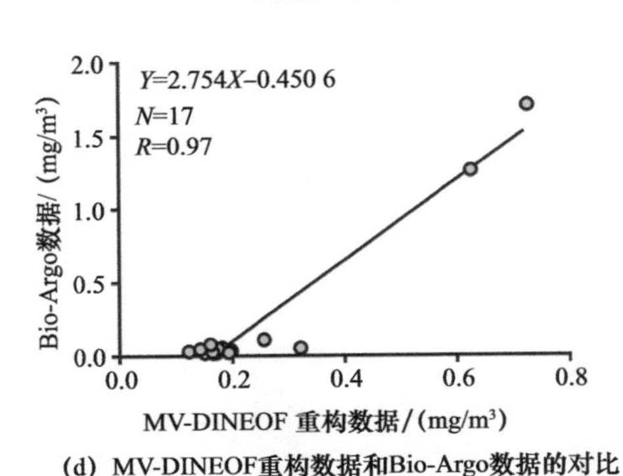

(d) MV-DINEOF重构数据和Bio-Argo数据的对比

图 6.18　常用重构方法重构结果精度对比验证

从卫星值与实测值比较来看，该区域 12 个 ChlOC5 值点与实测 Bio-Argo 值点的相关系数为 0.91，BAR 方法重构后的 17 个匹配点与实测值的相关系数为 0.90，传统 DINEOF 方法重构后的 14 个匹配点与实测值的相关系数为 0.85，唯独 MV-DINEOF 方法重构后的 17 个匹配点与实测值的相关系数达到 0.97，取得最好的结果。从原始数据、重构数据与实测数据相关系数点的离散度来看，传统的 DINEOF 方法结果的离散度最高，两者之间的误差最大，重构结果绝对精度最低；MV-DINEOF 重构方法相较于原始数据的绝对精度更高的原因是该方法在叶绿素 a 浓度值大于 0.4 mg/m^3 的数据点，与实测值的差别较小。

总之，MV-DINEOF 数据重构方法重构结果与实测值的误差最小，该重构数据相较于原始数据增加了 5 个匹配点，数据点的增加提高了数据匹配的绝对精度，也说明了该重构方法在日尺度数据重构中的有效性。

第 7 章　总结与展望

§ 7.1　研究工作总结

南海是全球气候变化的敏感区域，对该区域多时空尺度遥感叶绿素 a 浓度缺失数据的重构研究具有重要的经济价值和科学意义。本研究针对南海及其邻近海域的大面积数据缺失问题，从现有的多套遥感叶绿素 a 浓度数据中选定了适用于研究区域的数据集；发展了适用于该区域特性的数据重构算法，并重构了 21 年 8 天尺度数据；揭示了典型海区叶绿素 a 浓度数据的时空分布规律及关键影响因子；基于影响短时间周期叶绿素 a 浓度数据的关键主控因子，构建了适用于研究区的日尺度叶绿素 a 浓度数据重构方法，初步解决了研究区域数据严重缺失的问题。本研究的主要工作内容如下。

（1）叶绿素 a 浓度遥感产品多时空尺度数据覆盖度及绝对精度验证。针对目前现有的四种卫星遥感叶绿素 a 浓度反演产品 Chl1-AVW、Chl1-GSM、Chl2、ChlOC5 因基于不同算法反演和融合而具有不同的时空覆盖度和精度的问题，通过对四种数据在南海及其邻近海域的多时空尺度统计与检验，发现 ChlOC5 产品的数据覆盖度最高，尤其是 8 天尺度合成叶绿素 a 浓度数据产品的数据覆盖度相较于其他三种产品要高 20% 左右。通过全球和区域 Bio-Argo、NOMAD 和其他航次实测叶绿素 a 浓度数据，对这四种数据产品在绝对精度上进行对比评价，发现：从总体来看，无论是在开阔大洋水体还是在近岸区域的水体，ChlOC5 产品的精度都是最高的，相关系数可达 0.85，且在不同区域反演结果的稳定性也是最好的。因此在后续数据重构研究中主要利用 ChlOC5 数据，以重构出时间序列较长、空间分布完整、时间分辨率较高、绝对精度较高的气候态数据。本研究比较了四种数据的时空覆盖度及绝对精度，为开展其他研究提供了参考，也为后续数据重构研究提供了重要支撑。

（2）发展了适用于研究区域的 8 天尺度叶绿素 a 浓度缺失数据重构方法。针对 DINEOF 方法应用至该区域 8 天尺度叶绿素 a 浓度数据重构时出现的问题，发展出了适用于该区域 8 天尺度叶绿素 a 浓度数据重构的方法。该方法在不同的季节、不同的空间尺度、不同的区域都能获取空间上全覆盖、分布合理的数据，且数据分布的细节信息明确。此外，利用实测数据对原始卫星叶绿素a浓度数据、相似数据重构方法，以及本研究方法的重构结果进行检验，发现本研究提出的重构方法的结果精度最高，相关系数可达0.77，说明重构数据绝对精度初步满足了实际应用需要。在实际应用方面，重构数据捕捉到月尺度原始数据无法捕捉到的短时间尺度的海洋极值藻华暴发，从侧面证明了重构数据的有效性。基于发展的数据重构方法，本研究初步重构出了21年8天尺度的时间序列较长、空间分布完整、时间分辨率较高、绝对精度较高的25 km空间分辨率气候态数据集，为进行相关研究提供了方法借鉴和数据支撑。

（3）重构的8天尺度叶绿素a浓度数据与环境因子间的驱动关系分析。针对以往的时序叶绿素a浓度数据研究中，由于数据缺失的局限性，主要利用月尺度数据来进行气候态分析的问题，本研究重构了气候态的8天尺度叶绿素a浓度数据，基于FEEMD法分解了重构的8天尺度数据，并与月尺度原始数据进行对比。对比发现，重构的8天尺度数据发现了月尺度数据无法发现的更短时间的周期。基于与8天尺度配套的多个环境因子数据，通过计算相位差和相位移量方差，来研究环境因子与这些周期的驱动关系，结果发现不同的海区浮游植物叶绿素a浓度的关键影响因子不同，不同时间尺度的显著模态，其关键影响因子也不同。进一步研究影响短时间周期显著模态的环境因子，发现了影响短周期浮游植物变化的部分关键主控因子，为更短时间尺度叶绿素a浓度数据重构研究提供了基础和支撑。

（4）日尺度叶绿素a浓度缺失数据重构方法。针对日尺度数据的平均覆盖度只有10%左右，小空间区域可能连续多天无有效数据覆盖的问题，本研究突破了以往的数据重构主要从数据自身的时间和空间上寻找规律以重构缺失数据的局限，尝试在对人类生产生活有重大影响但数据缺失十分严重的近岸区域，结合Chl2和ChlOC5数据各自的长处，避免各自的不足，进行多因子重构。发现重构结果大大提高了有效数据的覆盖度。虽然尚有大面积无数据区域，然而此种尝试为多因子重构奠定了基础。基于此种方法，结合影响短时间周期的环境因子，对短时间中小空间区域的南海北部的一次涡旋上升流事件以及孟加拉湾的一次短时热带气旋过境事件的日尺度浮游植物缺失数据进行了重构。研究结果发现，MV-DINEOF方法重构结果的空间分布完整，局部细节信息完备，与实测叶绿素a浓度数据相比绝对精度较高；并且该方法还将涡旋上升流区域以及热带气旋过境前后时间序列的叶绿素a浓度的生长和消亡过程也完整准确地动态呈现出来。

§7.2 研究创新点

本研究基于多时空尺度的多传感器融合的遥感叶绿素a浓度数据，结合与叶绿素a浓度数据在时空上相匹配的多个环境因子数据，进行了多时空尺度遥感叶绿素a浓度数据的缺失数据重构研究。本研究中的创新体现在以下两个方面。

（1）发展了一种8天尺度遥感叶绿素a浓度缺失数据重构方法，实现了21年8天尺度空间全覆盖、绝对精度较高的数据集构建。研究基于25 km分辨率的ChlOC5数据，成功地将基于DINEOF发展而来的方法，应用于南海及其邻近海域8天尺度叶绿素a浓度数据重构工作。重构了1998—2018年8天尺度的25 km空间全覆盖数据精度较高的南海及其邻近海域21年的时序数据，初步解决了该区域的数据缺失问题。

（2）基于重构的8天尺度数据，利用FEEMD方法，揭示了短周期的叶绿素a浓度的关键主控环境因子；基于关键主控环境因子，发展了一种日尺度叶绿素a浓度缺失数据重构方法。综合关键主控影响因子中对叶绿素a浓度数据影响较大的几个因子，构建了小空间尺度的日尺度数据重构方法，突破了数据重构仅从叶绿素a浓度这一单变量本身寻求规律的瓶颈，初步解决了日尺度小区域数据重构的局限性问题。

§7.3 研究展望

海洋叶绿素a浓度数据是对环境因子的综合反映，因此其内在物理机制非常复杂。本书仅是初步的重构研究成果介绍，仅限于遥感数据及环境因子数据，对其内在的机理方面的解释尚有许多不足之处。后续有待进一步深入研究的问题包括以下三个方面。

（1）数值模拟模型的同化和验证。本书中的实验都是基于遥感数据或遥感数据与环境因子间的简单关系来进行数据重构研究的，对于浮游植物的时空分布极值和生消过程的机理的把握尚显不足。下一步应结合浮游植物生态系统动力学模型来对数据进行同化和重构，以弥补其在机理方面的不足。

（2）基于重构数据的长时间序列大区域的气候变化和浮游植物时空格局的变动研究。本书重点介绍了浮游植物叶绿素a浓度缺失数据的重构，对于基于重构数据的气候变化背景下的大范围的浮游植物时空格局的研究尚显不足。大范围的浮游植物藻华出现时间的早晚，以及浮游植物空间分布的变迁，都是对全球变化的综合响应，后续应加强这方面的研究。

（3）基于重构数据的短时间小空间尺度环境因子变动事件对海洋浮游植物叶绿素a浓度的影响。过去的研究工作发展了日尺度数据重构方法，重构了台风过境前后和涡旋区域的时间序列遥感叶绿素a浓度，但对台风和涡旋等短期小范围的物理环境因子对浮游植物的影响作用及机理的研究不足，理解不透，这也是下一步研究工作中应进一步深化的方向。

参考文献

柴琳娜，屈永华，张立新，等，2009. 基于自回归神经网络的时间序列叶面积指数估算［J］. 地球科学进展，24（7）：756–768.

常欣卓，杨开忠，李新，等，2017. 基于非线性自回归神经网络的局部大气密度预测方法［J］. 中国科学技术大学学报，47（12）：1015–1022.

陈楚群，施平，毛庆文，2001. 南海海域叶绿素浓度分布特征的卫星遥感分析［J］. 热带海洋学报，20（2）：66–70.

陈海花，李洪平，何林洁，等，2015. 基于 SODA 数据集的南海海表面盐度分布特征与长期变化趋势分析［J］. 海洋技术学报，34（4）：48–52.

陈俊尧，杜岩，张玉红，2015. 基于 HYCOM 和遥感资料研究障碍层在促进台风海燕发展过程中的作用［J］. 热带海洋学报，34（4）：23–30.

陈小燕，2013. 基于遥感的长时间序列浮游植物的多尺度变化研究［D］. 杭州：浙江大学 .

陈鑫，2012. 基于小波分析和 BP 神经网络的多传感器遥感图像融合算法的研究［J］. 科技资讯，10（8）：18–19.

丁又专，2009. 卫星遥感海表温度与悬浮泥沙浓度的资料重构及数据同化试验［D］. 南京：南京理工大学 .

窦文洁，周斌，蒋锦刚，等，2015. 基于等纬度 DINEOF 的遥感 SST 产品缺失数据重构算法及精度验证分析［J］. 浙江大学学报（理学版），42（2）：212–219.

杜云艳，王丽敬，樊星，等，2014. 基于 GIS 的南海中尺度涡旋典型过程的特征分析［J］. 海洋科学，38（1）：1–9.

冯士筰，高会旺，1999. 发展海洋科学技术 促进资源的可持续利用［J］. 中国科学院院刊（1）：42–44.

傅圆圆，程旭华，张玉红，等，2017. 近二十年南海表层海水的盐度淡化及其机制［J］. 热带海洋学报，36（4）：18–24.

郭海峡，2016. 中国近海叶绿素卫星遥感数据重构及其时空变化特征研究［D］. 厦门：国家海洋局第三海洋研究所 .

郭海峡，蔡榕硕，谭红建，2016. 基于DINEOF方法重构台湾海峡叶绿素a遥感缺失数据的初步研究［J］. 应用海洋学学报，35（4）：550–558.
郭俊如，2014. 东中国海遥感叶绿素数据重构方法及其多尺度变化机制研究［D］. 青岛：中国海洋大学.
海南省地方志办公室，2012. 湖南省地方志第四节 南海气候［EB/OL］.（2012–09–15）［2019–09–16］. http://www.hnszw.org.cn/xiangqing.php?ID=54352.
何国金，李克鲁，胡德永，等，1999. 多卫星遥感数据的信息融合：理论、方法与实践［J］. 中国图象图形学报，4（9）：744–750.
何海伦，李熠，王渊，等，2013. 利用经验正交函数数据插值法重构东中国海叶绿素a质量浓度场［J］. 海洋学研究，31（2）：10–15.
李大伟，2016. 高海况海面风场的微波反演技术及海洋对热带气旋响应的遥感观测研究［D］. 北京：中国科学院大学.
李四海，王宏，许卫东，2000. 海洋水色卫星遥感研究与进展［J］. 地球科学进展，15（2）：190–196.
李志新，龙云墨，2019. 基于NARX神经网络的年径流预测［J］. 贵州农机化（2）：13–17.
刘广鹏，2014. 长江口及邻近海域叶绿素时空变化及影响机制［D］. 上海：华东师范大学.
刘巍，2012.ARGO稀损数据插补与三维海洋要素场重构研究［D］. 成都：西南交通大学.
刘玮，2015.2014全球灾害风险与巨灾保险发展（四）［N/OL］. 中国保险报，（2019–09–15）［2015–01–29］. http://xw.cbimc.cn/2015–01/29/content_143334.htm.
刘昕，王静，程旭华，等，2012. 南海叶绿素浓度的时空变化特征分析［J］. 热带海洋学报，31（4）：42–48.
路海浪，潘骏，朱竞南，等，2010. 格陵兰海的有效光合辐射与冰盖融化的关系研究［J］. 南通大学学报（自然科学版），9（4）：89–94.
毛志华，朱乾坤，潘德炉，等，2003. 卫星遥感速报北太平洋渔场海温方法研究［J］. 中国水产科学，10（6）：502–506.
平博，2015. 海洋场恢复与锋面检测方法研究［D］. 武汉：武汉大学.
钱维宏，2009. 全球气候系统［M］. 北京：北京大学出版社.
施平，杜岩，王东晓，等，2001. 南海混合层年循环特征［J］. 热带海洋学报，20（1）：10–17.

宋洪军，季如宝，王宗灵，2011. 近海浮游植物水华动力学和生物气候学研究综述［J］. 地球科学进展，26（3）：257–265.

苏校平，孙德勇，王胜强，等，2019. 黄渤海海表密度的遥感反演［J］. 激光与光电子学进展，56（11）：46–55.

涂乾光，2016. 基于日变化分析的卫星遥感海表温度重构研究［D］. 杭州：浙江大学.

王加胜，2014. 南海航道安全空间综合评价研究［D］. 南京：南京大学.

王建乐，朱建华，何宇清，等，2012. 基于 SOM 的海表温度遥感数据集的 EOF 算法重构［J］. 海洋技术，31（1）：67–71.

王静，李靖，李荣波，等，2014. 近 10 年南海海表风场季节特征统计［J］. 科技资讯，12（3）：197–200.

王跃启，2014. 黄渤海叶绿素 a 卫星遥感数据重构及时空分布规律研究［D］. 北京：中国科学院大学.

王跃启，刘东艳，2014. 基于DINEOF方法的水色遥感数据的重构研究——以黄、渤海区域为例［J］. 遥感信息，29（5）：51–57.

王正，毛志华，李晓娟，2017. 气候变化对南海浮游植物藻华形成的影响研究进展［J］. 环境污染与防治，39（12）：1384–1390.

邢小罡，赵冬至，CLAUSTRE H，等，2012. 一种新的海洋生物地球化学自主观测平台：Bio-Argo 浮标［J］. 海洋环境科学，31（5）：733–739.

闫桐，王静，2011. 基于 HHT 的吕宋岛西北海域叶绿素浓度及相关环境物理要素的多时间尺度分析［J］. 热带海洋学报，30（5）：38–47.

杨亚新，2005. 1949—2003 年南海热带气旋的发生规律［J］. 上海海事大学学报，26（4）：16–19.

叶海军，唐丹玲，潘刚，2014. 强台风鲶鱼对中国南海浮游植物及渔业资源的影响［J］. 生态科学，33（4）：657–663.

于小淋，2013. 基于 GOCI 的渤黄海悬浮物浓度遥感反演及缺失数据填补研究［D］. 青岛：中国海洋大学.

俞晓群，马翱慧，2013. 基于 Kriging 空间插补海表叶绿素遥感缺失数据的研究［J］. 测绘通报（12）：47–50.

张彩云，2006. 台湾海峡叶绿素 a 对海洋环境多尺度时间变动的响应研究［D］. 厦门：厦门大学.

张海龙，蒋建军，吴宏安，等，2006. SAR 与 TM 影像融合及在 BP 神经网络分类中的应用［J］. 测绘学报，35（3）：229–233.

张荷霞，刘永学，李满春，等，2013. 基于JASON-1资料的南海海域海面风、浪场特征分析［J］. 地理与地理信息科学，29（5）：53–57.

张红，黄家柱，李云梅，等，2012. 基于QAA算法的巢湖悬浮物浓度反演研究［J］. 环境科学，33（2）：429–435.

张韧，黄志松，王辉赞，等，2012. 基于Argo资料的三维盐度场网格化产品重构［J］. 解放军理工大学学报（自然科学版），13（3）：342–348.

张亚洲，邓文彬，梅华，等，2011. 南海地区总云量的气候特征研究［J］. 气象科技，39（5）：569–574.

赵辉，齐义泉，王东晓，等，2005. 南海叶绿素浓度季节变化及空间分布特征研究［J］. 海洋学报，27（4）：45–52.

朱德弟，陆斗定，王云峰，等，2009. 2005年春初浙江近海的低温特征及其对大规模东海原甲藻赤潮发生的影响［J］. 海洋学报，31（6）：31–39.

ALVERA-AZCÁRATE A, BARTH A, BECKERS J M, et al, 2007. Multivariate reconstruction of missing data in sea surface temperature, chlorophyll, and wind satellite fields [J]. Journal of Geophysical Research, 112 (C3): C03008.

ALVERA-AZCÁRATE A, BARTH A, RIXEN M, et al, 2005. Reconstruction of incomplete oceanographic data sets using empirical orthogonal functions: application to the Adriatic Sea surface temperature [J]. Ocean Modelling, 9 (4): 325–346.

ALVERA-AZCÁRATE A, BARTH A, SIRJACOBS D, et al, 2009. Enhancing temporal correlations in EOF expansions for the reconstruction of missing data using DINEOF [J]. Ocean Science, 5 (4): 475–485.

ALVERA-AZCÁRATE A, VANHELLEMONT Q, RUDDICK K, et al, 2015. Analysis of high frequency geostationary ocean colour data using DINEOF [J]. Estuarine, Coastal and Shelf Science, 159: 28–36.

ARAI K, SAKAKIBARA J, 2006. Estimation of sea surface temperature, wind speed and water vapor with microwave radiometer data based on simulated annealing [J]. Advances in Space Research, 37 (12): 2202–2207.

BECKERS J M, BARTH A, ALVERA-AZCÁRATE A, 2006. DINEOF reconstruction of clouded images including error maps - application to the Sea-Surface Temperature around Corsican Island [J]. Ocean Science, 2 (2): 183–199.

BECKERS J M, RIXEN M, 2003. EOF calculations and data filling from incomplete oceanographic datasets [J]. Journal of Atmospheric & Oceanic

Technology, 20 (12): 1839–1856.

BOSSÉ É, ROY J, PARADIS S, 2000. Modeling and simulation in support of the design of a data fusion system [J]. Information Fusion, 1 (2): 77–87.

BRANDO V E, BRAGA F, ZAGGIA L, et al, 2015. High-resolution satellite turbidity and sea surface temperature observations of river plume interactions during a significant flood event [J]. Ocean Science, 11 (6): 909–920.

BRETHERTON F P, DAVIS R E, FANDRY C B, 1976. A technique for objective analysis and design of oceanographic experiments applied to MODE-73 [J]. Deep-Sea Research and Oceanographic Abstracts, 23 (7): 559–582.

BREWIN R J W, MÉLIN F, SATHYENDRANATH S, et al, 2014. On the temporal consistency of chlorophyll products derived from three ocean-colour sensors [J]. ISPRS Journal of Photogrammetry and Remote Sensing, 97: 171–184.

CAI P, ZHAO D, WANG L, et al, 2015. Role of particle stock and phytoplankton community structure in regulating particulate organic carbon export in a large marginal sea [J]. Journal of Geophysical Research: Oceans, 120 (3): 2063–2095.

CALVO S, CIRAOLO G, LOGGIA G L, 2003. Monitoring Posidonia oceanica meadows in a Mediterranean coastal lagoon (Stagnone, Italy) by means of neural network and ISODATA classification methods [J]. International Journal of Remote Sensing, 24 (13): 2703–2716.

CHACKO N, 2017. Chlorophyll bloom in response to tropical cyclone Hudhud in the Bay of Bengal: Bio-Argo subsurface observations [J]. Deep Sea Research Part I: Oceanographic Research Papers, 124: 66–72.

CHASSIGNET E P, HURLBURT H E, SMEDSTAD O M, et al, 2007. The HYCOM (HYbrid coordinate ocean model) data assimilative system [J]. Journal of Marine Systems, 65 (1): 60–83.

CHEN B Z, LIU H B, LANDRY M R, et al, 2009. Close coupling between phytoplankton growth and microzooplankton grazing in the western South China Sea [J]. Limnology and Oceanography, 54 (4): 1084–1097.

CHEN C C, SHIAH F K, CHUNG S W, et al, 2006. Winter phytoplankton blooms in the shallow mixed layer of the South China Sea enhanced by upwelling [J]. Journal of Marine Systems, 59 (1–2): 97–110.

CHEN F, TANG L N, WANG C P, et al, 2011a. Recovering of the thermal band of Landsat 7 SLC-off ETM+ image using CBERS as auxiliary data [J]. Advances in Space Research, 48 (6): 1086–1093.

CHEN J, CUI T W, ISHIZAKA J, et al, 2014a. A neural network model for remote sensing of diffuse attenuation coefficient in global oceanic and coastal waters: exemplifying the applicability of the model to the coastal regions in Eastern China Seas [J]. Remote Sensing of Environment, 148: 168–177.

CHEN J, QUAN W T, CUI T W, et al, 2014b. Remote sensing of absorption and scattering coefficient using neural network model: development, validation, and application [J]. Remote Sensing of Environment, 149: 213–226.

CHEN J, ZHU Y L, WU Y S, et al, 2015. A neural network model for K (λ) retrieval and application to global kpar monitoring [J]. PLoS ONE, 10 (6): e127514.

CHEN X Y, PAN D L, HE X Q, et al, 2011b. Phytoplankton bloom and sea surface cooling induced by Category 5 Typhoon Megi in the South China Sea: direct multi-satellite observations [C]// Proceedings of SPIE 8175, Remote Sensing of the Ocean, Sea Ice, Coastal Waters, and Larger Water Regions 2011. Prague: SPIE: 357–363.

CHEN Y L, CHEN H Y, LIN I I, et al, 2007. Effects of cold eddy on phytoplankton production and assemblages in Luzon Strait bordering the South China Sea [J]. Journal of Oceanography, 63 (4): 671–683.

CHEN Z Y, DESAI M, ZHANG X P, 1997.Feedforward neural networks with multilevel hidden neurons for remotely sensed image classification [C]// Proceedings of 1997 IEEE International Conference on Neural Networks (ICNN'94). Santa Barbara: IEEE: 653–656.

DE MONTERA L, JOUINI M, VERRIER S, et al, 2011. Multifractal analysis of oceanic chlorophyll maps remotely sensed from space [J]. Ocean Science, 7 (2): 219–229.

DOERFFER R, SCHILLER H, 2007. The MERIS case 2 water algorithm [J]. International Journal of Remote Sensing, 28 (3–4): 517–535.

DUDOK DE WIT T, 2011. A method for filling gaps in solar irradiance and solar proxy data [J]. Astronomy & Astrophysics, 533: A29.

EVERSON R, CORNILLON P, SIROVICH L, et al, 1996. An empirical eigenfunction analysis of sea surface temperatures in the Western North Atlantic [J]. Journal of Physical Oceanography, 27 (3): 468–479.

FAN J, ZHAO D, WANG J, 2014. Oil spill GF-1 remote sensing image segmentation using an evolutionary feedforward neural network [C]//IEEE International Joint Conference on Neural Networks (IJCNN). Beijing: IEEE: 446–450.

FAOUZI N E, LEUNG H, KURIAN A, 2011. Data fusion in intelligent transportation systems: progress and challenges–a survey [J]. Information Fusion, 12 (1): 4–10.

GAI S, WANG H, LIU G, et al, 2012. Chlorophyll-a increase induced by surface winds in the northern South China Sea [J]. Acta Oceanologica Sinica, 31 (4): 76–88.

GANZEDO U, ALVERA-AZCÁRATE A, ESNAOLA G, et al, 2011. Reconstruction of sea surface temperature by means of DINEOF: a case study during the fishing season in the Bay of Biscay [J]. International Journal of Remote Sensing, 32 (4): 933–950.

GANZEDO U, ERDAIDE O, TRUJILLO-SANTANA A, et al, 2013. Reconstruction of spatiotemporal capture data by means of orthogonal functions: the case of skipjack tuna (*Katsuwonus pelamis*) in the central-east Atlantic [J]. Scientia Marina, 77 (4): 575–584.

GIGLI G, BOSSÉ É, LAMPROPOULOS G A, 2007. An optimized architecture for classification combining data fusion and data-mining [J]. Information Fusion, 8 (4): 366–378.

GILCHRIST B, CRESSMAN G P, 2010. An experiment in objective analysis [J]. Tellus, 6 (4): 309–318.

GOHIN F, DRUON J N, LAMPERT L, 2010. A five channels chlorophyll concentration algorithm applied to SeaWiFS data processed by SeaDAS in coastal waters [J]. International Journal of Remote Sensing, 23 (8): 1639–1661.

GORDON D M, 1993. Discrete logarithms in *GF* (*p*) using the number field sieve [J]. Siam Jour on Discrete Math, 6 (1): 124–138.

GRAF A, 2017. Gap-filling meteorological variables with empirical orthogonal functions [C]//EGU. EGU General Assembly Conference. Vienna: EGU: 8491.

GROSSE J, BOMBAR D, HAI N D, et al, 2010. The Mekong River plume fuels nitrogen fixation and determines phytoplankton species distribution in the South China Sea during low- and high-discharge season [J]. Limnology and Oceanography, 55 (4): 1668–1680.

GUNES H, CEKLI H E, RIST U, 2008. Data enhancement, smoothing, reconstruction and optimization by kriging interpolation [C]//WSC'08: Proceeding of the 40th Conference on Winter Simulation. Miami: WSC: 379–386.

HAYS G C, RICHARDSON A J, ROBINSON C, 2005. Climate change and marine plankton [J]. Trends in Ecology & Evolution, 20 (6): 337–344.

HE X, BAI Y, PAN D, et al, 2013. Satellite views of the seasonal and interannual variability of phytoplankton blooms in the eastern China seas over the past 14 yr (1998–2011) [J]. Biogeosciences, 10 (7): 4721–4739.

HU C, LEE Z, FRANZ B, 2012. Chlorophyll a algorithm for oligotrophic oceans: a novel approach based on three-band reflectance difference [J]. Journal of Geophysical Research: Oceans, 117 (C1): C01011.

HUANG N E, SHEN Z, LONG S R, et al, 1998. The empirical mode decomposition and the Hilbert spectrum for nonlinear and non-stationary time series analysis [J]. Proceedings of the Royal Society of London. Series A: Mathematical, Physical and Engineering Sciences, 454 (1971): 903–995.

IIDA T, SAITOH S, 2007. Temporal and spatial variability of chlorophyll concentrations in the Bering Sea using empirical orthogonal function (EOF) analysis of remote sensing data [J]. Deep Sea Research Part Ⅱ: Topical Studies in Oceanography, 54 (23–26): 2657–2671.

ISOGUCHI O, KAWAMURA H, KU-KASSIM K, 2005. El Niño–related offshore phytoplankton bloom events around the Spratley Islands in the South China Sea [J]. Geophysical Research Letters, 32 (21): 1–4.

JAYARAM C, PRIYADARSHI N, PAVAN KUMAR J, et al, 2018. Analysis of gap-free chlorophyll-a data from MODIS in Arabian Sea, reconstructed using DINEOF [J]. International Journal of Remote Sensing, 39 (21): 7506–7522.

JI C, ZHANG Y, CHENG Q, et al, 2018. Evaluating the impact of sea surface temperature (SST) on spatial distribution of chlorophyll-a concentration in the East China Sea [J]. International Journal of Applied Earth Observation and Geoinformation, 68: 252–261.

JO C O, LEE J, PARK K, et al, 2007. Asian dust initiated early spring bloom in the northern East/Japan Sea [J]. Geophysical Research Letters, 34 (5): 1–5.

JOUINI M, LÉVY M, CRÉPON M, et al, 2013. Reconstruction of satellite

chlorophyll images under heavy cloud coverage using a neural classification method [J]. Remote Sensing of Environment, 131: 232–246.

KAHRU M, KUDELA R, ANDERSON C, et al, 2014. Evaluation of satellite retrievals of ocean chlorophyll-a in the California Current [J]. Remote Sensing, 6 (9): 8524–8540.

KIBLER S R, LITAKER R W, HOLLAND W C, et al, 2012. Growth of eight Gambierdiscus (Dinophyceae) species: effects of temperature, salinity and irradiance [J]. Harmful Algae, 19: 1–14.

KIM T, LEE K, DUCE R, et al, 2014. Impact of atmospheric nitrogen deposition on phytoplankton productivity in the South China Sea [J]. Geophysical Research Letters, 41 (9): 3156–3162.

KRASNOPOLSKY V, 2000. A neural network multiparameter algorithm for SSM/I ocean retrievals comparisons and validations [J]. Remote Sensing of Environment, 73 (2): 133–142.

LI G, WU Y P, GAO K S, 2009. Effects of Typhoon Kaemi on coastal phytoplankton assemblages in the South China Sea, with special reference to the effects of solar UV radiation [J]. Journal of Geophysical Research, 114 (G4): 04029.

LI Y Z, HE R Y, 2014. Spatial and temporal variability of SST and ocean color in the Gulf of Maine based on cloud-free SST and chlorophyll reconstructions in 2003–2012 [J]. Remote Sensing of Environment, 144: 98–108.

LIN I I, WONG G T F, LIEN C C, et al, 2009. Aerosol impact on the South China Sea biogeochemistry: an early assessment from remote sensing [J]. Geophysical Research Letters, 36 (17): 1–5.

LIN I I, LIEN C C, WU C R, et al, 2010. Enhanced primary production in the oligotrophic South China Sea by eddy injection in spring [J]. Geophysical Research Letters, 37 (16): L16602.

LIN J F, CAO W X, WANG G F, et al, 2014. Satellite-observed variability of phytoplankton size classes associated with a cold eddy in the South China Sea [J]. Marine Pollution Bulletin, 83 (1): 190–197.

LIU K K, TSENG C M, YEH T Y, et al, 2010. Elevated phytoplankton biomass in marginal seas in the low latitude ocean: a case study of the South China Sea [J]. Advances in Geosciences, 18: 1–17.

LIU X M, WANG M H, 2016. Analysis of ocean diurnal variations from the Korean Geostationary Ocean Color Imager measurements using the DINEOF method [J]. Estuarine, Coastal and Shelf Science, 180: 230–241.

LIU X M, WANG M H, 2018. Gap filling of missing data for VIIRS global ocean color products using the DINEOF method [J]. IEEE Transactions on Geoscience and Remote Sensing, 56 (8): 4464–4476.

MAEDA E E, FORMAGGIO A R, SHIMABUKURO Y E, et al, 2009. Predicting forest fire in the Brazilian Amazon using MODIS imagery and artificial neural networks [J]. International Journal of Applied Earth Observation and Geoinformation, 11 (4): 265–272.

MARITORENA S, SIEGEL D A, 2005. Consistent merging of satellite ocean color data sets using a bio-optical model [J]. Remote Sensing of Environment, 94 (4): 429–440.

MARITORENA S, SIEGEL D A, PETERSON A R, 2002. Optimization of a semianalytical ocean color model for global-scale applications [J]. Applied Optics, 41 (15): 2705–2714.

MCGINTY N, GUÐMUNDSSON K, ÁGÚSTSDÓTTIR K, et al, 2016. Environmental and climactic effects of chlorophyll-a variability around Iceland using reconstructed satellite data fields [J]. Journal of Marine Systems, 163: 31–42.

MOHAMMDY M, MORADI H R, ZEINIVAND H, et al, 2014. Validating gap-filling of Landsat ETM+ satellite images in the Golestan Province, Iran [J]. Arabian Journal of Geosciences, 7 (9): 3633–3638.

MUNDY C J, GOSSELIN M, EHN J, et al, 2009. Contribution of under-ice primary production to an ice-edge upwelling phytoplankton bloom in the Canadian Beaufort Sea [J]. Geophysical Research Letters, 36 (17): 1–5.

NACHOUKI G, QUAFAFOU M, 2008. Multi-data source fusion [J]. Information Fusion, 9 (4): 523–537.

NECHAD B, ALVERA-AZCARÀTE A, RUDDICK K, et al, 2011. Reconstruction of MODIS total suspended matter time series maps by DINEOF and validation with autonomous platform data [J]. Ocean Dynamics, 61 (8): 1205–1214.

NIKOLAIDIS A, GEORGIOU G, HADJIMITSIS D, et al, 2014. filling in missing sea-surface temperature satellite data over the Eastern Mediterranean Sea using the DINEOF algorithm [J]. Open Geosciences, 6 (1): 27–41.

NING X, LIN C, HAO Q, et al, 2009. Long term changes in the ecosystem in the northern South China Sea during 1976–2004 [J]. Biogeosciences, 6 (10): 2227–2243.

NOVELLI A, TARANTINO E, FRATINO U, et al, 2016. A data fusion algorithm based on the Kalman filter to estimate leaf area index evolution in durum wheat by using field measurements and MODIS surface reflectance data [J]. Remote Sensing Letters, 7 (5): 476–484.

OGUZ T, DUCKLOW H, MALANOTTE R P, et al, 1996. Simulation of annual plankton productivity cycle in the Black Sea by a one-dimensional physical-biological model [J]. Journal of Geophysical Research: Oceans, 101 (C7): 16585–16599.

OREILLY J E, MARITORENA S, OBRIEN M C, et al, 2000. SeaWiFS postlaunch technical report series, volume 11, SeaWiFS postlaunch calibration and validation analyses [J]. NASA Technical Memorandum-SeaWiFS Postlaunch Technical Report Series, 55 (27): 1–64.

PARK K A, CHAE H J, PARK J E, 2013. Characteristics of satellite chlorophyll-aconcentration speckles and a removal method in a composite process in the East/Japan Sea [J]. International Journal for Remote Sensing, 34 (13): 4610–4635.

PING B, SU F, MENG Y, 2016. An improved DINEOF algorithm for filling missing values in spatio-temporal sea surface temperature data [J]. PLoS ONE, 11 (5): e155928.

POTTIER C, TURIEL A, GARÇON V, 2008. Inferring missing data in satellite chlorophyll maps using turbulent cascading [J]. Remote Sensing of Environment, 112 (12): 4242–4260.

REYNOLDS R W, SMITH T M, 1994. Improved global sea surface temperature analyses using optimum interpolation [J]. Journal of Climate, 7 (6): 929–948.

ROEMMICH D, GILSON J, 2009. The 2004–2008 mean and annual cycle of temperature, salinity, and steric height in the global ocean from the Argo Program [J]. Progress in Oceanography, 82 (2): 81–100.

SHAN G, HUI W, 2008. Seasonal and spatial distributions of phytoplankton biomass associated with monsoon and oceanic environments in the South China Sea [J]. Acta Oceanologica Sinica, 27 (6): 17–32.

SHANG S L, LI L, SUN F Q, et al, 2008. Changes of temperature and bio-optical properties in the South China Sea in response to Typhoon Lingling, 2001 [J]. Geophysical Research Letters, 35 (10): L10602.

SHANG X D, ZHU H B, CHEN G Y, et al, 2015. Research on cold core eddy change and phytoplankton bloom induced by typhoons: case studies in the South China Sea [J]. Advances in Meteorology, 2015: 1–19.

SHEN P P, TAN Y H, HUANG L M, et al, 2010. Occurrence of brackish water phytoplankton species at a closed coral reef in Nansha Islands, South China Sea [J]. Marine Pollution Bulletin, 60 (10): 1718–1725.

SHROPSHIRE T, LI Y Z, HE R Y, 2016. Storm impact on sea surface temperature and chlorophylla in the Gulf of Mexico and Sargasso Sea based on daily cloud-free satellite data reconstructions [J]. Geophysical Research Letters, 43 (23): 12, 112–199, 207.

SIEGEL D A, MARITORENA S, NELSON N B, et al, 2005. Independence and interdependencies among global ocean color properties: reassessing the bio-optical assumption [J]. Journal of Geophysical Research Oceans, 110 (C7): 1–14.

SIRJACOBS D, ALVERA-AZCÁRATE A, BARTH A, et al, 2011. Cloud filling of ocean colour and sea surface temperature remote sensing products over the Southern North Sea by the Data Interpolating Empirical Orthogonal Functions methodology [J]. Journal of Sea Research, 65 (1): 114–130.

SOLÉ J, TURIEL A, LLEBOT J E, 2007. Using empirical mode decomposition to correlate paleoclimatic time-series [J]. Natural Hazards and Earth System Sciences, 7 (2): 299–307.

TANG D L, MULLER-KARGER F E, NI I H, et al, 1999. Remote sensing observations of winter phytoplankton blooms southwest of the luzon strait in the South China Sea [J]. Marine Ecology Progress, 191 (3): 43–51.

TANG D L, KAWAMURA H, LUIS A J, 2002. Short-term variability of phytoplankton blooms associated with a cold eddy in the northwestern Arabian Sea [J]. Remote Sensing of Environment, 81 (1): 82–89.

TANG S L, DONG Q, LIU F F, 2011. Climate-driven chlorophyll-a concentration interannual variability in the South China Sea [J]. Theoretical and Applied Climatology, 103 (1–2): 229–237.

TIAN L Q, ZENG Q, TIAN X J, et al, 2016. Water environment remote sensing

atmospheric correction of Geostationary Ocean Color Imager data over turbid coastal waters in the Bohai Sea using artificial neural networks [J]. Current Science (00113891), 110 (6): 1079–1085.

TOBLER W R, 1970. A computer movie simulating urban growth in the detroit region [J]. Economic Geography, 46 (2): 234–240.

TSUCHIYA K, YOSHIKI T, NAKAJIMA R, et al, 2013. Typhoon-driven variations in primary production and phytoplankton assemblages in Sagami Bay, Japan: a case study of typhoon Mawar (T0511) [J]. Plankton & Benthos Research, 8 (2): 74–87.

WAITE J N, MUETER F J, 2013. Spatial and temporal variability of chlorophyll-a concentrations in the coastal Gulf of Alaska, 1998–2011, using cloud-free reconstructions of SeaWiFS and MODIS-Aqua data [J]. Progress in Oceanography, 116 (9): 179–192.

WALLCRAFT A J, KARA A B, BARRON C, et al, 2009. Comparisons of monthly mean 10 m wind speeds from satellites and NWP products over the global ocean [J]. Journal of Geophysical Research Atmospheres, 114 (D16109): 1–14.

WANG S F, TANG D L, 2010. Remote sensing of day/night sea surface temperature difference related to phytoplankton blooms [J]. International Journal of Remote Sensing, 31 (17–18): 4569–4578.

WANG S H, HSU N C, TSAY S C, et al, 2012. Can Asian dust trigger phytoplankton blooms in the oligotrophic northern South China Sea [J]. Geophysical Research Letters, 39 (L05811): 1–6.

WERDELL P J, BAILEY S W, 2005. An improved in-situ bio-optical data set for ocean color algorithm development and satellite data product validation [J]. Remote Sensing of Environment, 98 (1): 122–140.

WU Y P, GAO K, LI G, et al, 2010. Seasonal impacts of solar UV radiation on photosynthesis of phytoplankton assemblages in the coastal waters of the South China Sea [J]. Photochemistry and Photobiology, 86 (3): 586–592.

WU Z H, HUANG N E, 2004. A study of the characteristics of white noise using the empirical mode decomposition method [J]. Proceedings of the Royal Society A: Mathematical, Physical and Engineering Sciences, 460 (2046): 1597–1611.

XIAO C J, CHEN N C, HU C L, et al, 2019. A spatiotemporal deep learning model for sea surface temperature field prediction using time-series satellite data [J].

Environmental Modelling & Software, 120: 104502.

XU J, YIN K D, LEE J H W, et al, 2010. Long-term and seasonal changes in nutrients, phytoplankton biomass, and dissolved oxygen in deep bay, Hong Kong [J]. Estuaries and Coasts, 33 (2): 399–416.

YAMADA K, ISHIZAKA J, YOO S, et al, 2004. Seasonal and interannual variability of sea surface chlorophyll a concentration in the Japan/East Sea (JES) [J]. Progress in Oceanography, 61 (2): 193–211.

YANG Y, XIAN T, SUN L, 2012. Summer monsoon impacts on chlorophyll-a concentration in the middle of the South China Sea: climatological mean and annual variability [J]. Atmospheric and Oceanic Science Letters, 5 (1): 15–19.

YEH J R, SHIEH J S, HUANG N E, 2010. Complementary ensemble empirical mode decomposition: a novel noise enhanced data analysis method [J]. Advances in Adaptive Data Analysis, 2 (2): 135–156.

YU Y, XING X G, LIU H L, et al, 2019. The variability of chlorophyll-a and its relationship with dynamic factors in the basin of the South China Sea [J]. Journal of Marine Systems, 200: 103230.

YUAN X, YIN K, HARRISON P J, et al, 2011. Phytoplankton are more tolerant to UV than bacteria and viruses in the northern South China Sea [J]. Aquatic Microbial Ecology, 65 (2): 117–128.

ZERVAS E, MPIMPOUDIS A, ANAGNOSTOPOULOS C, et al, 2011. Multisensor data fusion for fire detection [J]. Information Fusion, 12 (3): 150–159.

ZHAO H, TANG D, WANG Y, 2008. Comparison of phytoplankton blooms triggered by two typhoons with different intensities and translation speeds in the South China Sea [J]. Marine Ecology Progress Series, 365: 57–65.

ZHAO Y, HE R Y, 2012. Cloud-free sea surface temperature and colour reconstruction for the Gulf of Mexico: 2003–2009 [J]. Remote Sensing Letters, 3 (8): 697–706.

ZHENG G M, TANG D L, 2006. Satellite observation of phytoplankton blooms related to typhoon in the South China Sea [J]. Marine Ecology Progress Series, 333 (3): 61–74.

ZHOU J, JIA L, MENENTI M, 2015. Reconstruction of global MODIS NDVI time series: performance of harmonic analysis of time series (HANTS) [J]. Remote Sensing of Environment, 163: 217–228.